高等学校机器人工程专业系列教材

# 工业机器人与智能制造

主编　陈国华

主审　张尚先

西安电子科技大学出版社

# 内 容 简 介

本书是依据国家教育部新颁布的工业机器人教学基本要求，结合作者多年的工业机器人操作与实践教学经验编写的。全书共分 6 单元，内容主要包括工业机器人的基本认知、工业机器人操作与编程、智能制造、工业机器人应用案例、智能制造生产线仿真系统等。

本书可作为机械类和近机械类各专业本科、专科工业机器人技术与智能制造应用方面的教材，可根据各专业的具体情况选择相应的学习内容。

**图书在版编目(CIP)数据**

工业机器人与智能制造 / 陈国华主编. —西安：西安电子科技大学出版社，2020.12
ISBN 978-7-5606-5788-2

Ⅰ. ① 工… Ⅱ. ① 陈… Ⅲ. ① 工业机器人 Ⅳ. ① TP242.2

中国版本图书馆 CIP 数据核字(2020)第 124744 号

策划编辑 刘玉芳
责任编辑 南 景
出版发行 西安电子科技大学出版社(西安市太白南路 2 号)
电 话 (029)88242885 88201467 邮 编 710071
网 址 www.xduph.com 电子邮箱 xdupfxb001@163.com
经 销 新华书店
印刷单位 陕西天意印务有限责任公司
版 次 2020 年 12 月第 1 版 2020 年 12 月第 1 次印刷
开 本 787 毫米×1092 毫米 1/16 印张 16.5
字 数 392 千字
印 数 1～2000 册
定 价 38.00 元
ISBN 978 - 7 - 5606 - 5788 - 2 / TP
XDUP 6090001-1
***如有印装问题可调换***

# 前　　言

工业机器人技术是综合了计算机、控制论、机构学、信息和传感技术、人工智能、仿生学等多种学科而形成的高新技术，在工业技术领域应用日益广泛。而且，工业机器人应用情况是反映一个国家工业自动化水平的重要标志。智能制造（Intelligent Manufacturing，IM），是面向产品全生命周期，实现泛在感知条件下的信息化制造。智能制造技术是在现代传感技术、网络技术、自动化技术、拟人化智能技术等先进技术的基础上，通过智能化的感知、人机交互、决策和执行技术，实现设计过程、制造过程和制造装备智能化，是信息技术、智能技术与装备制造技术的深度融合与集成。智能制造是信息化与工业化深度融合的大趋势。

本书以工业机器人EFORT（埃夫特）和知名KEBA机器人控制系统为主要对象，根据实际应用进行基本操作与编程及仿真加工，并通过典型案例对工业机器人基础及共性问题进行详细图解，尽量反映国内外近年来在机器人理论研究和生产应用方面的最新成果，内容涵盖机器人基础知识、机器人生产线自动上下料、码垛、智能制造、仿真加工等典型应用任务，可使读者从认识到熟练操作工业机器人，对工业机器人工作站及其典型应用有一个比较全面而清晰的认识。

"工业机器人与智能制造"是一门实践性很强的专业技术课。通过本课程的学习，读者可了解并掌握一些先进的智能制造技术，熟悉工业机器人的工作原理及典型应用，并具有初步选择加工方法和进行工艺分析的能力以及独立操作工业机器人的能力，为培养应用型、复合型高级人才奠定一定的理论与实践基础。

本书在编写时，注意由浅入深，理论和实践紧密结合；图文并茂，力求通俗易懂；在内容安排上，注重实际应用，极大降低了理论难度，尽量将理论知识讲解融入实践教学中，并提高实践教学的比重，强化学生的动手能力和实际应用能力，让学生在"做中学、学中做"，体现"教、学、做"一体化的教学理念。

本书可作为高等职业院校、高等专科院校、成人高校、民办高校及本科院校开设的机械设计与制造、工业机器人、机电一体化、机械制造与自动化、电气自动化等专业的教材，也可供相关技术人员学习参考。

本书在安排教学时，根据具体条件可以有所取舍。

书中参考并引用了部分教材和资料，并获得了广州众承机电科技有限公司的大力支持，在此对文献作者和公司技术人员表示感谢。

本书由张尚先教授主审，在此对其辛勤劳动表示感谢。

由于编写时间仓促，编者水平和经验有限，书中可能存在错误和欠妥之处，恳请读者批评指正。

编　者
2020 年 9 月于西安

# 目　录

# 单元1 工业机器人的基本认知

## 思维导图

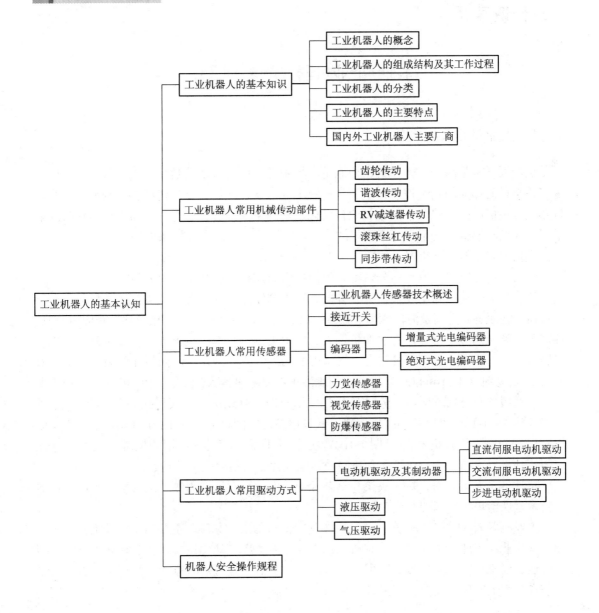

工业机器人的基本认知
- 工业机器人的基本知识
  - 工业机器人的概念
  - 工业机器人的组成结构及其工作过程
  - 工业机器人的分类
  - 工业机器人的主要特点
  - 国内外工业机器人主要厂商
- 工业机器人常用机械传动部件
  - 齿轮传动
  - 谐波传动
  - RV减速器传动
  - 滚珠丝杠传动
  - 同步带传动
- 工业机器人常用传感器
  - 工业机器人传感器技术概述
  - 接近开关
  - 编码器
    - 增量式光电编码器
    - 绝对式光电编码器
  - 力觉传感器
  - 视觉传感器
  - 防爆传感器
- 工业机器人常用驱动方式
  - 电动机驱动及其制动器
    - 直流伺服电动机驱动
    - 交流伺服电动机驱动
    - 步进电动机驱动
  - 液压驱动
  - 气压驱动
- 机器人安全操作规程

## 学习目标

1．知识目标
(1) 了解工业机器人的定义；
(2) 了解工业机器人的常见分类及行业应用；
(3) 了解工业机器人的安全操作规程及日常管理。
2．技能目标
(1) 掌握工业机器人的结构组成、传感系统和驱动方式；
(2) 能进行简单的机器人操作。

## 知识导引

# 1.1 工业机器人的基础知识

## 1.1.1 工业机器人的概念

机器人技术是综合了计算机、控制论、机构学、信息和传感技术、人工智能、仿生学等多种学科而形成的高新技术，是当代研究十分活跃、应用日益广泛的技术领域。而且，机器人应用情况是反映一个国家工业自动化水平的重要标志。现今，机器人逐渐代替人们干那些人们不愿干、干不了、干不好的工作，特别是那些恶劣环境条件的工作。

我们先来了解一下机器人的应用情况。

机器人按照应用环境来划分，可分为特种机器人和工业机器人两大类。

特种机器人是指除工业机器人之外的、用于非制造业并服务于人类的各种机器人。特种机器人在服务、空间及海洋探索、娱乐、农业生产、军事和医疗等领域都具有应用前景，针对各个领域的应用特点，有农业机器人、家用机器人、军用机器人、医疗机器人、工程机器人、水下机器人、空间机器人、娱乐机器人、服务机器人等，如图 1-1 所示。其中农业机器人(见图 1-1(a))可以耕耘播种、施肥除虫；服务机器人(见图 1-1(b)和(i))可以用于家庭生活类服务及公共场所类服务；军用机器人(见图 1-1(c))可以侦察作战、排雷排弹；水下机器人(见图 1-1(d))可以帮助打捞沉船、敷设电缆；空间机器人(见图 1-1(e))可以用于星际探索、空间开发；医疗机器人(见图 1-1(f))可以辅助手术、诊疗保健；消防机器人(见图 1-1(g))作为特种机器人的一种，在灭火和抢险救援中发挥了举足轻重的作用。

特种机器人更强调感知、决策和复杂行动能力，符合各应用领域的特殊要求，使机器人技术呈现出更加广阔的发展空间。

工业机器人(见图 1-2)是在工业生产中使用的机器人的总称，主要用于完成工业生产中的某些作业。工业机器人应用于制造业，主要作为生产自动化设备，在自动化生产线上担任搬运、码垛、喷涂、焊接和装配等工作。工业机器人是机器人家族中重要的一员，也是目前在技术上发展最成熟、应用最广泛的一类机器人。

(a) 农业(耕作)机器人

(b) 家用(扫地)机器人

(c) 军用(排雷)机器人

(d) 水下机器人

(e) 空间(太阳能)机器人

(f) 医疗机器人

(g) 工程(消防)机器人

(h) 娱乐机器人

(i) 服务机器人

图 1-1  特种机器人的类型

图 1-2  工业机器人

　　1959 年，英格伯格和德沃尔设计出了世界上第一台真正实用的工业机器人，名叫"尤尼梅特"(Unimate)，如图 1-3 和图 1-4 所示。1961 年，英格伯格和德沃尔筹办了世界上第一家专门生产机器人的工厂——"尤尼梅特"公司。英格伯格也被人们誉为"工业机器人之父"。

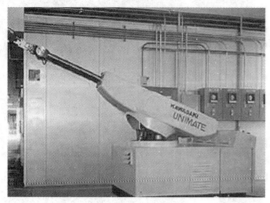

图 1-3　"尤尼梅特"(Unimate)机器人　　　　图 1-4　汽车装配生产线上工作的"尤尼梅特"

　　随着机器人技术的飞速发展和信息时代的到来，机器人的内涵越来越丰富，机器人的定义也不断充实和创新。美国机器人协会(RIA)提出的定义："工业机器人是一种用于移动各种材料、零件、工具或专用装置的，通过可编程序动作来执行种种任务的，并具有编程能力的多功能机械手(Manipulator)。"日本工业机器人协会(JIRA)提出的定义："工业机器人是一种装备有记忆装置和末端执行器(End effector)的，能够转动并通过自动完成各种移动来代替人类劳动的通用机器。"国际标准化组织(ISO)提出的定义："工业机器人是一种自动的、位置可控的、具有编程能力的多功能机械手，这种机械手具有几个轴，能够借助于可编程序操作来处理各种材料、零件、工具和专用装置，以执行种种任务。"

　　国家标准 GB/T 12643—90 对工业机器人的定义："工业机器人是一种能自动定位控制的、可重复编程的、多自由度的操作机，能搬运材料、零件或操持工具，用以完成各种作业。"

　　总而言之，工业机器人是面向工业领域的多关节机械手或多自由度的机器人。工业机器人是自动执行操作的机器装置，靠自身动力和控制能力来实现各种功能。它可以接受人类指挥，也可以按照预先编制的程序运行，现代工业机器人还被赋予了更加丰富的人工智能技术。

　　工业机器人具有在高危环境下生产、生产效率高、稳定性强、精度高等特点。

## 1.1.2　工业机器人的组成结构及其工作过程

　　工业机器人技术是综合了当代机构运动学与动力学、精密机械设计等学科发展起来的产物，是典型的机电一体化产品。工业机器人由三大部分、六个子系统组成。三大部分是：机械本体部分、传感部分和控制部分。六个子系统是：机械结构系统、驱动系统、传感系统、人—机交互系统、控制系统以及机器人—环境交互系统。工业机器人系统组成及相互关系如图 1-5 所示。

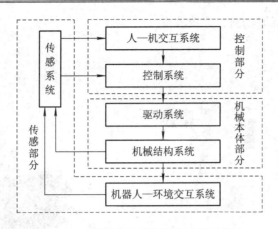

图 1-5　工业机器人系统组成及相互关系

三大部分和六个子系统的作用如下。

**1. 工业机器人三大部分**

1) 机械本体部分

工业机器人的机械本体部分是工业机器人的重要部分,其功能为实现各种动作。其他组成部分必须与机械本体部分相匹配,相辅相成,组成一个完整的机器人系统。

2) 传感部分

传感部分用于感知内部和外部的信息。要让机器人像人一样有效地完成工作,使其具有对外界状况的感知功能是必不可少的。没有感知功能的机器人,只能按预先给定的程序,重复地进行一定的动作。假如有感知,就能够根据处理对象的变化而变更动作。传感器是机器人完成感知的重要元件,通过传感器的感觉作用可将机器人自身的相关特性或相关物体的特性转换为机器人执行某项功能时所需要的信息。现阶段的机器人都装有许多不同的传感器,用来为机器人提供输入。

3) 控制部分

控制部分用于控制机器人完成各种动作。对工业机器人的控制主要包括:机器人的动作顺序、应实现的路径与位置、动作时间间隔以及作用于对象上的作用力等。

工业机器人控制系统一般是以机器人的单轴或多轴运动协调为目的的控制系统,其控制结构要比一般自动机械的控制复杂得多。随着实际工作情况的不同,可以采用各种不同的控制方式,有简单的编程控制、微处理机控制和小型计算机控制等。

**2. 工业机器人六个子系统**

1) 机械结构系统

机械结构系统是机器人的主体部分,主要由基座、手臂(大臂、小臂和手腕)、末端执行器三大件组成(见图 1-6),可完成各种动作。每一大件都有若干自由度,构成了一个多自由度的机械系统。基座如同机床的床身结构一样,构成了机器人的基础支撑。有的基座底部安装有机器人行走机构,如移动导轨(见图 1-7);有的基座可以绕轴线回转,构成机器人的腰。末端执行器连接在最后一个关节上,是工业机器人直接进行工作的部分,可以是拟人的手掌或手指,也可以是各种作业工具,如焊枪、喷漆枪等。更换不同的工具可完成不同的操作任务，比如抓取物料、焊接等。

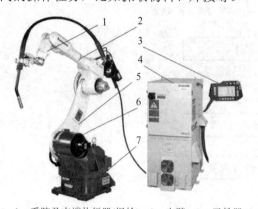

1—手腕及末端执行器(焊枪)；2—小臂；3—示教器；
4—控制系统；5—大臂；6—伺服电机及减速器；
7—基座

移动导轨

图 1-6　6 轴焊接机器人　　　　　　　　　　图 1-7　7 轴焊接机器人

机器人的机械结构部分可以看做是由一些连杆通过关节组装起来的。由关节完成基座、手臂各部分、末端执行器之间的相对运动。关节通常有 3 种，即转动关节、移动关节和球面关节。关节即运动副，是允许工业机器人机械臂各零件之间发生相对运动的机构，是两构件直接接触并能产生相对运动的活动联接。

转动关节是使连续两个杆件的组件中的一件相对于另一件绕固定轴线转动的关节，两个构件之间只作相对转动，如图 1-8(a)所示。

移动关节是使两个杆件的组件中的一件相对于另一件作直线运动的关节，两个杆件之间只作相对移动，如图 1-8(b)所示。

球面关节是连续两个杆件的组件中的一件相对于另一件绕固定点转动的关节，两个构件之间有 3 个独立的相对转动，如图 1-8(c)所示。

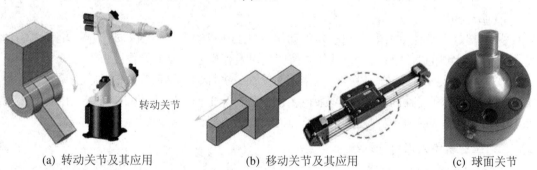

(a) 转动关节及其应用　　　　　　　(b) 移动关节及其应用　　　　　(c) 球面关节
图 1-8　关节

转动关节主要是由电动驱动的，主要由步进电机或伺服电机驱动。移动关节主要由气缸、液压缸或者线性电驱动器驱动。

2) 驱动系统

要使机器人运行起来，需要给各个关节(即每个运动自由度)安装传动装置，这就是驱动系统，相当于机械手的"肌肉"。驱动系统可以是液压传动、气压传动、电动传动，或者把它们结合起来的综合系统。常见的驱动器有伺服电机、步进电机、气缸、液压缸等，可以直接驱动关节，也可以通过同步带、链条、轮系、谐波齿轮等传动机构进行间接驱动。

3) 传感系统

传感系统由内部传感器模块和外部传感器模块组成。内部传感器模块负责收集机器人内部信息如各个关节和连杆的信息，如同人体肌腱内中枢神经系统中的神经传感器。外部传感器负责获取外部环境信息，包括视觉系统、触觉传感器等。

4) 人—机交互系统

人—机交互系统是操作人员参与机器人控制，与机器人进行联系的装置，如计算机的标准终端、指令控制台、示教盒、信息显示屏、报警器等。人—机交互系统归结起来有两大类：指令给定装置和信息显示装置。

5) 控制系统

机器人控制系统是机器人的大脑，是决定机器人功能和性能的主要因素。控制系统的任务是根据机器人的作业指令程序以及从传感器反馈回来的信号支配机器人执行机构去完成规定的运动和功能。控制系统根据控制原理可分为顺序控制系统、自适应控制系统和智能控制系统；根据控制运动的形式可分为点位控制和轨迹控制；根据有无反馈可分为开环控制系统和闭环控制系统等，如图 1-9 和图 1-10 所示。控制系统一般包括控制器、被控对象、执行机构、反馈装置、比较环节等。

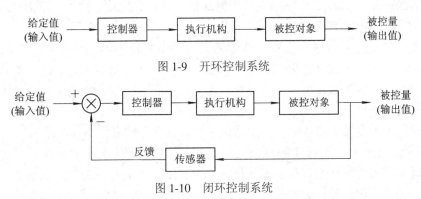

图 1-9  开环控制系统

图 1-10  闭环控制系统

(1) 比较环节是将输入的指令信号与系统的反馈信号进行比较，以获得输出与输入间的偏差信号的环节，通常由专门的电路或计算机来实现。

(2) 控制器通常是 PLC、计算机或者 PID 控制电路，主要任务是对元件输出的偏差信号进行变换处理，以控制执行元件按要求动作。

(3) 执行机构的作用是按控制信号的要求，将输入的各种形式的能量转化成机械能，驱动被控对象工作。机电一体化系统中的执行元件一般指各种电机或液压、气动伺服机构等。

(4) 被控对象是指被控制的机构或装置，是直接完成系统目的的主体，一般包括负载及其传动系统。

(5) 测量反馈装置是指能够对输出进行测量，并转换成比较环节所需要的量纲的装置，一般包括传感器和转换电路。

在实际的伺服控制系统中，可能几个环节集中在一个硬件中，如伺服电动机本身作为一个执行元件，又集成了光电编码器，实现了检测元件的功能。

开环系统没有反馈，利用执行机构直接控制受控对象。在一个开环控制系统中，系统的输入信号不受输出信号的影响，也就是说，控制结果不会反馈回来影响当前控制的系统，一个开环控制系统只是单方向利用控制系统控制执行机构来获得预期的结果。

在开环控制中，对于系统的每一个输入信号，必有一个固定的工作状态和一个系统输出量与之对应。开环控制的特点是控制器按照给定的输入信号对被控对象进行单向控制，而不对被控量进行测量并反向影响控制作用，因此这种开环控制系统不具有修正由扰动而引起的被控量(实际输出)偏离预期值的能力。由于开环控制的抗扰动能力差，因此其使用有一定的局限性。

闭环控制系统又称闭环反馈控制系统，控制系统把位置控制指令送到系统的比较器，再跟反映工业机器人实际位置的反馈信号进行比较，得到位置差值，将其差值加以放大，驱动伺服电动机旋转，使工业机器人某一环节运动。工业机器人新的运动位置经检测再次送到比较器与位置指令比较，产生误差信号，误差信号控制工业机器人运动，这个过程一直持续到误差信号为零为止。

与开环控制系统不同，闭环控制系统增加了对实际输出的测量，并将实际输出与预期输出进行比较，也就是反馈。

与开环控制系统比较，闭环控制系统有许多优点，例如，有更强的抗外部干扰的能力和衰减测量噪声(由于测量实际输出而产生的噪声，可以看作是一种干扰)的能力。

6) 机器人—环境交互系统

机器人—环境交互系统是实现工业机器人与外部环境中的设备相互联系和协调的系统。工业机器人可与外部设备集成为一个功能单元，如加工制造单元、焊接单元、装配单元等。当然，也可以是多台机器人、多台机床或设备、多个零件存储装置等集成为一个执行复杂任务的功能单元。

为了使机器人能够按照要求去完成特定的作业任务，需要以下四个工作过程：

(1) 示教再现过程。通过工业机器人控制器可以接受的方式，利用人手对机器人进行示教，告诉机器人去做什么，给机器人作业指令，机器人能实现动作的记录和再现。现有的机器人大多都采用这种控制方式。

(2) 计算与控制。负责整个机器人系统的管理、信息获取及处理、控制策略的制定、作业轨迹的规划等任务，这是工业机器人控制系统的核心部分。

(3) 伺服驱动。根据不同的控制算法，将机器人的控制策略转化为驱动信号，驱动伺服电机等驱动部分，实现机器人高速、高精度运动，去完成指定的作业。

(4) 传感与检测。通过传感器的反馈，保证机器人正确地完成指定作业，同时也将各种姿态信息反馈到工业机器人控制系统中，以便实时监控整个系统的运动情况。

## 1.1.3 工业机器人的分类

### 1. 按机器人的坐标形式来划分

工业机器人的机械配置形式多种多样，典型机器人的机构运动特征是用其坐标特性来描述的。按基本动作机构的坐标形式来划分，工业机器人通常可分为直角坐标机器人、柱面坐标机器人、球面坐标机器人、多关节型机器人和并联机器人等类型。

1) 直角坐标机器人

直角坐标机器人具有空间上相互垂直的多个直线移动轴(通常为 3 个，见图 1-11)，通过直角坐标方向的 3 个独立自由度确定其手部的空间位置，其动作空间为一长方体。直角坐标机器人结构简单，定位精度高，空间轨迹易于求解；但其动作范围相对较小，设备的空间因数较低，实现相同的动作空间要求时机体本身的体积较大。

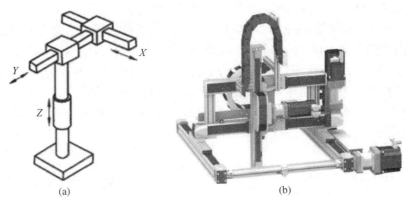

(a) 　　　　　　　　　　　(b)

图 1-11 　直角坐标机器人示意图及其应用

2) 柱面坐标机器人

柱面坐标机器人的空间位置机构主要由旋转基座、垂直移动和水平移动轴构成(见图 1-12)，具有一个回转和两个平移自由度，其动作空间呈圆柱体。这种机器人结构简单，刚性好；但缺点是在机器人的动作范围内，必须有沿轴线方向的移动空间，空间利用率较低。著名的 Versatran 机器人就是典型的柱面坐标机器人。

3) 球面坐标机器人

如图 1-13 所示，球面坐标机器人的空间位置分别由旋转、摆动和平移 3 个自由度确定，动作空间形成球面的一部分，其机械手能够作前后伸缩移动、在垂直平面上摆动以及绕底座在水平面上转动。著名的 Unimate 机器人就是这种类型的机器人，其特点是结构紧凑，所占空间体积小于直角坐标和柱面坐标机器人，但仍大于多关节型机器人。

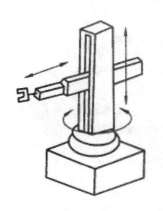　　　　　　　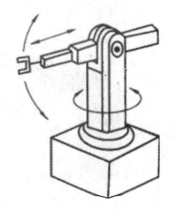

图 1-12 　柱面坐标机器人示意图 　　　　　图 1-13 　球面坐标机器人示意图

### 4) 多关节型机器人

多关节型机器人由多个旋转和摆动机构组合而成。这类机器人结构紧凑、工作空间大，动作最接近人的动作，对涂装、装配、焊接等多种作业都有良好的适应性，应用范围越来越广。不少著名的机器人都采用了这种形式，其摆动方向主要有铅垂方向和水平方向两种，因此这类机器人又可分为垂直多关节机器人和水平多关节机器人。如美国 Unimation 公司20 世纪 70 年代末推出的机器人 PUMA 就是一种垂直多关节机器人；而日本山梨大学研制的机器人 SCARA 则是一种典型的水平多关节机器人。目前世界工业界装机最多的工业机器人是 SCARA 型四轴机器人和串联关节型垂直 6 轴机器人。

(1) 垂直多关节机器人(见图 1-14)模拟了人类的手臂功能，由垂直于地面的腰部旋转轴、大臂旋转的肩部旋转轴、带动小臂旋转的肘部旋转轴以及小臂前端的手腕等构成。手腕通常由 2~3 个自由度构成。其动作空间近似一个球体，所以也称为多关节球面机器人。垂直多关节机器人的优点是可以自由地实现三维空间的各种姿势，可以生成各种复杂形状的轨迹，相对机器人的安装面积，其动作范围很宽；缺点是结构刚度较低，动作的绝对位置精度较低。

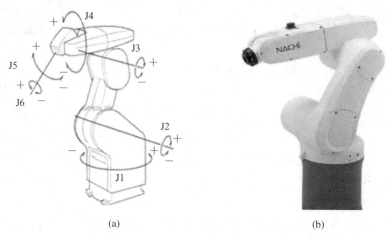

(a)  (b)

图 1-14  垂直多关节机器人示意图及其应用

(2) 水平多关节机器人(见图 1-15)在结构上具有串联配置的两个能够在水平面内旋转的手臂，其自由度可以根据用途选择 2~4 个，动作空间为一圆柱体。水平多关节机器人的优点是在垂直方向上的刚性好，能方便地实现二维平面上的动作，在装配作业中得到普遍应用。

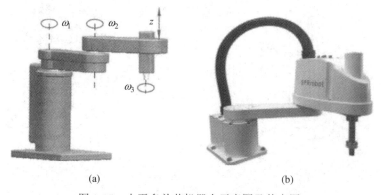

(a)  (b)

图 1-15  水平多关节机器人示意图及其应用

5) 并联机器人

并联机器人可以定义为动平台和定平台通过至少两个独立的运动链相连接，机构具有两个或两个以上自由度，且以并联方式驱动的一种闭环机构(见图 1-16)。

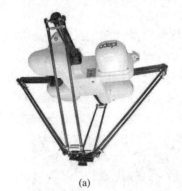

(a)　　　　　　　　　　　　　(b)

图 1-16　并联机器人及其应用

并联机器人的特点为无累积误差，精度较高；驱动装置可置于定平台上或接近定平台的位置，这样运动部分重量轻、速度高、动态响应好。

并联机构多用于需要高刚度、高精度、高速度，无需大空间的场合，具体应用包括：食品、医药、电子、化工行业的分拣、搬运、包装等。

**2. 按工业机器人的用途来划分**

通过将机器人本体、机器人控制软件、机器人应用软件、机器人周边配套设备等有机结合起来，应用于搬运、检测、装配、喷涂、焊接、上下料等具体的实际工作，可形成具有对应功能的搬运机器人、检测机器人、焊接机器人、装配机器人、喷涂机器人、码垛机器人和打磨机器人等。

1) 搬运机器人

搬运机器人用途很广泛，一般只需要点位控制，即对被搬运工件无严格的运动轨迹要求，只要求起始点和终点的位姿准确，如图 1-17 所示。

图 1-17　搬运机器人

最早的搬运机器人出现在 1960 年的美国，Versatran 和 Unimate 两种机器人首次用于搬运作业。搬运作业是指用一种设备握持工件，从一个加工位置移到另一个加工位置。搬运机器人可安装不同的末端执行器来完成各种不同形状和状态的工件搬运工作，减少了人类繁重的体力劳动。目前世界上使用的搬运机器人超过 10 万台，被广泛应用于机床上下料、冲压机自动化生产线、自动装配流水线、码垛搬运、集装箱等的自动搬运。部分发达国家已制定相应标准，规定了人工搬运的最大限度，超过限度的必须由搬运机器人来完成。

2) 检测机器人

零件制造过程中的检测以及成品检测都是保证产品质量的关键。这类机器人的工作内容主要是确认零件尺寸是否在允许的公差内，或者对零件按质量进行分类。

例如，机器人检测系统在汽车行业中得到了广泛的应用，在线尺寸检测是其最基本的功能，如图 1-18 所示。该系统在生产线的特定位置设置激光测量系统，对车身的关键控制点进行测量，并将数据实时传输到数据分析系统，并能将发现的问题及时进行报警。

图 1-18　车身检测机器人系统

机器人检测系统通常采用动态检测方式，实现了实时数据记录、分析，能够有效控制问题的发生范围。相对于传统的三坐标测量仪器测量系统而言，机器人检测系统测量样本量大，能在短期内有足够的样本进行统计学分析；灵活性好，通过计算机编程可以对车身需要关注的局部(如车辆改型、新零件试制)进行定点检测，对问题作出准确判断；柔性好，对多车型混线生产有良好的兼容性；自动工作，节省人力成本。

3) 焊接机器人

焊接机器人是目前应用最广泛的一种机器人，如图 1-19 所示。它又分为电焊和弧焊两类。为了适应不同的用途，机器人最后一个轴的机械接口，通常是一个连接法兰，可接装不同工具或末端执行器。焊接机器人就是在工业机器人的末轴法兰装接焊钳或焊(割)枪，使之能进行焊接。切割或热焊接机器人目前已广泛应用在汽车制造业，如汽车底盘、座椅骨架、导轨、消声器以及液力变矩器等焊接，尤其在汽车底盘焊接生产中得到了非常广泛的应用。

图 1-19　焊接机器人

4) 装配机器人

装配机器人是柔性自动化装配系统的核心设备。装配机器人要求具有较高的位姿精度，手腕具有较大的柔性，如图 1-20 所示。因为装配是一个复杂的作业过程，不仅要检测装配作业过程中的误差，而且要纠正这种误差，因此，装配机器人采用了许多传感器，如接触传感器、视觉传感器、接近传感器、听觉传感器等。

图 1-20 装配机器人

5) 喷涂机器人

喷涂机器人又叫喷漆机器人，如图 1-21 所示。它是可进行自动喷漆或喷涂其他涂料的工业机器人，1969 年由挪威 Trallfa 公司(后并入 ABB 集团)发明。喷漆机器人主要由机器人本体、计算机和相应的控制系统组成，液压驱动的喷漆机器人还包括液压油源，如油泵、油箱和电机等。喷漆机器人多采用 5 或 6 自由度关节式结构，手臂有较大的运动空间，并可作复杂的轨迹运动，其腕部一般有 2～3 个自由度，可灵活运动。较先进的喷漆机器人腕部采用柔性手腕，既可向各个方向弯曲，又可转动，其动作类似人的手腕，能方便地通过较小的孔伸入工件内部，喷涂其内表面。喷漆机器人一般采用液压驱动，具有动作速度快、防爆性能好等特点，可通过手把手示教或点位示教来实现。喷漆机器人广泛用于汽车、仪表、电器、搪瓷等工艺生产领域。

图 1-21 喷漆机器人

6) 码垛机器人

码垛机器人是从事码垛的工业机器人，可将已装入容器的物体，按一定排列码放在托盘、栈板(木质、塑胶)上，进行自动堆码，可堆码多层，然后推出，便于叉车运至仓库储存，如图 1-22 所示。码垛机器人可以集成在任何生产线中，为生产现场提供智能化、机器人化、网络化。啤酒、饮料和食品行业多种多样作业的码垛物流，广泛应用于纸箱、塑料箱、瓶类、袋类、桶装、膜包产品及灌装产品等。它还可以配套于三合一灌装线，对各类瓶罐箱包进行码垛。码垛机自动运行分为自动进箱、转箱、分排、成堆、移堆、提堆、进托、下堆、出垛等步骤。

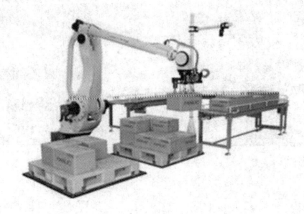

图 1-22　码垛机器人

7) 打磨机器人

目前国内大部分厂家的铸件、塑料件、钢制品等材质工件去毛刺加工作业大多采用手工，或者使用手持气动、电动工具来打磨、研磨、锉等方式进行去毛刺加工，容易导致产品不良率上升，效率低下，加工后的产品表面粗糙不均匀等问题。针对上述质量缺陷，厂家开始使用机器人安装电动或气动工具进行自动化打磨。与手持打磨比较，机器人去毛刺能有效提高生产效率，降低成本，提高产品质量；但是由于机械臂刚性、定位误差等其他因素，采用机器人夹持电动、气动工具处理不规则毛刺时容易出现断刀或者对工件造成损坏等情况。这种打磨方式，称之为刚性打磨，如图 1-23 所示。

图 1-23　打磨机器人

　　刚性打磨的特点为成本低廉，工件外形复杂时加工效果不好，而柔性头则能有效补充刚性打磨头的缺点。

　　使用浮动去毛刺机构能有效解决这方面的问题，这种打磨方式，称之为柔性打磨。浮动去毛刺在进行难加工的边、角、交叉孔、不规则形状毛刺时能浮动机构和刀具，针对工件毛刺采取跟随加工，如同人手滑过工件毛刺般进行柔性去除毛刺，能有效避免造成刀具和工件的损坏，吸收工件及定位等各方面的误差。

　　因而，打磨动力头的选择可从经济角度出发，根据工件及工艺要求不同采用适合的刚性和柔性打磨头。

## 1.1.4　工业机器人的主要特点

　　工业机器人最显著的特点有以下几个：

　　(1) 可编程。生产自动化的进一步发展是柔性自动化。工业机器人可随其工作环境变化的需要而再编程，因此它在小批量、多品种、具有均衡高效率的柔性制造过程中能发挥很好的功用，是柔性制造系统中的一个重要组成部分。

　　(2) 拟人化。工业机器人在机械结构上有类似人的行走、腰转、大臂、小臂、手腕、手爪等部分，在控制上使用电脑。此外，智能化工业机器人还有许多类似人类的"生物传感器"，如皮肤型接触传感器、力传感器、负载传感器、视觉传感器、声觉传感器、语言功能传感器等。传感器提高了工业机器人对周围环境的自适应能力。

　　(3) 通用性。除了专门设计的专用的工业机器人外，一般工业机器人在执行不同的作业任务时具有较好的通用性。比如，更换工业机器人手部末端操作器(手爪、工具等)便可执行不同的作业任务。

　　工业机器人技术涉及的学科相当广泛，归纳起来是机械学和微电子学结合的机电一体化技术产物。第三代智能机器人不仅具有获取外部环境信息的各种传感器，而且还具有记忆能力、语言理解能力、图像识别能力、推理判断能力等人工智能，这些都与微电子技术的应用，特别是计算机技术的应用密切相关。因此，机器人技术的发展必将带动其他技术的发展，机器人技术的发展和应用水平也可以验证一个国家科学技术和工业技术的发展水平。

## 1.1.5　国内外工业机器人主要厂商

### 1. 国内工业机器人主要厂商

#### 1) 沈阳新松生自动化股份有限公司

　　沈阳新松生自动化股份有限公司是一家以机器人独有技术为核心的公司。公司的机器人产品线涵盖工业机器人、洁净(真空)机器人、移动机器人、特种机器人及智能服务机器人五大系列。其中工业机器人产品填补了多项国内空白，创造了中国机器人产业发展史上88项第一的突破。洁净(真空)机器人打破国外技术垄断与封锁，大量替代进口。移动机器人产品综合竞争优势在国际上处于领先水平，被美国通用等众多国际知名企业列为重点采购目标。特种机器人在国防重点领域得到批量应用。该公司在高端智能装备方面已形成智能物流、自动化成套装备、洁净装备、激光技术装备、轨道交通、节能环保装备、能源装备、特种装备产业群综合发展。

2) 广州数控设备有限公司

广州数控设备有限公司是国内规模较大的数控系统研发生产基地。同时，该公司积极拓展工业机器人与精密电动注塑机两大业务领域，为用户提供专业的工业自动化和精密注塑解决方案。

产品：RB 系列工业机器人。该公司自主研发的 6 关节工业机器人，融合了国家 863 科技项目计划的重要成果，现已形成了 3 kg、8 kg、20 kg、50 kg 等多个规格型号的产品。RB 系列搬运机器人可被广泛应用于机床上下料、冲压自动化生产线、集装箱等的自动搬运。

3) 安徽埃夫特智能装备有限公司

安徽埃夫特智能装备有限公司是一家专门从事工业机器人、大型物流储运设备及非标设备设计制造的高新技术企业。该公司成立于 2007 年，生产的埃夫特机器人广泛推广应用于汽车及零部件行业、家电行业、电子行业、卫浴行业、机床行业、机械制造行业、日化行业、食品和药品行业、光电行业、钢铁行业等。

4) 首钢莫托曼机器人有限公司

首钢莫托曼机器人有限公司引进日本株式会社安川电机最新 UP 系列机器人生产技术生产 "SG-MOTOMAN" 机器人，并设计制造应用于汽车、摩托车、工程机械、化工等行业的焊接、喷漆、装配、研磨、切割和搬运等领域的机器人、机器人工作站等。

## 2. 国外工业机器人主要厂商

1) 瑞士 ABB 公司

ABB 公司制造的工业机器人广泛应用在焊接、装配、铸造、密封涂胶、材料处理、包装、喷漆、水切割等领域。ABB 公司是世界上最大的机器人制造公司之一。到 2002 年，ABB 公司销售的工业机器人就已经突破 10 万台，是世界上第一个突破 10 万台的工业机器人生产厂家。

ABB 公司是全球领先的工业机器人供应商，同时提供机器人软件、外设、模块化制造单元及相关服务。

ABB 工业机器人产品主要有两类：4/5/6 轴串联工业机器人和三角式并联机器人。其中，工业机器人负载能力为 3～500 kg 不等；并联机器人有 3 轴和 4 轴两种，负载能力为 1～8 kg 不等。ABB 工业机器人最显著的优点是精度高，运行速度快，运动轨迹准确，安全可靠性高，智能程度高。

ABB 还具有智能程度较高的视觉检测技术、力控制技术、负载识别技术等。力控制技术已经成功应用于汽车变矩器中的花键齿轮装配线、活塞抛光以及火花塞装配线。ABB 机器人控制器也非常有特色，ABB 将控制柜等组件做成了模块化组件，即控制柜、示教器等可以根据项目实际需要随意组装，单个控制器最多能控制 4 台机器人。利用 QuickMove 动态自优化运动控制技术，TrueMove 技术保障了路径的准确性，即无论机器人运动速度有多快，总能够保证机器人沿着正确的路径运动。另外，具有安全的多机协调工作功能，还随机附带 RobotStudio 软件，该软件具有 3D 运行模拟功能、联机功能以及离线编程功能。

2) 德国库卡(KUKA)机器人公司

库卡(KUKA)机器人公司产品主要包括点焊、弧焊、码垛、喷漆、铸造、装配、搬运、包装、注塑、激光加工、检测、水切割等各种自动化作业。库卡机器人在欧洲、德国市场份额中处于第一名，在汽车行业具有压倒性优势。如在奔驰、宝马、大众、福特、通用、克莱斯勒等汽车生产商中，库卡机器人的使用量均超过汽车生产商拥有机器人数量的 95%。

库卡的控制器 KR C4 具有安全控制功能(安全控制器)，能够确保机器人时时刻刻处于安全状态，并且针对不同行业开发了不同的软件工具，包括焊接、折弯加工、传送带、加工工序黏接、激光焊接/切割、CAM 数控加工、堆垛、压铸机、焊缝跟踪、触觉搜索焊接等软件工具。库卡机器人还配有 WorkVisual 离线仿真编程软件，便于操作员的离线开发、在线诊断和维护工作。

3) 日本法兰克(FANUC)公司

法兰克(FANUC)是日本一家专门研究数控系统的公司，成立于 1956 年，是世界上最大的专业数控系统生产厂家，占据了全球 70% 的市场份额。自 1974 年法兰克公司首台机器人问世以来，法兰克致力于机器人技术上的领先与创新，是世界上唯一一家由机器人做机器人的公司、唯一一家提供集成视觉系统的机器人公司、唯一一家既提供智能机器人又提供智能机器的公司。法兰克机器人产品系列多达 240 种，负重从 0.5 kg～1.35 t，广泛应用在装配、点焊、激光焊、搬运、上下料、激光切割等不同领域。

4) 日本安川电机公司(YaskawaElectricCo.)

1977 年安川电机研制出第一台全电动工业机器人，该公司已有 38 年的机器人研发生产历史。其核心的工业机器人产品包括：点焊和弧焊机器人、油漆和处理机器人、LCD 玻璃板传输机器人和半导体晶片传输机器人等。安川电机公司是将工业机器人最早应用到半导体生产领域的厂商之一。

以上介绍的国外工业机器人主要厂商为机器人行业的四巨头。

# 1.2　工业机器人常用机械传动部件

工业机器人的运动是由驱动器(通过联轴器)带动传动部件(一般为减速器)，再通过关节轴带动杆件运动。传动部件是构成工业机器人的重要部件，是工业机器人的关键部件之一。工业机器人的传动部件要实现以下基本功能和要求：

(1) 机器人工作时要求运行速度高、加减速度特性好、传动部件运动平稳、精度高、承载能力大。

(2) 工作单元往往和驱动器速度不一致，利用传动部件达到改变输出速度的目的。

(3) 驱动器的输出轴一般是等速回转运动，而工作单元要求的运动形式则是多种多样的，如直线运动、旋转运动等，从而要求通过传动部件来实现运动形式的改变。

机器人几乎使用了目前出现的绝大多数传动方式，如在工业机器人中常用齿轮传动、谐波齿轮传动、RV 行星传动、蜗轮蜗杆传动、链传动、同步带传动、连杆及曲柄滑块传动、滚珠丝杠传动、齿轮齿条传动等传动方式。

下面以图 1-24 所示常见的 6 关节机器人的机械结构为例，对常见的传动部件作一些基本的介绍，让读者达到有能力识别一些常用传动部件及其特点，以帮助读者更多地了解工业机器人。

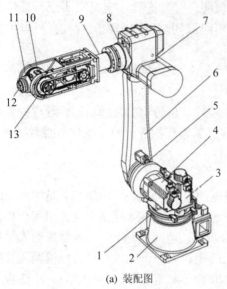
(a) 装配图

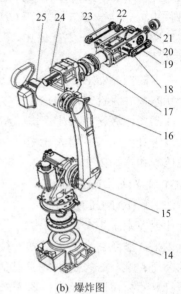
(b) 爆炸图

1—腰关节；2—基座；3—轴 1 电机；4—轴 2 电机；5—肩关节；6—大臂；7—肘关节；8—腕关节(偏转)；9—小臂；10—手腕；11—腕关节(翻转)；12—连接法兰；13—腕关节(俯仰)；14—RV 减速器(轴 1)；15—RV 减速器(轴 2)；16—RV 减速器(轴 3)；17—轴 4 谐波齿轮；18—轴 6(翻转)电机；19—同步带；20—带轮；21—轴 6 谐波齿轮；22—轴 5 谐波齿轮；23—轴 5(俯仰)电机；24—轴 4(偏转)电机；25—轴 3 电机

图 1-24　6 关节机器人机械结构图

6 关节机器人的机械结构有 6 个自由度，分别为腰部旋转，肩部旋转，肘部转动，腕部偏转、俯仰与翻转。6 个伺服电动机直接通过谐波减速器或 RV 减速机等驱动 6 个关节轴的旋转。6 个动作简要说明如下：

(1) 腰部旋转由基座内的交流伺服电机(轴 1 电机)和 RV 减速机组成，可实现立柱回转。

(2) 肩部旋转由肩部的交流伺服电机(轴 2 电机)和谐波齿轮组成，可实现肩关节旋转。

(3) 肘部转动由肘部的交流伺服电机(轴 3 电机)和谐波齿轮组成，可实现肘部转动。

(4) 腕部偏转以小臂中心线为轴线，由交流伺服电机(轴 4 电机)和谐波减速器组成，可实现手腕偏转运动。为减小转动惯量，电机安装在肘关节处，和肘关节电机交错安装。

(5) 腕部俯仰由交流伺服电机(轴 5 电机)、同步带、谐波齿轮组成，电机安装在小臂内部末端，可实现手腕俯仰运动。

(6) 腕部翻转由交流伺服电机(轴 6 电机)、谐波齿轮和法兰盘组成，电机安装在腕部，可实现手腕翻转运动，手部通过法兰盘安装在末端，手部又称末端执行器。

下面介绍常用的传动方式。

## 1.2.1　齿轮传动

齿轮传动是利用两齿轮的轮齿相互啮合传递动力和运动的机械传动。按齿轮轴线的相对位置分平行轴圆柱齿轮传动、相交轴圆锥齿轮传动和交错轴螺旋齿轮传动。齿轮传动具有结构紧凑、效率高、寿命长等特点。有关齿轮传动的内容请参考有关书籍，在此不再赘述。

## 1.2.2 谐波齿轮传动

在工业机器人中，减速器是连接机器人动力源和执行机构的中间装置。通过合理地选用减速器，可精确地将机器人动力源转速降到工业机器人各部位所需要的速度。大量应用在关节机器人上的减速器主要有两类，谐波减速器和 RV 减速器。

谐波齿轮传动(简称谐波减速器)是利用行星齿轮传动原理发展起来的一种新型减速器。它是依靠柔性零件产生弹性机械波来传递动力和运动的一种行星齿轮传动。谐波齿轮传动通常由三个基本构件组成，包括一个有内齿的刚轮、一个工作时可产生径向弹性变形并带有外齿的柔轮和一个装在柔轮内部呈椭圆形且外圈带有柔性滚动轴承的波发生器，如图 1-25(a)、(b)所示。柔轮的外齿数少于刚轮的内齿数。在波发生器转动时，相应与长轴方向的柔轮外齿正好完全啮入刚轮的内齿；在短轴方向，则外齿全脱开内齿。

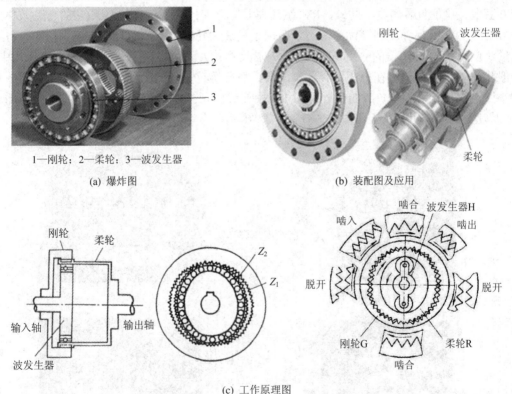

1—刚轮；2—柔轮；3—波发生器

(a) 爆炸图

(b) 装配图及应用

(c) 工作原理图

图 1-25　谐波齿轮传动及工作原理图

通常波发生器为主动件，而刚轮和柔轮一个为从动件，另一个为固定件。当波发生器装入柔轮内孔时，由于前者的总长度略大于后者的内孔直径，故柔轮变为椭圆形，于是在椭圆的长轴两端产生了柔轮与刚轮轮齿的两个局部啮合区；同时在椭圆短轴两端，两轮轮齿则完全脱开。至于其余各处，则视柔轮回转方向的不同，或处于啮合状态，或处于非啮合状态，如图 1-25(c)所示。当波发生器连续转动时，柔轮长短轴的位置不断变化，从而使轮齿的啮合处和脱开处也随之不断变化，于是实现了柔轮相对刚轮沿波发生器相反方向的缓慢旋转，从而传递运动。工业机器人中通常采用波发生器主动、刚轮固定、柔轮输出的形式。

谐波齿轮传动中，齿与齿的啮合是面接触，加上同时啮合数(重叠系数)比较多，因而单位面积载荷小，承载能力较其他传动形式高；谐波齿轮传动的传动比可达 $i=70\sim500$；同时具有体积小、质量轻、传动效率高、寿命长、传动平稳、无冲击、无噪音、运动精度高等优点。谐波齿轮传动广泛应用于小型的 6 轴搬运及装配工业机器人中。由于柔轮承受较大的交变载荷，因而对柔轮材料的抗疲劳强度、加工和热处理要求较高，工艺复杂。

## 1.2.3 RV 减速器传动

与谐波齿轮传动相比，RV 减速器最显著的特点是刚性好、耐超载；传动刚度较谐波传动要大 2~6 倍，但重量却增加了 1~3 倍。高刚度可以大大提高整机的固有频率，降低振动；回转精度高，在频繁加、减速的运动过程中具有良好的加、减速性能，可实现平稳运转并获取正确的位置精度。此外，RV 减速器具有减速比大、传动效率高(它的传动效率可达 0.85~0.92)、保养便利等优点，不仅适用于高速大功率设备，而且在低速大扭矩设备上也广泛应用。RV 减速器的缺点是重量大，外形尺寸较大，因此在关节型工业机器人应用中，一般将 RV 减速器放置在机座、腰部、大臂、肩部等重负载的位置；而将谐波减速器放置在小臂、腕部或手部轻负载的位置。图 1-26 所示是一典型 RV 减速器实物解剖图。下面对 RV 减速器的结构组成及工作原理作一简单介绍。

(a) 减速器正面

(b) 减速器背面

(c) 减速器针轮、刚性盘

(d) 减速器摆线轮、曲柄轴组件

图 1-26 RV 减速器实物解剖图

### 1．RV 减速器零部件介绍

图 1-27 为某型号 RV 减速器的装配及爆炸图。RV 减速器主要由输入轴(齿轮轴)、行星轮、曲柄轴、摆线轮、针轮、刚性盘及输出盘等零部件组成。

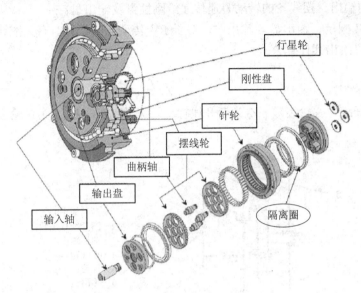

图 1-27　RV 减速器的装配及爆炸图

RV 减速器主要零部件介绍如下：

(1) 齿轮轴。齿轮轴用来传递输入功率，与渐开线行星轮互相啮合。

(2) 行星轮。它与转臂(曲柄轴)固连，两个行星轮均匀地分布在一个圆周上，起功率分流的作用，即将输入功率分成两路传递给摆线针轮行星机构。

(3) 转臂(曲柄轴)H。转臂是摆线轮的旋转轴。它的一端与行星轮相连接，另一端与支撑圆盘相连接，它可以带动摆线轮产生公转，而且又支撑摆线轮产生自转。

(4) 摆线轮(RV 齿轮)。为了实现径向力的平衡，在该传动机构中，一般应采用两个完全相同的摆线轮，分别安装在曲柄轴上，且两摆线轮的偏心位置相互成 180°。

(5) 针轮。针轮与机架固连在一起而成为针轮壳体。

(6) 刚性盘及输出盘。输出盘是 RV 型传动机构与外界从动工作机相联接的构件，刚性盘及输出盘相互连接成为一个整体，输出运动或动力。在刚性盘上均匀分布两个转臂的轴承孔，而转臂的输出端借助于轴承安装在这个刚性盘上。

### 2．RV 减速器工作原理

图 1-28 是 RV 减速器传动简图。它由渐开线圆柱齿传输线行星减速机构和摆线针轮行星减速机构两部分组成。渐开线行星轮 2 与曲柄轴 3 连成一体，作为摆线针轮传动部分的输入。如果渐开线中心轮 1 顺时针方向旋转，那么渐开线行星轮在公转的同时还有逆时针方向的自转，并通过曲柄轴带动摆线轮作偏心运动，此时摆线轮在其轴线公转的同时，还将在针齿的作用下反向自转，即顺时针方向转动，同时通过曲柄轴将摆线轮的转动等速传给输出机构。其减速传动有 3 个过程：

(1) 第一级减速。执行电机的旋转运动由齿轮轴传递给两个渐开线行星轮，进行第一级减速。

(2) 第二级减速。与行星轮固连的曲柄轴驱动摆线轮，形成摆线轮公转；摆线轮公转过程中与针齿壳上的针齿啮合，形成摆线轮的自转。

(3) 运动的输出。摆线轮的转动等速传递给刚性盘及输出盘。

当针齿壳 7 固定、输出盘 6 输出时，对于 RV 传动比的计算，有关推导过程请参考相关书籍，下面仅给出其计算公式：

$$i_{16} = 1 + \frac{Z_2}{Z_1} Z_7$$

式中：$Z_1$ 为渐开线中心轮齿数；$Z_2$ 为渐开线行星轮齿数；$Z_7 = Z_4 + 1$ 为针轮齿数，$Z_4$ 为摆线轮齿数。

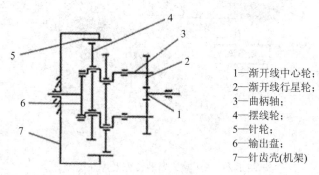

1—渐开线中心轮；
2—渐开线行星轮；
3—曲柄轴；
4—摆线轮；
5—针轮；
6—输出盘；
7—针齿壳(机架)

图 1-28 RV 减速器传动简图

## 1.2.4 滚珠丝杠传动

工业机器人中滚珠丝杠传动主要用于将旋转运动转换成直线运动，将转矩转换成推力。其工作原理是：滚珠丝杠采用一个旋转的精密丝杠驱动螺母沿着丝杠轴向移动，在丝杠和螺母上加工有弧形螺旋槽，当把它们套装在一起时可形成螺旋滚道，并且滚道内填满滚珠，滚珠则可沿着滚道滚动。在丝杠传动过程中以滚珠的滚动摩擦代替滑动摩擦，以减少摩擦，滚珠在丝杠上滚过数圈后，通过回程引导装置(回珠器)逐个滚回到丝杠和螺母之间，如图1-29 所示，滚珠丝杠传动构成了一个闭合的回路管道，从而将丝杠的旋转运动转化成螺母直线运动，利用螺杆和螺母的啮合来传递动力和运动的机械传动。

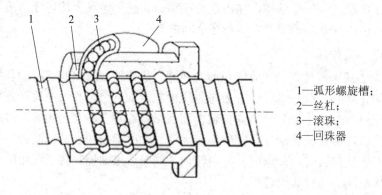

1—弧形螺旋槽；
2—丝杠；
3—滚珠；
4—回珠器

图 1-29 滚珠丝杠工作原理图

　　滚珠丝杠传动效率高，而且传动精度和定位精度均很高，在传动时灵敏度和平稳性亦很好；由于磨损小，使用寿命比较长，但对丝杠及螺母的材料、热处理和加工工艺要求很高，故成本较高，不能自锁，所以当作用于垂直位置时，为防止因突然停电而造成主轴箱自动下滑，必须加有制动装置。

　　滚珠的循环方式有内循环和外循环两种，如图 1-30(a)、(b)所示。内循环方式中滚珠在循环的过程中始终没有脱离丝杠。内循环方式结构紧凑，定位可靠，刚性好，返回滚道短，不易发生滚珠堵塞；缺点是结构复杂，制造较困难。外循环方式中滚珠在循环过程中会脱离丝杠，每一列钢珠转几圈后经插管回珠器返回。外循环结构制造工艺简单，但回珠器刚性差，易磨损。其滚道接缝处很难做得平滑，将影响滚珠滚动的平稳性，甚至会发生卡珠现象，噪声也较大。

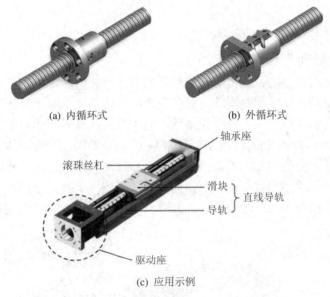

(a) 内循环式　　　　　　　　(b) 外循环式

(c) 应用示例

图 1-30　滚珠丝杠结构形式及应用

## 1.2.5　同步带传动

### 1. 同步带传动的工作原理

　　同步带传动一般是由同步带轮和紧套在两轮上的同步带组成的。同步带内周有等距的横向齿，如图 1-31 所示。

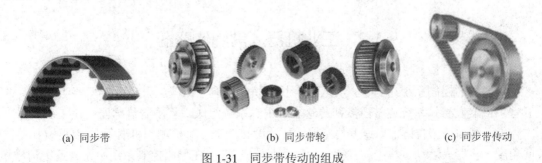

(a) 同步带　　　　　　　　　(b) 同步带轮　　　　　　　　　(c) 同步带传动

图 1-31　同步带传动的组成

　　同步带传动是一种啮合传动(见图 1-32)，依靠带内周的等距横向齿与带轮相应齿槽之间的啮合来传递运动和动力，两者无相对滑动，从而使圆周速度同步(故称为同步带传动)。它兼有带传动和齿轮传动的特点。

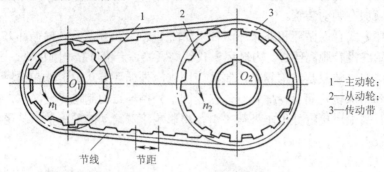

1—主动轮；
2—从动轮；
3—传动带

节线　　节距

图 1-32　同步带传动的工作原理

### 2. 同步带传动的特点及应用

　　同步带传动具有带传动、链传动和齿轮传动的优点。同步带传动是靠啮合传递运动和动力的，故带与带轮之间无相对滑动，能保证准确的传动比。同步带通常以钢丝绳或玻璃纤维绳为抗拉体，氯丁橡胶或聚氨酯为基体，这种带薄而且轻，故可用于较高速度，传动时的线速度可达 5 m/s，传动比可达 10，效率可达 98%。同步带传动的噪声比带传动、链传动和齿轮传动小，耐磨性好，不需油润滑，寿命比摩擦带长。其主要缺点是制造和安装精度要求较高，中心距要求较严格。所以同步带广泛应用于要求传动比准确的中、小功率传动中，适合用于机器人高速运动的轻载关节，如图 1-33 所示用于实现腕部的俯仰运动。

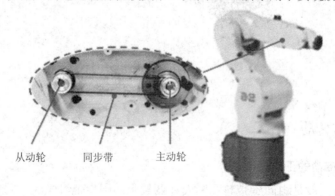

从动轮　　同步带　　主动轮

图 1-33　同步带在工业机器人上的应用

## 1.3　工业机器人常用传感器

　　机器人的控制系统相当于人类大脑，执行机构相当于人类四肢，传感器相当于人类的五官。机器人感知系统通常由多种传感器或视觉系统组成，将不同传感器装在工业机器人本体上，譬如位移传感器、速度传感器、加速度传感器，可检测到机器人自身状态(如手臂间角度，机器人运动过程中的位置、速度和加速度等)，在伺服控制系统中作为反馈信号。

传感器也用于检测机器人所处的外部环境和对象状况等，如抓取对象的形状、空间位置、有没有障碍、物体是否滑落等。传感器是机器人完成感觉的必要手段，通过传感器的感觉作用，可将机器人自身的相关特性或相关物体的特性转化为机器人执行某项功能时所需要的信息。因此，让机器人像人一样接收和处理外界信息，机器人传感器技术是实现这一机器人智能化的重要体现。

目前，构成机器人感知和控制的传感器种类繁多，具体包括视觉、听觉、触觉、力觉、接近觉等类型的传感器。

## 1.3.1　工业机器人传感器技术概述

### 1．传感器的定义

传感器是一种以一定精度测量出物体的物理、化学变化(如位移、力、加速度、温度等)，并将这些变化变换成与之有确定对应关系的、易于精确处理和测量的某种电信号(如电压、电流和频率)的检测部件或装置，通常由敏感元件、转换元件、转换电路和辅助电源四部分组成，如图 1-34 所示。

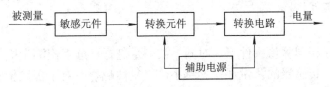

图 1-34　传感器的组成

### 2．工业传感器性能指标

1) 灵敏度

灵敏度是指传感器的输出信号达到稳定时，输出信号变化与输入信号变化的比值。假如传感器的输出和输入呈线性关系，其灵敏度可表示为

$$s = \frac{\Delta y}{\Delta x}$$

式中：$s$ 为传感器的灵敏度；$\Delta y$ 为传感器输出信号的增量；$\Delta x$ 为传感器输入信号的增量。

假如传感器的输出与输入呈非线性关系，其灵敏度就是该曲线的导数。传感器输出量的量纲和输入量的量纲不一定相同。若输出和输入具有相同的量纲，则传感器的灵敏度也称为放大倍数。一般来说，传感器的灵敏度越大越好，这样可以使传感器的输出信号精确度更高、线性程度更好。但是过高的灵敏度有时会导致传感器的输出稳定性下降，所以应根据机器人的要求选择大小适中的传感器灵敏度。

2) 线性度

线性度反映传感器输出信号与输入信号之间的线性程度。假设传感器的输出信号为 $y$，输入信号为 $x$，则输出信号与输入信号之间的线性关系可表示为

$$y = kx$$

若 $k$ 为常数，或者近似为常数，则传感器的线性度较高；如果 $k$ 是一个变化较大的量，则传感器的线性度较差。机器人控制系统应该选用线性度较高的传感器。实际上，只有在

少数情况下，传感器的输出和输入才呈线性关系。在大多数情况下，$k$ 为 $x$ 的函数，即

$$b = f(x) = a_0 + a_1 x_1 + a_2 x_2 + \cdots + a_n x_n$$

如果传感器的输入量变化不太大，且 $a_1 \sim a_n$ 都远小于 $a_0$，那么可以取 $k = a_0$，近似地把传感器的输出和输入看成线性关系。

3) 测量范围

测量范围是指被测量的最大允许值和最小允许值之差。一般要求传感器的测量范围必须覆盖机器人有关被测量的工作范围。如果无法达到这一要求，可以设法选用某种转换装置，但这样会引入某种误差，使传感器的测量精度受到一定的影响。

4) 精度

精度是指传感器的测量输出值与实际被测量值之间的误差。在机器人系统设计中，应该根据系统的工作精度要求选择合适的传感器精度。

应该注意传感器精度的使用条件和测量方法。使用条件应包括机器人所有可能的工作条件，如不同的温度、湿度、运动速度、加速度，以及在可能范围内的各种负载作用等。用于检测传感器精度的测量仪器必须具有比传感器高一级的精度，进行精度测试时也需要考虑最坏的工作条件。

5) 重复性

重复性是指在相同测量条件下，对同一被测量进行连续多次测量所得结果之间的一致性。若一致性好，传感器的测量误差就越小，重复性越好。对于多数传感器来说，重复性指标都优于精度指标，这些传感器的精度不一定很高，但只要温度、湿度、受力条件和其他参数不变，传感器的测量结果也不会有较大变化，同样，对于传感器的重复性也应考虑使用条件和测试方法的问题。对于示教再现型机器人，传感器的重复性至关重要，它直接关系到机器人能否准确再现示教轨迹。

6) 分辨率

分辨率是指传感器在整个测量范围内所能识别的被测量的最小变化量，或者所能辨别的不同被测量的个数。如果它辨别的被测量最小变化量越小，或者被测量个数越多，则分辨率越高；反之，则分辨率越低。无论是示教再现型机器人，还是可编程型机器人，都对传感器的分辨率有一定的要求。传感器的分辨率直接影响机器人的可控程度和控制品质。一般需要根据机器人的工作任务规定传感器分辨率的最低限度要求。

7) 响应时间

响应时间是传感器的动态性能指标，是指传感器的输入信号变化后，其输出信号随之变化并达到一个稳定值所需要的时间。在某些传感器中，输出信号在达到某一稳定值以前会发生短时间的振荡。传感器输出信号的振荡对于机器人控制系统来说非常不利，它有时可能会造成一个虚设位置，影响机器人的控制精度和工作精度，所以传感器的响应时间越短越好。响应时间的计算应当以输入信号起始变化的时刻为始点，以输出信号达到稳定值的时刻为终点。实际上，还需要规定一个稳定值范围，只要输出信号的变化不再超出此范围，即可认为它已经达到了稳定值。

8) 抗干扰能力

机器人的工作环境是多种多样的，在有些情况下可能相当恶劣，因此对于机器人用传

感器必须考虑其抗干扰能力。由于传感器输出信号的稳定是控制系统稳定工作的前提，为防止机器人系统的意外动作或发生故障，设计传感器系统时必须采用可靠性设计技术。通常抗干扰能力是通过单位时间内发生故障的概率来定义的，因此它是一个统计指标。

在选择工业机器人传感器时，需要根据实际工况、检测精度、控制精度等具体的要求来确定所用传感器的各项性能指标，同时还需要考虑机器人工作的一些特殊要求，比如重复性、稳定性、可靠性、抗干扰性要求等，最终选择出性价比较高的传感器。

下面对常用的传感器进行介绍。

## 1.3.2  接近开关

接近开关又称无触点接近开关，当物体接近开关的感应面到动作距离时，不需要机械接触及施加任何压力即可使开关动作，是理想的电子开关量传感器。当金属检测体接近开关的感应区域，接近开关就能无接触、无压力、无火花、迅速发出电气指令，准确反映出运动机构的位置和行程，即使用于一般的行程控制，其定位精度、操作频率、使用寿命、安装调整的方便性和对恶劣环境的适应能力，是一般机械式行程开关所不能相比的。它广泛地应用于机床、冶金、化工、轻纺和印刷等行业。在自动控制系统中可作为限位、计数、定位控制和自动保护环节等。下面介绍几种在工业机器人上常用的接近开关。

### 1. 光电开关

光电开关(光电传感器)是光电接近开关的简称。光电开关是由 LED 光源和光敏二极管或光敏晶体管等光敏元件组成，相隔一定距离而构成的透光式开关，如图 1-35(a)所示。图 1-35(b)是一对射光电开关，由发射器和接收器组成，安装时成对安装，当被检测物进入光电开关有效光束区域时，被检测物对光束遮挡，使得光射不到光敏元件上，导通或关闭电路而起到开关的作用，从而检测物体的有无。图 1-35(c)是一种集发射器和接收器于一体的传感器，当有被检测物体经过时，物体将光电开关发射器发射的足够量的光线反射到接收器，于是光电开关就产生了开关信号。物体不限于金属，所有能反射光线的物体均可被检测。

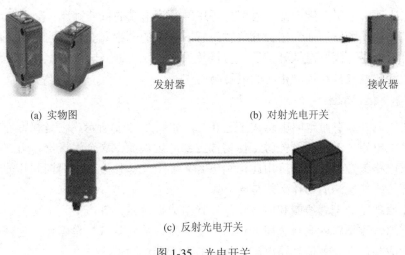

(a) 实物图                                    (b) 对射光电开关

(c) 反射光电开关

图 1-35  光电开关

## 2．磁性接近开关

磁性接近开关是接近开关的一种，是利用电磁工作原理，用先进的工艺制成的，是一种位置传感器。它能通过传感器与物体之间的位置关系变化，将非电量或电磁量转化为所希望的电信号，从而达到控制或测量的目的。

磁性接近开关能以细小的开关体积达到最大的检测距离。它能检测磁性物体(一般为永磁铁)，然后产生触发开关信号输出。由于磁场能通过很多非磁性物，所以此触发过程并不一定需要把目标物体直接靠近磁性接近开关的感应面，而是通过磁性导体(如铁)把磁场传送至远距离，例如，信号能够通过高温的地方传送到磁性接近开关而产生触发动作信号。

磁性接近开关的工作原理如图 1-36 所示。

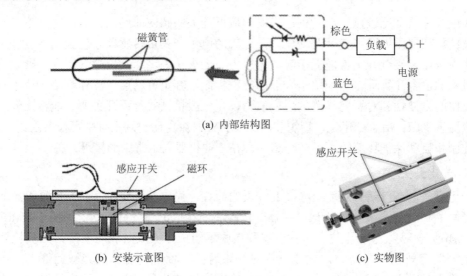

图 1-36　磁性接近开关的工作原理

磁性接近开关是用来检测气缸活塞位置的，即检测活塞的运动行程。它可分为有接点型(有接点磁簧管型)和无接点型(无接点电晶体型)两种。下面重点介绍有接点磁簧管型磁性接近开关。

有接点磁簧管型磁性接近开关内部为两片磁簧管组成的机械触点，交直流电源通用。

当随气缸移动的磁环靠近感应开关时，感应开关的两根磁簧片被磁化而使触点闭合，产生电信号；当磁环离开磁性开关后，舌簧片失磁，触点断开，电信号消失。这样可以检测到气缸的活塞位置从而控制相应的电磁阀动作。

## 3．涡流式接近开关

涡流式接近开关有时也叫电感式接近开关，如图 1-37(a)所示。它是利用导电物体在接近这个能产生电磁场的接近开关时，使物体内部产生涡流。这个涡流反作用到接近开关，使开关内部电路参数发生变化，由此识别出有无导电物体移近，进而控制开关的通或断。这种接近开关所能检测的物体必须是导电体。

其工作原理是由电感线圈和电容及晶体管组成振荡器，并产生一个交变磁场，当有金属物体接近这一磁场时就会在金属物体内产生涡流，从而导致振荡停止，这种变化被放大处理后转换成晶体管开关信号输出，如图 1-37(b)所示。

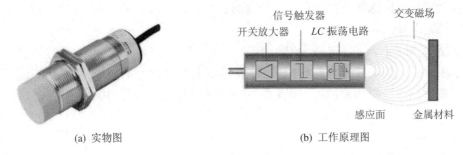

(a) 实物图　　　　　　　　　　　(b) 工作原理图

图 1-37　涡流式接近开关

### 1.3.3　编码器

#### 1. 位置检测元件的分类

位置检测元件是闭环(半闭环、闭环和混合闭环)进给伺服系统中重要的组成部分，它可检测伺服电动机转子的角位移和速度，将信号反馈到伺服驱动装置，与预先给定的理想值相比较，得到的差值用于实现位置闭环控制和速度闭环控制。位置检测元件通常利用光或磁的原理完成位置或速度的检测。

位置检测元件的精度一般用分辨率表示，它是检测元件所能正确检测的最小数量单位，它由位置检测元件本身的品质及测量电路决定。在工业机器人位置检测接口电路中常对反馈信号进行倍频处理，以进一步提高测量精度。

位置检测元件一般也可以用于速度测量。位置检测和速度检测可以采用各自独立的检测元件，如速度检测采用测速发电机，位置检测采用光电编码器；也可以共用一个检测元件，如光电编码器。

现对位置检测元件的分类介绍如下。

1) 直接测量和间接测量元件

测量传感器按形状可分为直线形和回转形。若测量传感器所测量的指标就是所要求的指标，即直线形传感器测量直线位移，回转形传感器测量角位移，则该测量方式为直接测量。典型的直接测量装置有光栅等。若回转形传感器测量的角位移只是中间量，由它再推算出与之对应的工作台直线位移，那么该测量方式为间接测量，其测量精度取决于测量装置和机床传动链的精度。典型的间接测量装置有光电式脉冲编码器和旋转变压器等。

2) 增量式测量和绝对式测量元件

位置检测按测量装置编码方式可分为增量式测量和绝对式测量。增量式测量的特点是只测量位移增量，即工作台每移动一个基本长度单位，测量装置便发出一个测量信号，此信号通常是脉冲形式。典型的增量式测量装置为光栅和增量式光电编码器。

绝对式测量的特点是被测的任一点的位置相对于一个固定的零点来说都有一个对应的测量值，常以数据形式表示。典型的绝对式测量装置有接触式编码器和绝对式光电编码器。

3) 接触式测量和非接触式测量元件

接触式测量的测量传感器与被测对象间存在机械联系，因此机床本身的变形、振动等因素会对测量产生一定的影响。典型的接触式测量装置有光栅和接触式编码器。

非接触式测量传感器与被测对象是分离的，不存在机械联系。典型的非接触式测量装置有双频激光干涉仪和光电编码器。

4）数字式测量和模拟式测量元件

数字式测量以量化后的数字形式表示被测量。数字式测量的特点是测量装置简单，信号抗干扰能力强，且便于显示处理。典型的数字式测量装置有光电编码器、接触式编码器和光栅等。

模拟式测量是被测量用连续的变量表示，如用电压、相位的变化来表示。典型的模拟式测量装置有旋转变压器等。

### 2．光电编码器

编码器是测量轴角位置和角位移的方法之一，它具有很高的精确度、分辨率和可靠性。

根据检测方法不同，编码器又可以分为光电式、磁场式和感应式。其中，光电编码器在工业机器人中应用最多，下面主要介绍光电编码器。

光电编码器利用光电原理把机械角位移变换成电脉冲信号，是一种非接触的数字位置位移传感器，是最常用的位置检测元件。作为工业机器人位移传感器，光电编码器应用最为广泛，如图 1-38 所示，每一个关节轴的伺服电机都配套安装一个编码器。

图 1-38　编码器在工业机器人上的应用

光电编码器的基本原理是采用红外发射接收管检测编码盘的位置或移动的方向、速度等。光电编码器可分为绝对式编码器和增量式编码器两种，安装时既可以套式安装也可以轴式安装，其实物图如图 1-39 所示。

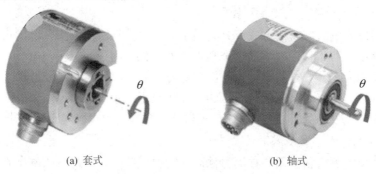

(a) 套式　　　　　　　　　　　(b) 轴式

图 1-39　编码器的类型

　　绝对式光电编码器的每一个位置对应一个确定的数字码，因此它的示值只与测量的起始和终止位置有关，而与测量的中间过程无关。增量式编码器是将位移转换成周期性的电信号，再把这个电信号转变成计数脉冲，用脉冲的个数表示位移的大小。因此，用绝对式编码器装备的机器人不需要校准，只要通电，控制器就知道关节的位置。而增量式编码器只能提供与某基准点对应的位置信息。所以用增量式编码器的机器人在获得真实位置的信息以前，必须首先完成校准程序。下面介绍这两种编码器。

　　1) 增量式光电编码器

　　增量式光电编码器是指随转轴旋转的码盘给出一系列脉冲，然后根据旋转方向用计数器对这些脉冲进行加减计数，以此来表示转过的角位移量。增量式光电编码器结构示意图如图 1-40 所示。光电码盘与转轴连在一起。码盘可用玻璃材料制成，表面镀上一层不透光的金属铬，然后在边缘制成向心的透光狭缝。透光狭缝在码盘圆周上等分，数量从几百条到几千条不等。这样，整个码盘圆周上就被等分成 $n$ 个透光的槽。增量式光电码盘也可用不锈钢薄板制成，然后在圆周边缘切割出均匀分布的透光槽。

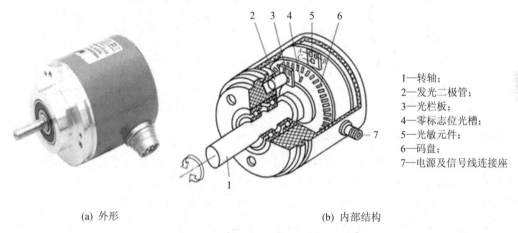

1—转轴；
2—发光二极管；
3—光栏板；
4—零标志位光槽；
5—光敏元件；
6—码盘；
7—电源及信号线连接座

(a) 外形　　　　　　　　　　　　　　(b) 内部结构

图 1-40　增量式光电编码器结构示意图

　　增量式光电编码器的工作原理如图 1-41 所示。它由主码盘、鉴向盘、光学系统和光电变换器组成。在图形的主码盘(光电盘)周边上刻有节距相等的辐射状窄缝，形成均匀分布的透明区和不透明区。鉴向盘与主码盘平行，并刻有 $A$、$B$ 两组透明检测窄缝，它们彼此错开 1/4 节距，以使 $A$、$B$ 两个光电变换器的输出信号在相位上相差 90°。工作时，鉴向盘静止不动，主码盘与转轴一起转动，光源发出的光投射到主码盘与鉴向盘上。当主码盘上的不透明区正好与鉴向盘上的透明窄缝对齐时，光线被全部遮住，光电变换器输出电压为最小；当主码盘上的透明区正好与鉴向盘上的透明窄缝对齐时，光线全部通过，光电变换器输出电压为最大。主码盘每转过一个刻线周期，光电变换器将输出一个近似的矩形波电压，且光电变换器 $A$、$B$ 的输出电压相位差为 90°。

　　增量式光电编码器的光源最常用的是自身有聚光效果的发光二极管。当光电码盘随工作轴一起转动时，光线透过光电码盘和光栏板狭缝，形成忽明忽暗的光信号。光敏元件把此光信号转换成电脉冲信号，通过信号处理电路后输出脉冲信号，也可由数码管直接显示位移量。

光电编码器的测量准确度与码盘圆周上的狭缝条纹数 $n$ 有关，能分辨的角度 $\alpha$ 为 $360°/n$，分辨率为 $1/n$。例如：码盘边缘的透光槽数为 1024 个，则能分辨的最小角度 $\alpha = 360°/1024 = 0.352°$。

为了判断码盘旋转的方向，必须在光栏板上设置两个狭缝，其距离是 $m \pm 1/4r$（$r$ 为光电码盘两个狭缝之间的距离，即节距；$m$ 为任意整数)，并设置了两组对应的光敏元件，如图 1-41 中的 $A$、$B$ 光敏元件，有时也称为 cos 元件、sin 元件。当检测对象旋转时，同轴或关联安装的光电编码器便会输出 $A$、$B$ 两路相位相差 90°的数字脉冲信号，光电编码器的输出波形如图 1-42 所示。将输出信号送入鉴相电路，即可判断光电码盘的旋转方向。为了得到码盘转动的绝对位置，还须设置一个基准点，如图 1-40 中的"零标志位光槽"。码盘每转一圈，零标志位光槽对应的光敏元件产生一个脉冲，称为"一转脉冲"，见图 1-42 中的 $C_0$ 脉冲。

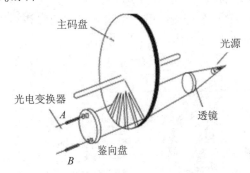

图 1-41　增量式光电编码器工作原理图

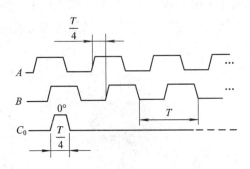

图 1-42　光电编码器的输出波形

图 1-43 给出了编码器正反转时 $A$、$B$ 信号的波形及其时序关系，当编码器正转时 $A$ 信号的相位超前 $B$ 信号 90°，如图 1-43(a)所示；反转时 $B$ 信号相位超前 $A$ 信号 90°，如图 1-43(b)所示。$A$ 和 $B$ 输出的脉冲个数与被测角位移变化量呈线性关系，因此，通过对脉冲个数计数就能计算出相应的角位移。根据 $A$ 和 $B$ 之间的这种关系就能正确地解调出被测机械的旋转方向和旋转角位移/速率就是所谓的脉冲辨向和计数。脉冲的辨向和计数既可用软件实现也可用硬件实现。

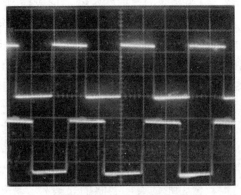 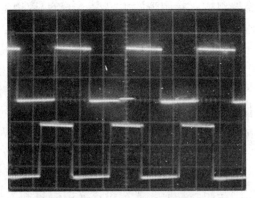

(a) $A$ 超前于 $B$，判断为正向旋转　　　　　　(b) $A$ 滞后于 $B$，判断为反向旋转

图 1-43　光电编码器的正转和反转波形

2) 绝对式光电编码器

绝对式光电编码器是把被测转角通过读取码盘上的图案信息直接转换成相应代码的检测元件。绝对式光电编码器的码盘有光电式、接触式和电磁式三种。

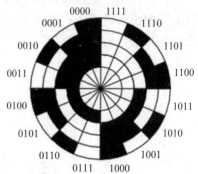

光电式码盘是目前应用较多的一种，它是在透明材料的圆盘上精确地印制上二进制编码。图 1-44 所示为四位二进制的码盘，码盘上各圈圆环分别代表一位二进制的数字码道，在同一个码道上印制黑白等间隔图案，形成一套编码。黑色不透光区和白色透光区分别代表二进制的"0"和"1"。在一个四位光电码盘上，有四圈数字码道。所谓码道就是编码盘上的同心圆。每一个码道表示二进制的一位，里侧是高位，外侧是低位，在 360° 范围内可编数码数为 $2^4=16$ 个。工作时，

图 1-44   四位二进制码盘

码盘的一侧放置电源，另一边放置光电接收装置，每个码道都对应有一个光电管及放大、整形电路。码盘转到不同位置，光电元件接收光信号，并转成相应的电信号，经放大整形后，成为相应数码电信号。但由于制造和安装精度的影响，当码盘回转在两码段交替过程中时，会产生读数误差。例如，当码盘顺时针方向旋转，由位置"0111"变为"1000"时，这四位数要同时都变化，可能将数码误读成 16 种代码中的任意一种，如读成 1111、1011、1101…0001 等，产生了无法估计的很大的数值误差，这种误差称非单值性误差。

为了消除非单值性误差，可采用以下的方法。

(1) 循环码盘(或称格雷码盘)。循环码习惯上又称格雷码，它也是一种二进制编码，只有"0"和"1"两个数。图 1-45 所示为四位二进制循环码盘。这种编码的特点是任意相邻的两个代码间只有一位代码有变化，即"0"变为"1"或"1"变为"0"。因此，在两数变换过程中，所产生的读数误差最多不超过"1"，只可能读成相邻两个数中的一个数。所以，它是消除非单值性误差的一种有效方法。

(2) 带判位光电装置的二进制循环码盘。这种码盘是在四位二进制循环码盘的最外圈再增加一圈信号位。图 1-46 所示就是带判位光电装置的二进制循环码盘。该码盘最外圈上的信号位的位置正好与状态交线错开，只有当信号位处的光电元件有信号时才读数，这样就不会产生非单值性误差。

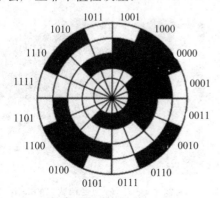

图 1-45   四位二进制循环码盘

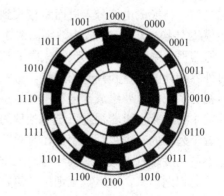

图 1-46   带判位光电装置的二进制循环码盘

## 1.3.4　力觉传感器

力觉传感器是用来检测机器人的手臂和手腕所产生的力或其所受反力的传感器，可用于控制机器人手所产生的力，并根据力的数据分析，对机器人接下来行为作出指导。力觉传感器经常装于机器人关节处，通过检测弹性体变形来间接测量所受力，如图1-47所示。

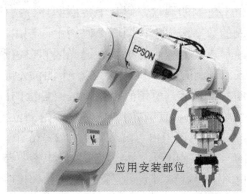

应用安装部位

(a) 实物图　　　　　　　　　　(b) 安装应用

图 1-47　力觉传感器

力觉传感器除了测量力的大小外，还可用来防碰撞，也被称为防碰撞传感器(见图1-47(b))，一般安装在机器人手部末端和末端执行器之间。工业机器人在工作过程中，由于工作空间布置结构的多样化，机械臂难免会与周围环境的障碍物发生碰撞。当碰撞力过大时，容易伤害到机械臂和操作人员。机器人在发生或即将发生碰撞时，为了避免导致意外伤害，可以采取切断电源的措施，停止其动作。

这类力觉传感器可通过感知力或力矩的异常变化，识别是否可能发生碰撞。在机器人发生碰撞时，检测碰撞强度，达到传感器工作极限便触发电信号，切断电源使得机器人停止工作。将机器人移动开碰撞位置后，防碰撞传感器会自动复位。

## 1.3.5　视觉传感器

视觉传感器是利用光学元件和成像装置获取外部环境图像信息的器件，可以将外界物体的光信号转换成电信号，进而将接收到的电信号经模/数转换(A/D 转换)成为数字图像输出。

机器视觉系统是指机器代替人眼的功能，实现对外界物体的测量和判断的系统。工业相机是机器视觉系统的重要组成部分和主要信息来源，其功能主要是获取机器视觉系统需处理的原始图像。近年兴起的三维视觉传感器，是由两个摄像机在不同角度进行拍摄，这样物体的三维模型可以被检测识别出来，可以直观地展现事物，如图1-48 所示。

图 1-48　三维视觉传感器的应用

### 1.3.6　防爆传感器

工业机器人应用范围广泛，在某些领域应用的机器人需要接触易燃易爆的物体(如气体、粉末等)，当这些物体达到一定浓度时，只要接触到电火花、助燃剂或者温度升高，会导致爆炸。在工业生产中，这类环境下工作的机器人通常会配置防爆传感器，以保障机器人的正常工作和生产安全。防爆传感器(见图1-49)在机器人工作过程中，实时监测空气中易燃易爆物的浓度，当检测到浓度超标时，传感器将给出电信号，断开电源，从而达到防爆目的。

图 1-49　防爆传感器

例如汽车喷涂车间的工业机器人，其工作环境是密闭的，且涂料多为易燃易爆物，故在喷涂机器人上通常会安装防爆传感器，通过该传感器实时监测空气中的涂料浓度。喷涂机器人工作过程中，当检测到涂料浓度超过设定值时，传感器将发出警报并切断电源，防止发生爆炸。

除了这些还有其他的许多传感器，比如焊接缝隙追踪传感器，要想做好焊接工作，就需要配备一个这样的传感器，还有触觉传感器等等。传感器为工业机器人带来了各种感觉，这些感觉帮助机器人变得更加智能化，工作精确度更高。

## 1.4　工业机器人常用驱动方式

工业机器人驱动是按照电信号的指令，将来自电、液压和气压上等各种能源产生的力矩和力，直接或间接地驱动机器人本体，以获得机器人的旋转运动、直线运动等的执行机构。通常对工业机器人的驱动要求有：驱动系统的质量尽可能要轻，单位质量的输出功率要高，效率也要高；反应速度要快，即力矩质量比和力矩转动惯量比要大，能够进行频繁地启、制动，正、反转切换；驱动尽可能灵活，位移偏差和速度偏差要小；安全可靠；操作和维护方便；对环境无污染，噪声要小；经济上合理，尤其要尽量减小占地面积。工业机器人常用的驱动方式有电动机驱动、液压驱动和气压驱动三种基本类型以及其他新型驱动方式。下面简单叙述这些驱动方式。

### 1.4.1　电动机驱动及其制动器

电动机驱动是利用各种电动机产生的力或力矩，直接或间接经过减速机构去驱动机器人的关节，以获得要求的位置、速度和加速度。电动机驱动具有无环境污染、易于控制、运动精度高、成本低、驱动效率高等优点，在机器人领域伺服电动机驱动应用最为广泛。

伺服电动机的尾部带编码器，接收到信号后便按照指定的信号进行转动，转动完成后反馈信号给驱动器，驱动器根据反馈值与目标值进行比较来调整转子来回转动的角度，直至达到合适的位置。平常看到的那种普通的电机，断电后它还会因为自身的惯性再转一会儿，然后停下。而伺服电机和步进电机是说停就停，说走就走，反应极快。

伺服电动机是一种受输入电信号控制，并作出快速响应的电动机，其转速与控制电压成正比，转速随着转矩的增加而近似线性下降，调速范围宽，当控制电压为零时能够立即停止。伺服电动机驱动主要可分为直流(DC)伺服电动机驱动、交流(AC)伺服电动机驱动和步进电动机驱动。下面主要对这三种常见的电机驱动方式作一简单介绍。

### 1. 直流伺服电动机驱动

直流伺服电动机是用直流供电的伺服电动机。其功能是将输入的受控电压/电流能量转换为电枢轴上的角位移或角速度输出。一般的直流电动机只能一个方向或反向连续旋转，运动连续平滑、没有位置控制能力。一般直流电动机和位置反馈、速度反馈形成一个整体，即构成直流伺服电动机，其结构如图 1-50 所示。它由定子、转子(电枢)、换向器和机壳组成。定子的作用是产生磁场；转子由铁芯、线圈组成，用于产生电磁转矩；换向器由整流子、电刷组成，用于改变电枢线圈的电流方向，保证电枢在磁场作用下连续旋转。

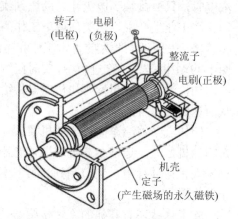

图 1-50　直流伺服电动机结构图

直流伺服电动机稳定性好，它具有较好的机械性，能在较宽的速度范围内运行；可控性好，它具有线性调节的特性，能使转速正比于控制电压的大小；转向取决于控制电压的极性(或相位)，控制电压为零时，转子惯性很小，能立即停止；响应迅速，它有较大的启动转矩和较小的转动惯量，在控制信号增加、减小或消失的瞬间，能快速启动、增速、减速及停止；控制功率低，损耗小，转矩大。直流伺服电动机广泛应用在宽调速系统和精确位置控制系统中，其输出功率为 1～600 W，电压有 6 V、9 V、12 V、24 V、27 V、48 V、110 V、220 V 等，转速可达 1500～1600 r/min。

直流伺服电动机用直流电压供电，为调节电动机转速和方向需要对其直流电压的大小和方向进行控制。目前常用脉宽调制(PWM)伺服驱动和可控硅直流调速驱动两种方式。可控硅直流调速驱动，主要通过调节触发装置控制可控硅的导通角(控制电压的大小)来移动触发脉冲的相位，从而改变整流电压的大小，使直流电动机电枢电压的变化易于平滑调速。由于可控硅本身的工作原理和电源的特点，导通后是利用交流(50 Hz)过零来关闭的，因此在低整流电压时，其输出是很小的尖峰值的平均值，从而造成电流的不连续性。而采用脉宽调制(PWM)伺服驱动器，通过改变脉冲宽度来改变加在电动机电枢两端的平均电压，从而改变电动机的转速。PWM 伺服驱动器具有调速范围宽、低速特性好、响应快、效率高、过载能力强等特点，在工业机器人中常作为直流伺服电动机驱动器。

### 2. 交流伺服电动机驱动

直流伺服电动机具有优良的调速性能，但它也存在着固有的缺点，如直流伺服电动机的电刷和换向器容易磨损，需要经常维护；由于换向器换向时会产生火花而使最高转速受到限制，也使应用环境受到限制；直流伺服电动机结构复杂、制造困难，成本高。因此，自 20 世纪 80 年代中期以来，以交流伺服电动机作为驱动元件的交流伺服系统得到迅速发展，在工业机器人中得到广泛应用。

交流伺服电动机分为两种，同步型(SM)和感应型(LM)。同步型交流伺服电动机又有永磁式和励磁式两种。永磁式交流电动机，又称为无刷直流伺服电动机，其特点为无接触换向部件；需要磁极位置检测器(如编码器)；具有直流伺服电动机的全部优点。感应型交流伺服电动机，其特点为对定子电流的激励分量和转矩分量分别控制；具有直流伺服电动机的全部优点。交流伺服电动机由于采用电子换向，无换向火花，在易燃易爆环境中得到了广泛使用。交流伺服电动机及伺服驱动器如图 1-51 所示。伺服驱动器又称伺服控制器、伺服放大器，是用来控制伺服

图 1-51 交流伺服电动机及驱动器

电动机的一种控制器。一般通过位置、速度和扭矩 3 种方式对伺服电机进行控制，实现高精度的传动系统定位。

(1) 位置控制，一般是通过输入脉冲的个数来确定转动的角度。

(2) 速度控制，通过外部模拟量(电压)的输入或脉冲频率来控制转速。

(3) 转矩控制，通过模拟量(电压)的输入或直接地址的赋值来控制输出转矩的大小。

### 3．步进电动机驱动

步进电动机是一种将电脉冲信号转换成相应的角位移或线位移的控制电动机。向步进电动机送一个控制脉冲，其转轴就转过一个角度(即步进角、步距角)或移动一个直线位移，称为一步。脉冲数增加，角位移(或线位移)随之增加；脉冲频率高，则步进电动机的旋转速度就高，反之则低；分配脉冲的相序改变，步进电动机则反转。步进电动机的运动状态为步进形式，故称为步进电动机。步进电动机所用的电源与一般交、直流电动机的电源也有区别，既不是正弦波，也不是恒定直流，而是脉冲电压、电流，所以有时也称为脉冲电动机或电脉冲电动机。

步进电动机及其驱动系统主要用于功能比较简单的开环位置控制系统，功率不大，多用于低精度小功率机器人系统。它由步进电动机驱动电源和步进电动机组成，没有反馈环节。这种系统较简单，控制较容易，维修也较方便，而且为全数字化控制。在电脉冲的控制下，步进电动机能迅速启动、正反转、制动和停车，调速范围宽广；步进电动机的步距角要小，步距精度要高，不丢步不越步；工作频率高，响应速度快。但步进电动机存在过载能力差、调速范围相对较小、低速运动有脉动、不平衡等缺点。

步进电动机由转子(转子铁芯、永磁体、转轴和滚珠轴承)、定子(绕组、定子铁芯)、前后端盖等组成(见图 1-52(a))。图 1-52(b)所示是一带编码器的混合式步进电动机。它综合了反应式和永磁式电动机的优点，其定子上有多相绕组，转子上采用永磁材料，转子和定子上均有多个小齿以提高步距精度。其特点是输出力矩大，步距角小，精度高。

在工业机器人中，交流伺服电动机、直流伺服电动机都采用闭环控制，常用于位置精度和速度要求高的机器人中。目前，一般负载 1000N 以下的工业机器人大多采用电伺服驱动系统，所采用的关节驱动电动机主要是 AC 伺服电动机、DC 伺服电动机和步进电动机。步进电动机主要适用于开环控制系统，一般用于位置和速度精度要求不高的环境。机器人关节驱动电动机的功率范围一般为 0.1～10 kW。机器人末端执行器(手爪)应采用体积、质量尽可能小的电动机。

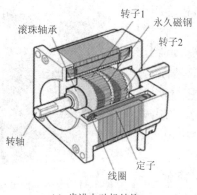

滚珠轴承　转子1　永久磁钢　转子2

转轴　　线圈　　定子

(a) 步进电动机结构

(b) 混合式步进电动机

图 1-52　步进电动机

### 4. 制动器

大部分工业机器人的机械臂在各关节处都有制动器，通常安装在伺服电动机内。它的作用是在机器人停止工作时，保持机械臂的位置不变；在电源发生故障时，保持机械臂和它周边的物体不发生碰撞。伺服电动机常用的是电磁制动器，如图 1-53 所示。

机器人中的齿轮、谐波减速器和滚珠丝杆等元件的质量较好，一般其摩擦力都很小，在驱动器停止工

图 1-53　电磁制动器实物图

作的时候，它们是不能承受负载的。如果不采用制动装置，一旦电源关闭，机器人的各个部件就会在重力作用下滑落。

制动器通常是按失效抱闸方式工作的，即断电情况下处于制动状态。要想放松制动器就必须接通电源，否则各关节不能产生相对运动。它的主要目的是在电源出现故障时起保护作用。为了使关节定位准确，制动器必须有足够的定位精度。

## 1.4.2　液压驱动

在机器人的发展过程中，液压驱动是较早被采用的驱动方式，世界上首先问世的商品化工业机器人就是液压机器人。1962 年，Unimation 公司的第一台机器人尤尼梅特(Unimate)问世，如图 1-54 所示。它是由计算机控制手臂动作的液压驱动机器人。

图 1-54　尤尼梅特液压机器人

下面简述液压驱动的组成。

(1) 油源：由油箱、滤油器、压力表等构成的单元。通过电动机带动油泵，把油箱中的低压油变成高压油，供给液压执行机构。机器人液压系统的油液工作压力一般是 7～14 MPa。

(2) 执行机构：分为直线油缸和回转油缸。机器人运动部件的直线运动和回转运动绝大多数都是直接用直线运动的液压缸和液压马达驱动产生，叫作直接驱动方式；有时由于结构安排的需要也可以用转换产生回转或直线运动。

(3) 控制调节元件：溢流阀、方向阀、流量阀等。

(4) 辅助元件：管件、蓄能器等。

图 1-55 为液压驱动基本回路。由一般的发动机带动液压泵，液压泵转动形成高压液流（也就是动力），经溢流阀稳压后，高压液流（液压油）接着进入方向控制阀，方向控制阀根据电信号，改变阀芯的位置使高压液压油进入液压缸 A 腔或者 B 腔，驱动活塞向右或者向左运动，由活塞杆将动力传出，带动机器人关节做功。

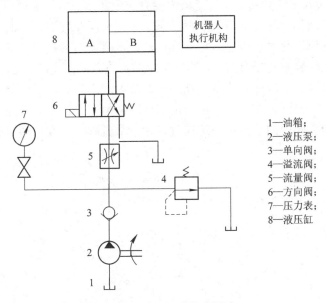

1—油箱；
2—液压泵；
3—单向阀；
4—溢流阀；
5—流量阀；
6—方向阀；
7—压力表；
8—液压缸

图 1-55　液压驱动基本回路

液压驱动执行装置除了上面提到的可把液压油的能量变换成直线运动的液压缸，还有可变换成旋转运动的液压马达以及变换成摇摆运动的摆动马达等。

液压驱动能够以较小的驱动器输出较大的驱动力或力矩，即获得较大的功率质量比；可以把驱动油缸直接做成关节的一部分，故结构简单紧凑，刚性好；由于液体的不可压缩性，定位精度比气压驱动高，并可实现任意位置的开停。液压驱动调速比较简单和平稳，能在很大调整范围内实现无级调速。使用安全阀可简单而有效地防止过载现象发生。液压驱动具有润滑性能好、寿命长等特点。但是油液容易泄漏，这不仅影响工作的稳定性与定位精度，而且会造成环境污染。因油液黏度随温度而变化，在高温与低温条件下很难应用，且油液中容易混入气泡、水分等，使系统的刚性降低，速度特性及定位精度变坏，需配备压力源及复杂的管路系统，因此成本较高。液压驱动方式大多用于要求输出力较大而运动速度较低的场合。

　　早期的工业机器人多应用连杆机构中的导杆、滑块、曲柄，多采用液压缸(或液压马达)来实现其直线和旋转运动。随着控制技术的发展，对机器人操作机各部分动作要求的不断提高，电动机驱动在机器人中应用日益广泛。在机器人液压驱动系统中，近年来以电液伺服系统驱动最具有代表性。电液伺服系统通过电气传动方式，将电气信号输入系统来操纵有关的液压控制元件动作，控制液压执行元件使其跟随输入信号而动作。这类伺服系统中，电、液两部分都采用电液伺服阀作为转换元件。电液伺服系统根据物理量的不同可分为位置控制、速度控制、压力控制和电液伺服控制。

### 1.4.3　气压驱动

　　气压驱动系统的组成与液压系统有许多相似之处，图 1-56 为一典型的气压驱动回路。压缩空气由空气压缩机产生，其压力约为 0.4～10 MPa，并经气源三联件(过滤器、调压阀和油雾器)由管道接入驱动回路。在过滤器内除去灰尘和水分后，由调压阀调压，在油雾器中压缩空气被混入油雾，这些油雾用于润滑系统中的滑阀及气缸，同时也起一定的防锈作用。从油雾出来的压缩空气接着进入电磁换向阀，电磁换向阀根据电信号，改变阀芯的位置使压缩空气进入气缸左腔或者右腔，驱动活塞向右或者向左运动，由活塞杆将动力传出，带动机器人关节做功。当压缩空气从左端进气、从右端排气时，左边单向节流阀的单向阀封闭，向气缸无杆腔充气，充气速度由节流阀调节；由于右边单向节流阀的单向阀开启，有杆腔的气体经节流阀中的单向阀快速排气，调节节流阀的开度，便可改变气缸伸出或缩进时的运动速度。

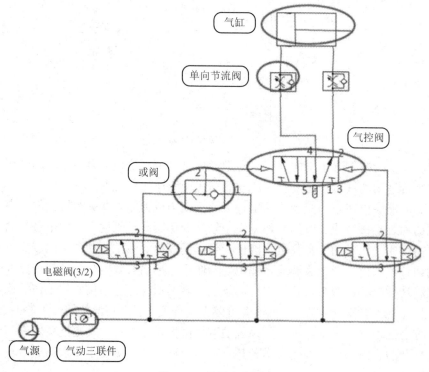

图 1-56　气压驱动回路

现将气压驱动回路中部分关键零部件实物图列举如图 1-57 所示。

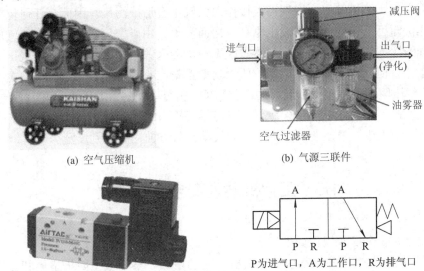

(a) 空气压缩机　　　　　　　　　　　　　(b) 气源三联件

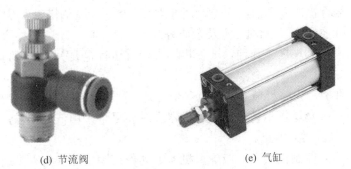

P为进气口，A为工作口，R为排气口

(c) 二位三通电磁阀及其符号图

(d) 节流阀　　　　　　　　　　　　　(e) 气缸

图 1-57　气压驱动回路中部分关键零部件实物图

气压驱动执行装置除了上面提到的可把压缩空气的能量变换成直线运动的气缸，还有可变换成旋转运动的气动马达以及变换成摇摆运动的摆动式气动驱动器等。

如图 1-58 所示为一作摇摆运动的气动马达所构成的翻转机构在完成一圆柱体工件的翻转动作，以进入下一道工序的加工。

(a) 翻转前　　　　　　　　　　　　　(b) 翻转后

图 1-58　翻转机构

气压驱动在工业机器人中用得较多。一般工厂都有压缩空气站供应压缩空气，气源方便，亦可由空气压缩机取得。废气可直接排入大气不会造成污染，因而在任何位置只需一根高压管连接即可工作，所以比液压驱动干净而简单。由于空气的可压缩性，气压驱动系统具有较好的缓冲作用。可以把驱动器做成工业机器人关节的一部分，因而气压驱动结构简单、成本低。但因为工作压力偏低，所以功率重量比小、驱动装置体积大。由于气体的可压缩性，气压驱动也很难保证较高的定位精度。另外，使用后的压缩空气向大气排放时，会产生噪声；此外，因压缩空气含冷凝水，使得气压系统易锈蚀，在低温下易结冰。

在工业机器人中，气压驱动在机器人的气动夹具方面用得特别广泛。

# 1.5　工业机器人安全操作规程

工业机器人安全操作规程如下：

(1) 所有机器人操作者，都应该参加机器人的培训，学习安全防护措施和使用机器人的功能。

(2) 在开始运行机器人之前，应先确认机器人和外围设备周围没有异常或者危险状况，机器人周围区域必须清洁，无油、水及杂质等。

(3) 在进入操作区域内工作前，即便机器人没有运行也要关掉电源，或者按下紧急停机按钮。

(4) 装卸工件前，先将机械手运动至安全位置，严禁装卸工件过程中操作机器。

(5) 不要戴着手套操作示教器，点动机器人时要尽量采用低速操作，遇异常情况时按急停按钮有效控制机器人停止。

(6) 如需要手动控制机器人，应确保机器人动作范围内无任何人员或障碍物，将速度由慢到快逐渐调整，避免速度突变造成伤害或损失。

(7) 执行程序前，应确保机器人工作区内不得有无关的人员、工具、物品，工件夹紧可靠并确认，加工程序与工件对应。

(8) 机器人动作速度较快，存在危险性，操作人员应负责维护工作站正常运转秩序，严禁非工作人员进入工作区域。

(9) 机器人运行过程中，严禁操作者离开现场，以确保意外情况的及时处理。

(10) 机器人工作时，操作人员应注意查看线缆状况，防止其缠绕在机器人上。

(11) 线缆不能严重绕曲成麻花状或与硬物摩擦，以防内部线芯折断或裸露。

(12) 示教器和线缆不能放置在机器人上，应随手携带或挂在操作位置。

(13) 当机器人停止工作时，不要认为其已经完成工作了，因为机器人很可能是在等待让它继续移动的输入信号。

(14) 因故离开设备工作区域前应按下急停开关，避免突然断电或者关机零位丢失，并将示教器放置在安全位置。

(15) 工作结束时，应使机械手置于零位位置或安全位置。

(16) 严禁在控制柜内随便放置配件、工具、杂物、安全帽等，以免影响到部分线路，造成设备的异常。

(17) 严格遵守并执行机器的日常维护。下面列出定期检修项目，如表 1-1 所示。

**表 1-1  定期检修项目表**

| 序号 | 周期 | | | | 检查项目 | 检修保养内容 | 方　法 |
|---|---|---|---|---|---|---|---|
| | 日常 | 3 个月 | 6 个月 | 1 年 | | | |
| 1 | | √ | √ | √ | 门的压封 | 门的压封是否变形，柜内密封检测 | 目测 |
| 2 | | √ | √ | √ | 缆线组 | (1) 检查损坏、破裂情况<br>(2) 连接器的松动 | 目测 |
| 3 | | √ | √ | √ | 驱动单元 | 各连接线缆的松动 | 目测，拧紧 |
| 4 | √ | √ | √ | √ | 变压器 | 发热、异常噪音、异常气味的确认 | 目测，拧紧 |
| 5 | √ | √ | √ | √ | 控制器 | 各连接线缆的松动 | 目测，拧紧 |
| 6 | √ | √ | √ | √ | 安全板 | 各连接线缆的松动 | 目测，拧紧 |
| 7 | √ | √ | √ | √ | 接地线 | 松弛，缺损的检查 | 目测，拧紧 |
| 8 | √ | √ | √ | √ | 继电器 | 污损，缺损的确认 | 目测 |
| 9 | √ | √ | √ | √ | 操作开关 | 按钮等的功能确认 | 目测 |
| 10 | | | | √ | 电压测量 | R、S、T 的电压确认 | AV200 V±10% |
| 11 | | √ | | | 电池 | 电池电压的确认 | 电压 3.0 V 以上 |
| 12 | √ | √ | √ | √ | 示教盒 | 检查损坏情况，操作面板清洁 | 目测 |
| 13 | | | √ | √ | 电柜右侧散热器 | 清洁 | 目测，清扫 |
| 14 | | √ | √ | √ | 电柜左侧制动电阻 | 清洁 | 目测，清扫 |
| 15 | | √ | √ | √ | 风扇检测 | 有无尘埃、风扇/散热器是否清扫，检查风扇旋转情况 | 目测，清扫 |
| 16 | √ | √ | √ | √ | 急停开关检测 | 检查动作是否正常 | 检查伺服 ON/OFF 情况 |
| 17 | √ | √ | √ | √ | 异响检查 | 检查各传动机构是否有异常噪音 | 听测 |
| 18 | √ | √ | √ | √ | 干涉检查 | 检查各传动机构是否运转平稳，有无异常抖动 | 目测 |
| 19 | √ | √ | √ | √ | 管线附件检查 | 是否完整齐全，是否磨损，有无锈蚀 | 目测 |
| 20 | √ | √ | √ | √ | 外围电气附件检查 | 检查机器人外部线路，按钮是否正常 | 目测 |
| 21 | √ | √ | √ | √ | 泄漏检查 | 检查润滑油供排油口处有无泄漏润滑油 | 目测 |
| 22 | | √ | √ | √ | 外部主要螺钉的紧固 | 上紧末端执行器螺钉、外部主要螺钉 | 目测，拧紧 |

注意：检修、更换零件时，应遵守以下注意事项，安全作业。

① 进行机器人本体的检修时，请务必先切断电源再进行作业。

② 打开控制装置的门时，请务必先切断一次电源，5 分钟后再进行作业(切断一次电源后的 5 分钟内，请勿打开控制装置的门)，并充分注意不要让周围的灰尘进入。此外，请勿用潮湿的手进行作业。

③ 一边操作机器人本体一边进行检修时，禁止进入动作范围之内。

④ 作业人员的身体(手)和控制装置的"GND 端子"必须保持电气短路，应在同电位下进行作业。电压测量应在指定部位进行，并充分注意防止触电和接线短路。

⑤ 更换时，切勿损坏连接线缆。此外，请勿触摸印刷基板的电子零件及线路、连接器的触点部分(应手持印刷基板的外围)。

(18) 定期更换编码器电池(应每 2 年更换一次)。

由于机器人使用锂电池作为编码器数据备份用电池。电池电量下降超过一定限度，则无法正常保存数据。电池在每天 8 h 运转、每天 16 h 停止工作的状态下，应每两年更换一次。更换电池时，请在控制装置一次电源的通电状态下进行。如果电源处于未接通状态，则编码器会出现异常，此时，需要执行编码器复位操作。

编码器电池存放在机器人底座的电池盒中，该电池用于电控柜断电时存储电机编码器信息。当电池的电量不足时需要对电池进行更换(电池安装在底座的后端)。

电池更换步骤如下：

① 使控制装置的主电源置于 ON。

② 按下紧急停止按钮，锁定机器人。

③ 卸下底座的后端电池组安装板的安装螺栓(4 个 M6 螺栓)。

④ 卸下电池连接器。

⑤ 拆下电压不足的电池，将新的电池插入电池包，连接电池连接器。

⑥ 将电池组安装板放回原来位置，用安装螺栓(4 个 M6)固定。

⑦ 使控制装置的电源重新置于 ON。

一般按照上述顺序操作，重新上电即可，若有操作不当位置丢失，需要进行编码器清零操作。

# 1.6　工业机器人认知技能训练

## 1. 训练任务

为了加深学生对知识的理解，提高学生初步分析和认知工业机器人的能力。要求学生对工厂企业实际应用的一些工业机器人进行分析思考，并能收集一些国内外工业机器人的资料，如沈阳新松、上海 ABB、日本的松下、FANUC、美国的 Adept、欧洲奥地利的 IGM、瑞典 ABB、德国的 KUKA、韩国的 HYUNDAI 等。在掌握了大量资料的前提下，了解工业机器人的现状和发展趋势，对工业机器人设计及其系统的工作原理有一定的了解。

## 2. 训练内容

通过现场参观，认识工业机器人相关企业；现场观摩或在技术人员的指导下操作工业机器人，了解其基本组成。可参考表 1-2 要求进一步分析工业机器人系统。

### 表 1-2 工业机器人系统认知实训报告书

| 训练内容 | 工业机器人系统的初步了解和分析 | | | | | |
|---|---|---|---|---|---|---|
| 重点难点 | 工业机器人系统的组成及功能 | | | | | |
| 训练目标 | 主要知识能力目标 | (1) 通过学习，分析工业机器人系统的组成；<br>(2) 仔细观察机器人铭牌型号，了解相关参数；<br>(3) 明确工业机器人常用的分类方式 | | | | |
| | 相关能力指标 | (1) 养成独立工作的习惯，通过查阅资料拓展知识的途径；<br>(2) 能够阅读工业机器人相关技术手册与说明书；<br>(3) 培养学生良好的职业素质及团队协作精神 | | | | |
| 参考资料学习资源 | 教材，图书馆相关资料，工业机器人相关技术手册与说明书，工业机器人课程相关网站，Internet 检索等 | | | | | |
| 学生准备 | 熟悉所选工业机器人系统、教材、笔、笔记本、练习纸等 | | | | | |
| 教师准备 | (1) 熟悉教学标准和机器人实训设备说明书；<br>(2) 设计教学过程；<br>(3) 准备演示实验和讲授内容 | | | | | |
| 工作步骤 | (1) 明确任务：教师提出任务，学生根据任务借助于资料、材料做一个预习准备 | | | | | |
| | (2) 分析过程 | ① 简述工业机器人组成部分及作用；<br>② 按照不同的分类方法，分别属于何种类别；<br>③ 对照铭牌和机器人说明书，了解相关参数；<br>④ 属于何种坐标形式；<br>⑤ 在技术人员的指导下操作工业机器人 | | | | |
| | (3) 检查 | | | | | |
| | 检查项目 | 检查结果及改进措施 | 应得分 | 实得分（自评） | 实得分（小组） | 实得分（教师） |
| | ① 练习结果正确性 | | 20 | | | |
| | ② 知识点的掌握情况 | | 40 | | | |
| | ③ 能力点控制检查 | | 20 | | | |
| | ④ 课外任务完成情况 | | 20 | | | |
| 综合评价 | 自己评价： | | 小组评价： | | 教师评价： | |

说明：① 自己评价：在整个过程中，学生依据拟订的评价标准，检查是否符合要求的完成了工作任务；

② 小组评价：由小组评价、教师参与，与老师进行专业对话，评价学生的工作情况，给出建议。

# 思考与练习题

**一、选择题**

1. (　　)是将信号或数据进行编制，并转换为可用于通信、传输和存储的信号形式的设备，在工业机器人中常被用作测量运动位置、位移及速度的内部传感器。

　　A. 可编程控制器　　　　B. 编码器　　　　　C. 继电器

2. 增量式光电编码器由光源、(　　)、检测光栅、光电检测器件和转换电路组成。

　　A. 码道　　　　　　　　B. 光盘　　　　　　C. 码盘

3. 工业机器人一般具有的基本特征是(　　)。

　　① 拟人性；② 特定的机械机构；③ 不同程度的智能；④ 独立性；⑤ 通用性

　　A. ①②③④　　　B. ①②③⑤　　　C. ①③④⑤　　　D. ②③④⑤

4. 按基本动作机构，工业机器人通常可分为(　　)。

　　① 直角坐标机器人；② 柱面坐标机器人；③ 球面坐标机器人；④ 关节型机器人

　　A. ①②　　　　　B. ①②③　　　　C. ①③　　　　　D. ①②③④

5. 机器人行业所说的四巨头指的是(　　)。

　　① PANASONIC；② FANUC；③ KUKA；④ 0TC；⑤ YASKAWA；⑥ Kawasaki；⑦ NACHI；⑧ ABB

　　A. ①②③④　　　B. ①②⑥⑦　　　C. ②③⑤⑧　　　D. ①③⑦⑧

**二、简答题**

1. 以 6 轴关节工业机器人为例，说明其主体构成、传感器的应用、传动方式和驱动方式。

2. 工业机器人主要应用在哪些领域？列举几家知名生产厂家。

3. 简述操作工业机器人的主要注意事项。

4. 简述液压驱动、气压驱动、电气驱动各有什么优缺点。

# 单元2　工业机器人操作

## 思维导图

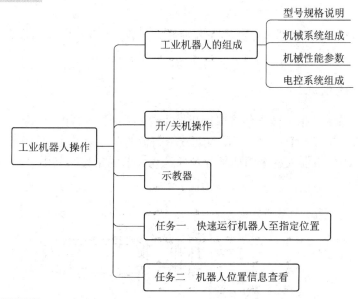

工业机器人操作
- 工业机器人的组成
  - 型号规格说明
  - 机械系统组成
  - 机械性能参数
  - 电控系统组成
- 开/关机操作
- 示教器
- 任务一　快速运行机器人至指定位置
- 任务二　机器人位置信息查看

## 学习目标

1．知识目标
(1) 了解工业机器人的基本组成；
(2) 了解工业机器人的电柜基本电气元件；
(3) 了解工业机器人的开/关机操作。
2．技能目标
(1) 掌握工业机器人的 KETop T70R 示教器的基本功能及操作；
(2) 能进行简单的机器人在线示教操作。

## 知识导引

## 2.1　工业机器人的组成

本单元以安徽 EFORT(埃夫特) 6 轴机器人为例，介绍有关的操作。

### 2.1.1　型号规格说明

机器人型号说明如下：

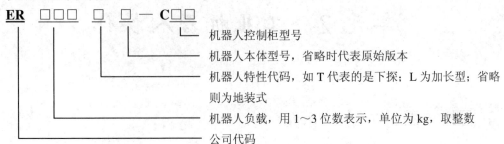

例如：ER20C-C10 机器人指机器人末端最大负载为 20 kg，控制系统为 C10 平台的 EFORT 机器人。

### 2.1.2　机械系统组成

机器人机械系统是指机械本体组成。机械本体由底座、大臂、小臂、手腕部件和本体管线包部分组成，共有 6 个马达，可以驱动 6 个关节的运动以实现不同的运动形式。图 2-1 标示了 ER20C-C10 机器人各个组成部分及各运动关节的定义，其中"+、−"号表示各关节轴正、负方向。

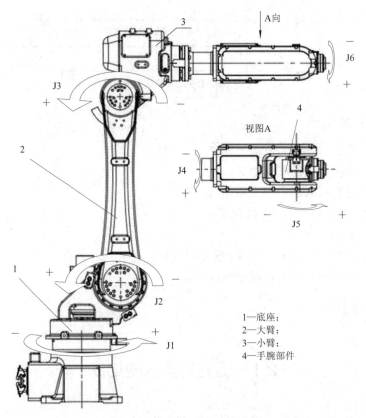

图 2-1　ER20C-C10 机器人

## 2.1.3　机械性能参数

机器人性能参数主要包括自由度、工作空间、机器人负载参数、机器人运动速度、机器人最大动作范围和运动精度。

1)　自由度(Degrees of freedom)

自由度是指描述物体运动所需要的独立坐标数。

空间直角坐标系又称笛卡尔坐标系，是过空间定点 $O$ 作三条互相垂直的数轴，它们都以 $O$ 为原点，具有相同的单位长度。这 3 条数轴分别称为 $X$ 轴(横轴)、$Y$ 轴(纵轴)、$Z$ 轴(竖轴)，统称为坐标轴。且这 3 个轴的正方向符合右手规则，即右手大拇指代表 $Z$ 轴，食指代表 $X$ 轴，中指代表 $Y$ 轴，各手指的指向代表对应轴的正向，如图 2-2(a)所示。

在三维空间中描述一个物体的位姿(即位置和姿态)需要 6 个自由度(3 个确定空间位置，3 个确定空间姿态)，如图 2-2(b)所示，即：

(1)　沿空间直角坐标系 $X$、$Y$、$Z$ 各个轴的平移运动 $X$、$Y$、$Z$；

(2)　沿空间直角坐标系 $X$、$Y$、$Z$ 各个轴的旋转运动 $A$、$B$、$C$。

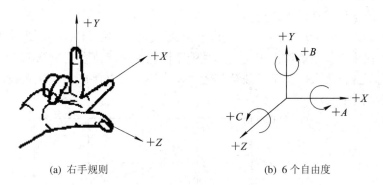

(a)　右手规则　　　　　　　　(b)　6 个自由度

图 2-2　笛卡尔坐标系与自由度

机器人的自由度是指操作机器人在空间运动所需要的变量数，是用来表示机器人动作灵活程度的参数。它一般以沿轴线移动和绕轴转动的独立运动的数量来表示，但并不包括末端执行器的开合自由度。自由度是机器人的一项重要技术指标，它是由机器人的结构决定的，并直接影响到是否能完成与目标作业相适应的动作。工业机器人的每一个自由度都要相应地配制一个原动件(如伺服电机、油缸、气缸、步进电机等驱动装置)。一般来说，工业机器人具有 4~6 个自由度即可满足使用要求，图 2-2(b)所示是具有 6 个自由度的机器人。

2)　工作空间

工作空间又称工作范围、工作行程，是指工业机器人作业时，手腕参考中心(即手腕旋转中心)所能到达的空间区域，不包括手部本身所能达到的区域，也指不安装末端执行器时可以达到的区域，如图 2-3 所示是埃夫特 ER20-C10 的工作空间。

工作空间的形状和大小反映了机器人工作能力的大小，它不仅与机器人各连杆的尺寸有关，还与机器人的总体结构有关。工业机器人在机器人作业时可能会因存在手部不能到达的作业死区而不能完成规定任务。

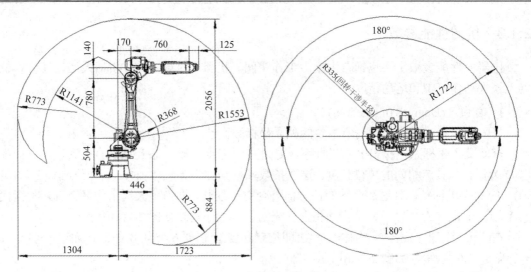

图 2-3　ER20-C10 的工作空间

3) 机器人负载参数

机器人负载参数包括以下几个:

(1) 额定负载。额定负载是参考国标工业机器人词汇(GB/T12643),定义手腕末端最大负载为机器人在正常作业条件下规定工作性能范围内的任何位姿上所能承受的最大质量。

目前常用工业机器人的额定负载范围较大,为 0.5～2300 kg。额定负载通常用载荷图表示,如图 2-4 所示。

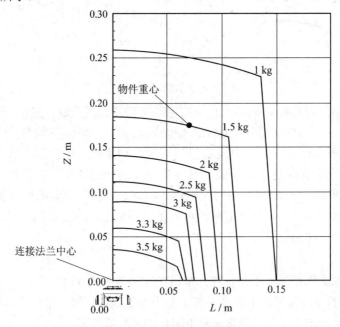

图 2-4　某工业机器人的载荷图

说明:纵轴 $Z$ 表示负载重心离连接法兰中心的纵向距离,横轴 $L$ 表示负载重心离连接法兰中心的横向距离。图 2-4 中物件重心落在 1.5 kg 载荷线上,表示此时物件重量不能超过 1.5 kg。

　　(2) 极限负载。极限负载是由制造厂给出的，是指在限定的操作条件下，能作用于机器人末端，且机器人结构不会被损坏或失效的最大负载。

　　(3) 附加负载。附加负载是机器人能携带的附加于额定负载上的负载，它并不作用于机器人末端法兰接口，有时在关节结构上，通常是在机器人臂部上。

　　(4) 最大力矩。最大力矩是保证机器人机构不受持久损伤，除惯性作用外，可连续作用于机器人末端的力矩(扭矩)。

　4) 机器人运动速度

　　参考国标工业机器人性能测试方法(GB/T12645)，定义关节最大运动速度为机器人单关节运动时的最大速度。

　5) 机器人最大动作范围

　　参考国标工业机器人验收规则(JB/T8896)，定义机器人最大动作范围为机器人运动时各关节所能达到的最大角度。机器人的每个轴都有软、硬限位，机器人的运动无法超出软限位，如果超出，称为超行程。由硬限位完成对该轴的机械约束，如图 2-5 所示。

图 2-5　机器人动作范围

　6) 运动精度

　　工业机器人运动精度是衡量机器人工作质量的一项重要指标。运动精度包括定位精度和重复定位精度，如图 2-6 所示。

　　(1) 定位精度，又称绝对精度，是指机器人的末端执行器实际到达位置与目标位置之间的差距，如图 2-6(a)所示。

　　(2) 重复定位精度，又称重复精度，是指在相同的运动位置命令下，机器人重复定位其末端执行器于同一目标位置的能力，以实际位置值的分散程度来表示。参考国标工业机器人性能测试方法(GB/T12642)，重复定位精度是指机器人对同一指令位姿，从同一方向重复响应 $N$ 次后，实到位置和姿态散布的不一致程度，是指机器人重复到达某一目标位置的差异程度。

　　实际上机器人重复执行某位置给定指令时，它每次走过的距离并不相同，都是在一平均值附近变化，该平均值代表定位精度，变化的幅值代表重复精度，如图 2-6(b)所示。大多数机器人的重复定位精度范围在 0.1 mm 以内。机器人具有绝对精度低、重复精度高的特点。

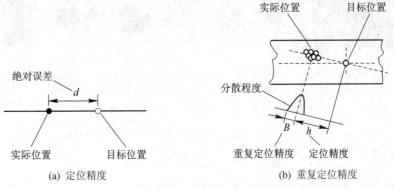

(a) 定位精度　　　　　　　　　　(b) 重复定位精度

图 2-6　运动精度

## 2.1.4 电控系统组成

机器人电控结构包括：伺服系统、控制系统、主控制部分、变压器、示教系统与动力通信电缆等。其电控柜内部视图如图 2-7 所示。

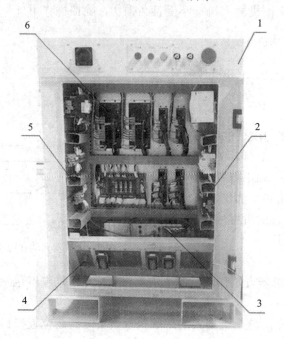

1—电控柜前面板按钮；
2—右衬板元件；
3—控制系统；
4—电控柜航插；
5—左衬板元件；
6—伺服驱动器

图 2-7　机器人电控柜内部视图

下面对其各组成部分详解如下。

### 1. 电控柜前面板按钮

机器人电控柜前面板上的按钮如图 2-8 所示，包括紧急停止按钮、主电源开关、开伺服按钮、关伺服按钮、伺服报警指示灯、使能开关和权限开关。

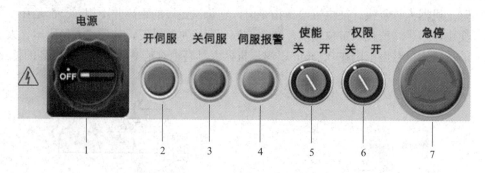

1—主电源开关；2—开伺服按钮；3—关伺服按钮；

4—伺服报警指示灯；5—使能开关；6—权限开关；7—紧急停止按钮

图 2-8　电控柜前面板按钮

各个按键和开关的功能介绍见表 2-1。

表 2-1 电控柜前面板按钮功能介绍

| 1 | 主电源开关 | 机器人电控柜与外部 380V 电源接通，打开时变压器输出得电 |
|---|---|---|
| 2 | 开伺服按钮 | 当开伺服按钮按下并且绿灯点亮后，伺服驱动器得电 |
| 3 | 关伺服按钮 | 按下该按钮时驱动器主电源断开 |
| 4 | 伺服报警指示灯 | 驱动器报警指示灯 |
| 5 | 使能开关 | 用于使能功能是否打开(在权限交给 PLC 后，通过 I/O 打开抱闸) |
| 6 | 权限开关 | 控制机器人的权限，权限开时机器人由 PLC 进行控制，权限关并且示教盒登录后可以使用示教盒控制机器人 |
| 7 | 紧急停止按钮 | 机器人出现意外故障需要紧急停止时按下该按钮，可以使机器人断开主电源而停止 |

### 2．右衬板元件

右衬板元件上主要集中布置了控制用和抱闸用 24 V 电源模块，如图 2-9(a)所示。

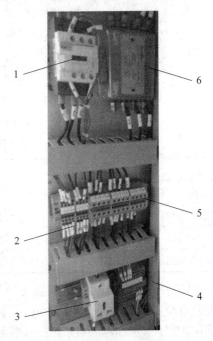

1—控制用 24 V 电源模块；2—抱闸用 24 V 模块；
3—控制电源用 24 V 开关；4—电风扇控制开关；
5—控制电路用 24VG 接线；6—控制电路用 24VP 接线

(a) 右衬板元件

1—接触器；2—驱动器 rt 接线端子排；
3—驱动器 rt 及 24V 电源模块开关；4—地线接线端子；
5—驱动器 RST 接线端子排；6—滤波器

(b) 左衬板元件

图 2-9 左右衬板

### 3. 控制系统

机器人控制系统硬件有控制器模块(CP 252/X)、数字输入/输出模块(DM272)、总线通信模块(FX271/A)和扩展 I/O 模块，如图 2-10(a)所示。各主要控制系统功能介绍如表 2-2 所示。

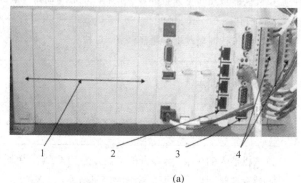

1—控制器模块；
2—总线通信模块；
3—扩展 I/O 模块；
4—数字输入/输出模块

(a)

1—电池；
2—CF卡；
3—DM272/A 模块

(b)

图 2-10 运动控制模块图

表 2-2 控制系统功能介绍

| 硬件名称 | 功　　能 |
|---|---|
| 控制器模块(CP 252/X) | 控制器，为机器人的核心处理器 |
| 总线通信模块(FX271/A) | 连接、控制伺服驱动器 |
| 扩展 I/O 模块 | 扩展支持各种总线及 I/O |
| 数字输入/输出模块(DM272) | 有 8 个输入口、8 个输出口 |

ER20-C10 机器人运动控制系统中信号输入/输出部分一共由 4 个 DM272/A 模块组成，位于控制系统的最右端，如图 2-10(b)所示。从左到右依次将 4 个 DM272/A 模块命名为模块一到模块四。其中第 4 个 DM272/A 模块是备用模块。

ER20-C10 机器人的 I/O 接口具体定义参见本书相关单元。

### 4. 电控柜航插

航插即航空插头插座，是连接器中的一种，名称以区别于其他连接器，其主要作用是将电源或信号连接起来，特别是针对芯数较多的线束。用航空插头插座来连接，不仅安全可靠、操作方便，更具美观性。

电控柜与其他设备连接时需要通过航插来进行连接，图 2-11 标示出了电控柜航插各部分。

1—示教盒航插；2—380 V 电网进线航插；3—电机电源线航插；4—编码器线航插

图 2-11　电控柜航插

### 5. 左衬板元件

左衬板元件上集中布置了接触器、驱动器 rt 及 24V 电源模块开关、滤波器等，如图 2-9(b) 所示。其中滤波器是对波进行过滤的器件。滤波器可以对电源线中特定频率的频点或该频点以外的频率进行有效滤除，得到一个特定频率的电源信号，或消除一个特定频率后的电源信号。

### 6. 伺服驱动器

伺服驱动器(Servo Drives)又称为伺服控制器、伺服放大器，是用来控制伺服电动机的一种控制器。通过伺服驱动器，可把上位机的指令信号转变为驱动伺服电动机运行的能量。何服驱动通常以电动机转角、转速和转矩作为控制目标，进而控制运动机械跟随控制指令运行，可实现高精度的机械传动与定位。

6 轴机器人有 6 个伺服轴，对应地有 6 个伺服驱动器，如图 2-12 所示。

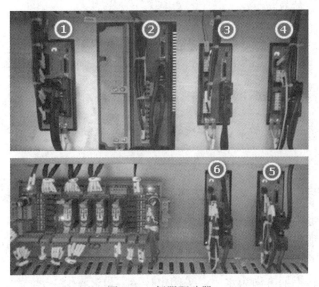

图 2-12　伺服驱动器

## 2.2　开/关机操作

正确的开/关机操作不仅能够减少对系统元器件的损伤，有效延长系统的使用寿命，也能减少意外情况的产生。具体操作如下。

### 1. 开机步骤

开机步骤如下：

(1) 顺时针旋转手柄方向为竖直，打开电控柜主电源　。

说明：手柄方向为水平时表示关闭(逆时针旋转)；手柄方向为竖直时表示打开(顺时针旋转)。

(2) 待示教器进入系统登录界面并无任何报警信息后，登录系统。进入登录界面后表示系统已准备就绪。

(3) 检查电控柜和示教器的急停按钮　是否被按下，若按钮被按下，则需释放急停按钮。

提示：急停按钮处于按下状态时，握住蘑菇头并顺时针旋转，即可释放按钮(按钮弹起并伴有声响)。

(4) 按开伺服按钮　。

注意：按一次即可，高频率的开关伺服对驱动器内部易造成损害。操作成功后按钮被点亮，同时驱动器 RST 接入电源。

(5) 按下示教器后面的手压开关(手动模式下)(见图 2-13)或前面的 PWR 按键(自动模式下)，伺服电机得电。伺服电机得电后，本体方能在手动/自动模式下运动(示教器状态指示灯的说明：PWR 状态指示灯点亮表示伺服电机得电)。

### 2. 关机步骤

关机步骤如下：

(1) 停止系统运行。首先查看程序是否处于运行状态　。若程序处于运行状态　，则需点击示教器暂停按钮 Stop，停止系统运行。成功后运行状态变化为　→　。

(2) 断开电机得电。查看 PWR 指示灯是否点亮　。若 PWR 指示灯点亮，表示电机处于得电状态，则需点击示教器按钮 PWR，使电机处于断电状态。成功后指示状态变化为　　。

提示：若处于手动模式，松开手压开关即可。

(3) 按下关闭电控柜和示教器的急停按钮。

(4) 点击关伺服按钮。注意：高频率的开关伺服对驱动器内部易造成损害。点击关伺服按钮的瞬间，开伺服按钮指示灯熄灭，即　　。

(5) 逆时针旋转手柄方向为水平，关闭电控柜主电源　。

# 2.3 示 教 器

### 1. 示教器的基本认识

C10 系列机器人控制单元示教器(Ketop T70R)如图 2-13 所示，用于控制机器人运动，可创建、修改及删除程序以及变量，提供系统控制和监控功能，也包括安全装置(启用装置和紧急停止按钮)。此示教器适用于左手使用。

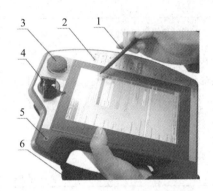

1—触控笔；2—按键；3—急停按钮；

4—钥匙开关(手动、自动、远程)；5—菜单键；6—手带

(a) 前视图

1—手压开关；2—速度加键(V+)；

3—速度减键(V−)；4—换页键(2nd)

(b) 后视图

图 2-13　示教器

说明：

(1) 急停按钮。急停按钮用于停止机器人运动，并且程序暂停。这里的停止指的是机器人的紧急停止，即急停。非紧急情况下，建议不要按此按钮。该按钮分为按下和抬起两种状态。按下在示教盒、电控柜急停或者机器操作面板上的紧急停机按钮，将暂停正在运行的程序，示教盒屏幕上显示报警信息，并且 Error 灯亮起。

(2) 钥匙开关。钥匙开关分为 3 个模式：

① 示教模式。该状态下可进行点动操作、程序编写、示教等工作。

② 自动模式。机器人自动运行时的状态，该状态下只能进行暂停和加减速度。

③ 远程模式。机器人与外部连接采用总线通信方式时，受外部信号控制。

(3) 手压开关。手压开关用于手动模式下机器人上电或下电。共 3 挡，按住中间挡上电，连续运行时需长按，按第 1 挡和第 3 挡都失电。

### 2. 显示与操作按键

示教盒在一个机器人系统中，起着举足轻重的作用，因此了解示教盒的布局和按键功能对掌握机器人的操作非常重要。示教器正面有 20 个按键和 4 个 LED 状态指示灯(用于显示机器人的运行状态)以及使用手指或触控笔操作的电阻式触摸屏，背面有 3 个按键，各按键功能如表 2-3 所示。

表 2-3　示教器各功能按键和指示灯

| 1 |  | Menu 主菜单按键 |
|---|---|---|
| 2 |  RUN<br>ERR<br>PWR<br>PRO | RUN：通信指示灯<br>ERR：报警指示灯<br>POW：使能指示灯<br>PRO：预留<br>说明：RUN 程序运行时，指示状态为绿色，反之为灰色；ERR 程序出现运行错误时，该灯为红色状态 |
| 3 | 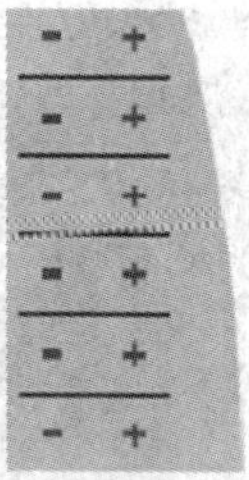 | 机器人运动方向按键：<br>"−"表示机器人沿某轴负方向转动，"+"表示机器人沿某轴正方向转动 |
| 4 |  Start | Start：启动程序 |
| 5 |  Stop | Stop：暂停程序 |
| 6 | 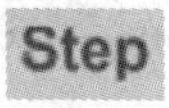 Step | Step：切换程序运行方式(单步/连续) |
| 7 |  Jog | Jog：切换不同的坐标系(关节坐标系/世界坐标系/工具坐标系/参考坐标系) |
| 8 |  F1 | F1：报警复位 |
| 9 |  F2 | F2：预留 |
| 10 |  PWR | PWR：用于自动模式下机器人上电或下电 |
| 11 |  V+ | V+：全局速度加 |
| 12 |  V- | V−：全局速度减 |
| 13 |  2nd | 2nd：换页键 |

### 3. 示教器界面简介

此示教器为工业机器人专用手持终端，其工作界面如图 2-14 所示。人机界面易操作、人性化，符合人机工程学。

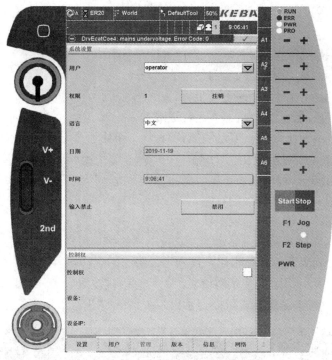

图 2-14　示教器工作界面

示教器左上角图标为"Menu"菜单键 ，右侧为状态指示灯、机器人运动操作键及调节键。其中，系统正常启动后，RUN 灯常亮(绿色)；电机使能后，PWR 灯常亮(绿色)；报警产生时，PWR 灯熄灭，并且 ERR 灯常亮(红色)。可通过操作与 A1～A6 对应的"－"、"＋"键来控制机器人的移动，(如 )，通过 Start、Stop 按键来控制程序的运行与停止，F1 可使报警复位，F2 未定义，Jog 按键可切换机器人坐标系，Step 按键切换程序进入单步或连续运行方式，PWR 使能电机，2nd 按键可翻到下一页，V+/V– 可调节机器人运行速度。下方是功能键，单击 可返回上一步。

示教器顶端界面(也称状态栏)显示如图 2-15 所示。

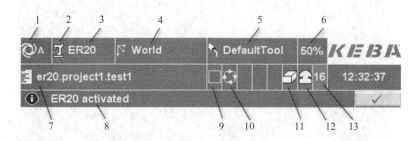

1—操作模式；2—机器人状态；3—机器人；4—参考坐标系；5—工具手；6—机器人速度；7—项目和程序；
8—程序状态；9—程序运行模式；10—空间监控；11—安全状态；12—用户级别和控制权限；13—信息栏

图 2-15　顶端界面

现对状态栏各组成部分简介如下。

(1) 操作模式：包括手动 T1、自动 、外部自动 AE。

(2) 机器人状态：显示机器人准备好移动 、准备移动但驱动器关闭 或未准备好移动 。

(3) 机器人：显示机器人的名称。

(4) 参考坐标系：显示机器人当前使用的参考坐标系。

(5) 工具手：显示当前选择的工具坐标。

(6) 机器人速度：显示当前机器人运行速度的百分比。

(7) 项目和程序：显示当前加载的项目和程序，单击程序名称可以快速回到程序界面。

(8) 程序状态：包括程序正在运行 、中断 、停止 或重新定位 。

(9) 程序运行模式：程序处于正常(连续) 、单步 、运动单步 模式。

(10) 空间监控：监视工作区的状态。

(11) 安全状态：显示当前的安全状态。

(12) 用户级别和控制权限：显示当前登录用户的用户级别，如果用户有控制权限，背景将变为绿色，否则为黄色。单击用户级别可以快速回到初始界面修改权限。

(13) 信息栏：显示系统当前状态信息，为信息确认按钮。

按下"Menu"菜单键 ，可以显示出系统菜单如图 2-16 所示，菜单有两级。

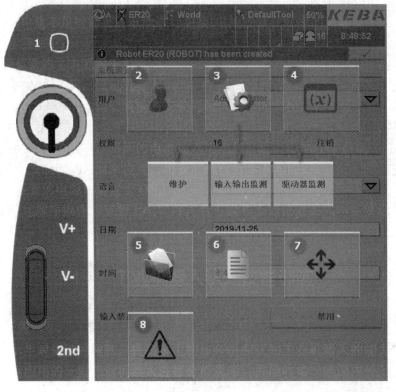

1—Menu 菜单键；2—用户自定义界面；3—配置管理；4—变量管理；5—项目管理；

6—程序管理；7—坐标显示；8—信息报告管理

图 2-16　系统菜单界面

在示教器右边按 Jog 键可切换机器人坐标系，如图 2-17 所示。

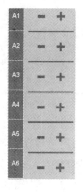
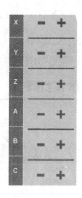
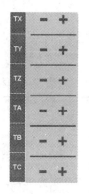
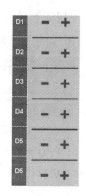

　　(a)　关节坐标系　　　　　(b)　世界坐标系　　　　　(c)　参考坐标系　　　　　(d)　电机数值

图 2-17　机器人坐标系

**4. 系统维护**

此界面可进行权限登录，系统日期、时间的修改等操作。依次操作以下按键，可进入系统维护界面。

(1) 按下菜单键 ；

(2) 点击设置键；

(3) 点击维护 维护 。

操作步骤如图 2-18 所示。

系统维护界面如图 2-19 所示，点击下方的功能按钮可切换到不同的界面。

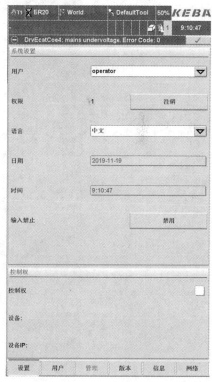

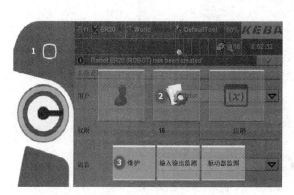

图 2-18　进入系统维护界面操作步骤　　　　　　图 2-19　系统维护界面

### 5. 权限登录

以相应的用户名来登录,方可获得对应的操作权,这样才能对机器人进行编程、示教、移动等操作,其操作步骤如表 2-4 所示。登录完成界面如图 2-20 所示。

**表 2-4 权限登录操作步骤**

| 操作步骤 | 显 示 | 说 明 |
|---|---|---|
| (1) 选择用户 Administrator(管理员) | 用户 Administrator<br>Administrator<br>operator<br>权限 service<br>teacher | 不同用户拥有不同的操作权限,其中 Administrator 权限最高 |
| (2) 在弹出的软键盘里输入登录密码:pass(小写);点击确认按钮 ，登录完成 | 输入密码 软键盘 | 在 Administrator 权限下,用户可配置、更改不同用户的登录密码,<br>：确认；<br>：取消 |

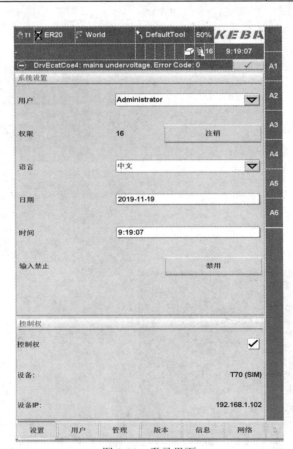

图 2-20 登录界面

## 6．设置界面

设置界面如表 2-5 所示。

**表 2-5 设置界面**

| 名 称 | 显 示 | 说 明 |
|---|---|---|
| (1) 用户 | Administrator ▼<br>**Administrator**<br>operator<br>service<br>teacher | 由上至下依次为管理、操作、服务和示教。不同用户操作权限不同，其中管理员拥有最高权限 |
| (2) 权限 | 16　　　　注销 | 数字"16"是当前用户的等级(最高)显示。注销：点击此按钮将注销当前登录的用户，要获取权限，需要再次登录 |
| (3) 语言 | 中文 ▼<br>**中文**<br>English<br>Deutsch<br>italiano<br>español | 示教器显示语言，用户可自行选择，由上至下依次为中文、英语、德语、意大利语和西班牙语 |
| (4) 日期 | | 点击日期输入框，可更改系统显示的日期 |
| (5) 时间 | | 点击时间输入框，可更改系统显示的时间(小时、分钟、秒) |
| (6) 输入禁止 | | 禁用使能后，10 s 内无法操作触摸屏，期间可进行清屏工作 |
| (7) 控制权 | ✓ | 点击该方框，可进行控制权快速操作，✓为获取权限；□为失去权限 |
| (8) 设备 | **T70 (SIM)** | T70：当前示教盒型号；(SIM)：示教盒仿真状态 |
| (9) 设备 IP | | 当前示教器 IP 地址：192.168.1.102 |

说明：

(1) 系统开机默认的用户为 Operator(操作员)，权限等级最低(1 级)，无法编辑程序。想要编辑程序和获取最高权限等级(16 级)，需要把用户切换成 Administrator(管理员)，输入默认密码 pass 即可登录成功。退出时单击"注销"按钮即可。

(2) 控制权的设定：勾选控制权右侧的复选框，示教器获取控制权，可用示教器对机器人进行操作。系统仅允许一台设备获取控制权，如有多台设备切换控制权，要先取消勾选当前设备的控制权，才能在另一台设备上勾选控制权。

### 7. 用户

点击屏幕下方的用户按钮 **用户**，可查看当前登录用户相关信息。此界面可查看当前登录用户的相关信息，包括其 IP 地址、等级和是否有控制权限。

### 8. 管理

只有登录用户为管理员才能打开管理界面，可以管理用户组，对用户进行创建、编辑和删除等操作。此界面可配置、管理当前用户，新建用户以及修改当前用户的登录密码及显示语言。

点击屏幕下方的"管理"按钮 **管理**，可进行用户配置。管理界面如图 2-21 所示。

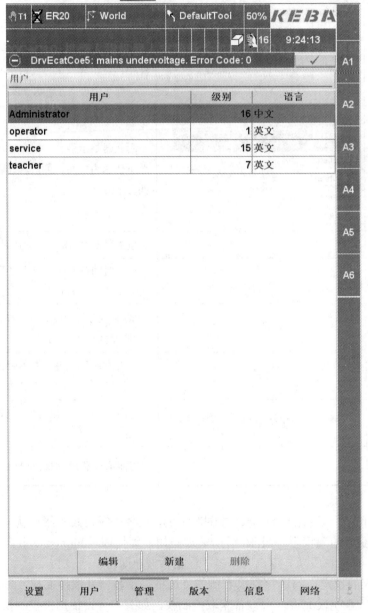

图 2-21　管理界面

管理界面详解如表 2-6 所示。

### 表 2-6　管 理 界 面

| 名　称 | 显　示 | 说　明 |
|---|---|---|
| (1) 编辑按钮：<br><br>**编辑** |  编辑用户<br>用户　operator<br>密码<br>确认<br>级别　1 ▽<br>语言　English ▽<br>管理员 □<br>✕　✓ | 选中要配置的用户，如 Operator，点击"编辑"按钮，可对其进行以下配置。<br>密码：登录密码，点击输入框进行输入；<br>确认：输入与登录密码相同；<br>级别：可选 1～16；<br>管理员(可选)：<br>☑：可对其他用户进行配置管理；<br>□：不可对其他用户进行配置管理；<br>✓：确认修改；<br>✕：取消 |
| (2) 新建按钮：<br><br>**新建** | 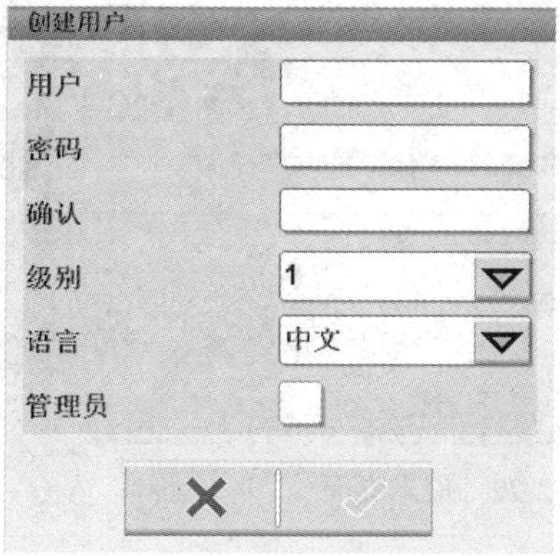 创建用户<br>用户<br>密码<br>确认<br>级别　1 ▽<br>语言　中文 ▽<br>管理员 □<br>✕　✓ | 点击"新建"按钮，可对其进行以下配置。<br>用户：输入用户名称；<br>密码：登录密码，点击输入框进行输入；<br>确认：输入与登录密码相同；<br>级别：可选 1～16；<br>管理员(可选)：<br>☑：可对其他用户进行配置管理；<br>□：不可对其他用户进行配置管理；<br>✓：确认新建；<br>✕：取消 |
| (3) 删除按钮：<br><br>**删除** | 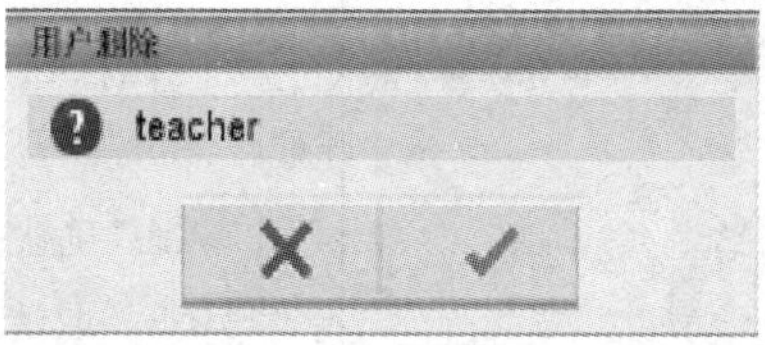 用户删除<br>❓ teacher<br>✕　✓ | 删除按钮：可删除级别≤当前已登录的用户、不包括当前登录的用户。<br>✓：确认删除；<br>✕：取消 |

### 9．信息

点击屏幕下方的"信息"按钮 信息 ，进行信息查看。此界面可进行系统信息查看、HMI(示教器)重启、系统重启、PLC/示教器状态报告的生成与输出。信息界面如图 2-22 所示。

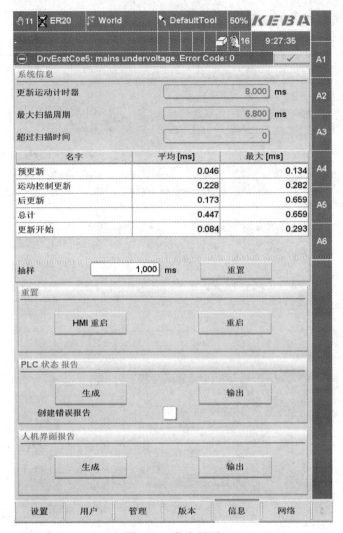

图 2-22　信息界面

信息界面详解如表 2-7 所示。

表 2-7　信 息 界 面

| 名　称 | 显　示 | 说　明 |
|---|---|---|
| (1) HMI 重启按钮<br><br>HMI重启 | 重启<br>❓ 人机界面重启？<br>✕ ✓ | 点击此按钮，可对示教器进行重启。<br>✓：确认；<br>✕：取消 |
| (2) 重启按钮<br><br>重启 | 重启<br>❓ 系统重启？<br>✕ ✓ | 点击此按钮，可对系统进行重启。<br>✓：确认；<br>✕：取消 |

| 名　称 | 显　示 | 说　明 |
|---|---|---|
| (3) PLC 状态报告：状态生成按钮　PLC 状态报告　生成 | 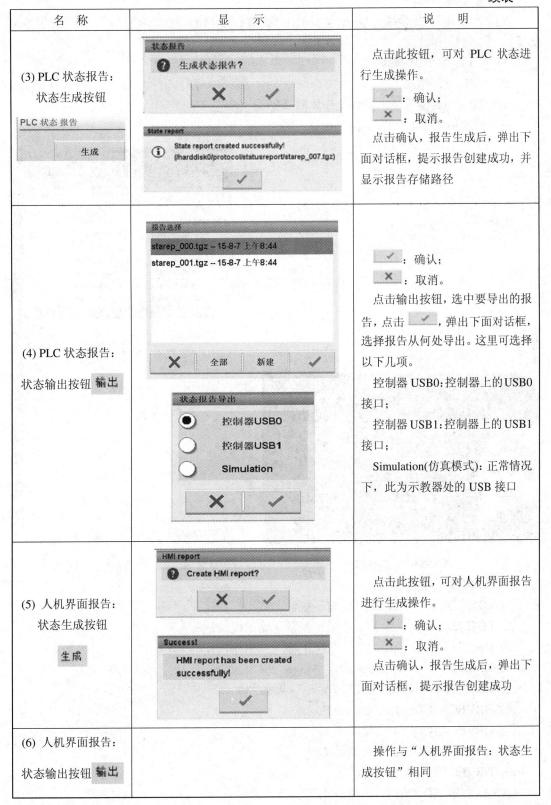 | 点击此按钮，可对 PLC 状态进行生成操作。<br>✓：确认；<br>✕：取消。<br>点击确认，报告生成后，弹出下面对话框，提示报告创建成功，并显示报告存储路径 |
| (4) PLC 状态报告：状态输出按钮 输出 | | ✓：确认；<br>✕：取消。<br>点击输出按钮，选中要导出的报告，点击 ✓，弹出下面对话框，选择报告从何处导出。这里可选择以下几项。<br>控制器 USB0：控制器上的USB0接口；<br>控制器 USB1：控制器上的USB1接口；<br>Simulation(仿真模式)：正常情况下，此为示教器处的 USB 接口 |
| (5) 人机界面报告：状态生成按钮　生成 | | 点击此按钮，可对人机界面报告进行生成操作。<br>✓：确认；<br>✕：取消。<br>点击确认，报告生成后，弹出下面对话框，提示报告创建成功 |
| (6) 人机界面报告：状态输出按钮 输出 | | 操作与"人机界面报告：状态生成按钮"相同 |

**10．输入输出监测**

在此界面下可查看硬件输入/输出(I/O)配置以及 I/O 接口信号的状态。操作步骤如下：

(1) 按下：菜单键　。

(2) 点击：设置　。

(3) 点击：输入输出监测，具体操作如图 2-23 所示。

输入输出监测界面如图 2-24 所示。

图 2-23　操作界面　　　　　　　　图 2-24　输入输出监测界面

输入输出监测界面说明如下：

(1) DM272A: 0　　地址为 0 的数字量输入输出模块；

(2) DM272A: 1　　地址为 1 的数字量输入输出模块；

(3) DM272A: 2　　地址为 2 的数字量输入输出模块；

(4) DM272A: 3　　地址为 3 的数字量输入输出模块；

(5) FX271A: 0(可选)　　FX271/A 通信模块；

(6) DRVECATCOE: 0　　驱动器 0；

(7) DRVECATCOE: 1　　驱动器 1；

(8) DRVECATCOE: 2　　驱动器 2；

(9) DRVECATCOE: 3　　驱动器 3；

(10) DRVECATCOE: 4　　驱动器 4；

(11) DRVECATCOE: 5　驱动器 5。

例如；选中与 DM272A：2 相对应的方框 ☑，点击屏幕下方的详细按钮 详细 ，查看其输入输出状态，如图 2-25 所示。

其输入输出状态界面详解如表 2-8 所示。

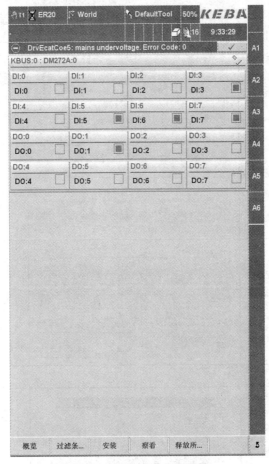

图 2-25　输入输出状态

表 2-8　输入输出状态界面详解

| 名　称 | 显　示 | 说　明 |
|---|---|---|
| (1) 点击按钮 概览 ，则返回到总览界面 | | |

续表一

| 名　称 | 显　示 | 说　明 |
|---|---|---|
| (2) 点击按钮 安装，选择要查看的变量类型，如选择 ☑ DO，点击 ✔ | 过滤条件设置<br>☑ DI　☑ DO　☑ AI　☑ AO<br>☑ TI　☑ TO　☑ BAI　☑ BAO<br>☐ 轴　☐ MI　☐ CI　☐ VI<br>☐ 数据端点<br>✕　田　田　?　✔<br><br>过滤条件设置<br>☐ DI　☑ DO　☐ AI　☐ AO<br>☐ TI　☐ TO　☐ BAI　☐ BAO<br>☐ 轴　☐ MI　☐ CI　☐ VI<br>☐ 数据端点<br>✕　田　田　?　✔ | ▦：不监控任何变量；<br><br>▦：监控所有变量；<br><br>✔：确认；<br>✕：取消 |
| (3) 点击 过滤条... | KBUS:0 : DM272A:0<br>DO:0　DO:1　DO:2　DO:3<br>DO:0 ☐　DO:1 ▪　DO:2 ☐　DO:3 ☐ | 当前显示为监控的 DO 状态 |
| (4) 再次点击 过滤条...，则恢复到初始监控状态 | KBUS:0 : DM272A:0<br>DI:0　DI:1　DI:2　DI:3<br>DI:0 ☐　DI:1 ▪　DI:2 ☐　DI:3 ▪<br>DI:4　DI:5　DI:6　DI:7<br>DI:4 ☐　DI:5 ▪　DI:6 ▪　DI:7 ▪<br>DO:0　DO:1　DO:2　DO:3<br>DO:0 ☐　DO:1 ▪　DO:2 ☐　DO:3 ☐<br>DO:4　DO:5　DO:6　DO:7<br>DO:4 ☐　DO:5 ☐　DO:6 ☐　DO:7 ☐ | |
| (5) 强制某输出口点亮 | | |
| ① 选中要强制点亮的输出口，如 DO:2 | DO:2<br>当前值　☐<br>设置　☐<br>强制状态<br>强制使能?　☐<br>✕　?　✔ | |
| ② 设置 ☑，强制使能 ☑ | DO:2<br>当前值　☐<br>设置　✔<br>强制状态<br>强制使能?　✔<br>✕　?　✔ | ✔：确认；<br>✕：取消 |
| ③ 点击确认按钮 | DO:0　DO:1　DO:2　DO:3<br>DO:0 ☐　DO:1 ☐　DO:2 ▪　DO:3 ☐<br>DO:4　DO:5　DO:6　DO:7<br>DO:4 ☐　DO:5 ☐　DO:6 ☐　DO:7 ☐ | 相应的输出口被点亮 |

| 名　称 | 显　示 | 说　明 |
|---|---|---|
| （6）点击按钮 察看，选择变量的布局：紧凑、正常、列表 | **紧凑**<br><br>KBUS:0 : DM272A:0<br>DI:0 DI:1 DI:2 DI:3 DI:4 DI:5 DI:6 DI:7<br>DO:0 DO:1 DO:2 DO:3 DO:4 DO:5 DO:6 DO:7<br><br>**正常**<br><br>KBUS:0 : DM272A:0<br>DI:0 DI:1 DI:2 DI:3<br>DI:0 DI:1 DI:2 DI:3<br>DI:4 DI:5 DI:6 DI:7<br>DI:4 DI:5 DI:6 DI:7<br>DO:0 DO:1 DO:2 DO:3<br>DO:0 DO:1 DO:2 DO:3<br>DO:4 DO:5 DO:6 DO:7<br>DO:4 DO:5 DO:6 DO:7<br><br>**列表**<br><br>硬件配置　名称　值<br>KBUS:0 : DM272A:0<br>DI:0　DI:0<br>DI:1　DI:1<br>DI:2　DI:2<br>DI:3　DI:3<br>DI:4　DI:4<br>DI:5　DI:5<br>DI:6　DI:6<br>DI:7　DI:7<br>DO:0　DO:0<br>DO:1　DO:1<br>DO:2　DO:2<br>DO:3　DO:3<br>DO:4　DO:4<br>DO:5　DO:5<br>DO:6　DO:6<br>DO:7　DO:7 | |
| （7）点击 释放所... 并点击确认按钮后，所有强制的输出端口会被释放 | 释放所有强制<br>? 释放所有输入输出端口的强制设置？<br>✕　　✓ | ✓：确认；<br>✕：取消 |

同样，我们也可以选择其他变量来查看其具体信息，如 DRVECATCOE:0 驱动 0，通过详细按钮，可查看其速度与转矩。

**11．变量监测**

在变量监测界面下可对系统中所有的已建变量进行查看、编辑、新建等操作。其操作步骤如下：

(1) 按下菜单键 　；

(2) 点击变量 [x]；

(3) 点击变量监测 变量监测。

操作步骤如图 2-26 所示。变量监测界面如图 2-27 所示。

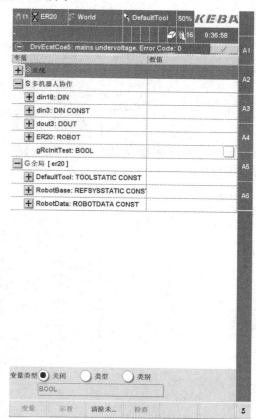

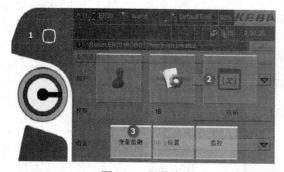

图 2-26　操作步骤　　　　　　　　　图 2-27　变量监测界面

变量监测界面显示已存在的系统变量、机器(全局)变量以及项目变量，"+"可以展开显示，"−"可以收缩显示，底部有变量类型过滤器可供选择，选中"关闭"单选按钮，则显示所有变量。

单击变量按钮可对变量进行删除、粘贴、复制、剪切、重命名、新建等操作。

如果在点击变量按钮前选中的是项目，则建立的变量应用于整个项目(P)；如果是程序，则只能用于该程序(L)。同样也可以在系统(S)或全局(G)中新建变量，但强烈建议不要这么做。

变量监测界面详解如表 2-9 所示。

表 2-9　变量监测功能

| 名　称 | 显　示 | 说　明 |
|---|---|---|
| | 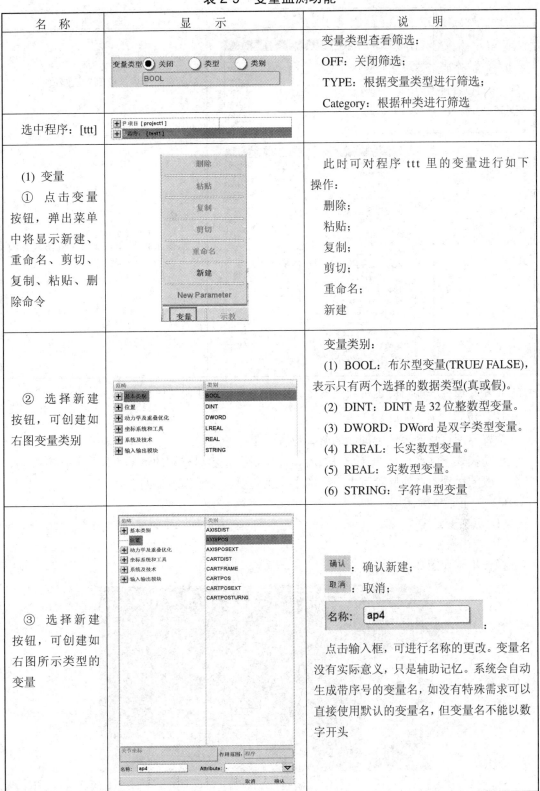 | 变量类型查看筛选：<br>**OFF**：关闭筛选；<br>**TYPE**：根据变量类型进行筛选；<br>**Category**：根据种类进行筛选 |
| 选中程序：[ttt] | | |
| (1) 变量<br>① 点击变量按钮，弹出菜单中将显示新建、重命名、剪切、复制、粘贴、删除命令 | | 此时可对程序 ttt 里的变量进行如下操作：<br>删除；<br>粘贴；<br>复制；<br>剪切；<br>重命名；<br>新建 |
| ② 选择新建按钮，可创建如右图变量类别 | | 变量类别：<br>(1) BOOL：布尔型变量(TRUE/ FALSE)，表示只有两个选择的数据类型(真或假)。<br>(2) DINT：DINT 是 32 位整数型变量。<br>(3) DWORD：DWord 是双字类型变量。<br>(4) LREAL：长实数型变量。<br>(5) REAL：实数型变量。<br>(6) STRING：字符串型变量 |
| ③ 选择新建按钮，可创建如右图所示类型的变量 | | 确认：确认新建；<br>取消：取消；<br>名称：ap4<br>点击输入框，可进行名称的更改。变量名没有实际意义，只是辅助记忆。系统会自动生成带序号的变量名，如没有特殊需求可以直接使用默认的变量名，但变量名不能以数字开头 |

续表

| 名　　称 | 显　　示 | 说　　明 |
|---|---|---|
| ④ 选中 ap4。点击变量前的"+"号可以看到变量数据并修改 | ap4: AXISPOS　　　[...]<br>　a1: REAL　　　0.000<br>　a2: REAL　　　0.000<br>　a3: REAL　　　0.000<br>　a4: REAL　　　0.000<br>　a5: REAL　　　0.000<br>　a6: REAL　　　0.000 | 新建的变量，数值为初始值 |
| (2) 点击示教按钮 | ap4: AXISPOS　　　[...]<br>　a1: REAL　　　93.268<br>　a2: REAL　　　-5.274<br>　a3: REAL　　　-12.561（示教 ap4 示教成功）<br>　a4: REAL　　　-0.419<br>　a5: REAL　　　-72.214<br>　a6: REAL　　　119.299<br>　area0: AREA　　[...]<br>　b0: BOOL<br>　cp0: CARTPOS　[...]<br>　cp1: CARTPOS　[...]<br>　cp2: CARTPOS　[...]<br>　cp3: CARTPOS　[...]<br>　cp4: CARTPOS　[...]<br>　cp5: CARTPOS　[...]<br>变量类型 ●关闭 ○类型 ○类别<br>BOOL<br>变量　示教　清除未...　检查 | 点击示教即可记录当前机器人各轴关节角度 |

此外，在程序编辑时也可新建变量，有关操作在后面相关内容讲解。

**12. 位置**

位置界面可显示系统中创建的所有位置变量信息。

手动模式下，在此界面用户可查看、编辑所有程序里建立的运动点，需要注意的是，在此更改的运动点，实际项目里也会随之发生变更。其操作步骤如下：

(1) 按下菜单键 ；

(2) 点击变量 (x) ；

(3) 点击 位置 。

操作步骤如图 2-28 所示。

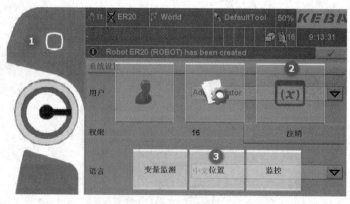

图 2-28　操作步骤

位置界面详解如表 2-10 所示。

**表 2-10　位置界面详解**

| 名　　称 | 显　　示 | 说　　明 |
|---|---|---|
| 选择位置(以角度为例) | 位置<br>选择位置　▽<br>待教导信息　S PositionMask.jogToAxisPos<br>S PositionMask.jogToCartPos | 在此选择要编辑的位置变量 |
| 位置数据 | 待教导信息　　　　　　　　位置点动信息<br>参照系　S World　　参照系　S World<br>工具坐标　G DefaultTool　工具坐标　G DefaultTool<br>位置数据<br>A1　0.000 度　A4　0.000 度<br>A2　0.000 度　A5　0.000 度<br>A3　0.000 度　A6　0.000 度 | 上栏显示：此运动点的参考系、工具坐标相关信息；<br>A1～A6：本体 1～6 轴的关节角度，在此可手动输入进行更改。<br>注：在未熟悉掌握机器人前，不可进行此操作。或者手动操作机器人运动到需要到达的位置，然后单击"教导"按钮，就可以对所选的位置变量进行示教 |
| | 在位置点动通过<br>○ 直线　　● 点到点 | 在此可选择机器人运动至目标点的方式，可选：直线、点到点；<br>注：要求选择点到点方式。<br>直线方式：机器人运动过程中，有可能过奇异点，导致机器人无法到达目标点 |
| 点击教导按钮，可记录机器人当前点为目标点 | 位置数据<br>A1　93.268 度　A4　-0.419 度<br>A2　-5.274 度　A5　-72.214 度<br>A3　-12.561 度　A6　119.299 度 | 也可手动修改 |
| 点击帮助按钮，弹出帮助信息，以指导用户进行操作 | | 注：低速运行(<10%) |
| 点击允许按钮，使能此功能 | Go　－　＋ | A1→GO<br>"+"运动至目标点；<br>"－"运动至初始点 |
| 点击禁止按钮，禁用功能 | A1　－　＋ | GO→A1<br>备注：如果未禁止，点动、连动时均无法运动 |

说明：

点动到位置的具体操作方法是首先选择直线或者点到点的运动方式，然后在手动操作模式下按住使能键，单击屏幕底部的"允许"按键，此时，屏幕右侧的点动坐标显示区域会切换成"Go"。按住"Go"旁边的"+"按键可移动机器人到所选位置，按住"Go"旁边的"–"按键可移动机器人回到原始位置。

### 13. 项目

在项目界面可查看所有已建项目，并对项目、程序进行编辑、导入、导出等操作。

操作步骤如下：

(1) 按下菜单键　；

(2) 点击文件夹　；

(3) 点击 项目 。

操作步骤如图 2-29 所示。

项目界面如图 2-30 所示。

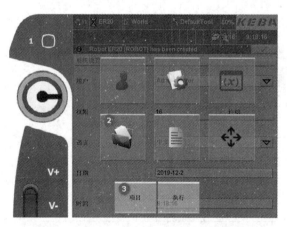

图 2-29　操作步骤

图 2-30　项目界面

项目界面显示系统中的项目和程序，单击"+"按钮可展开项目列表，每个项目下可包含多个程序。选中一个程序后，单击底部的"加载"按钮，加载程序；单击"打开"按钮，可打开已被加载的程序；单击"终止"按钮，可退出程序的加载状态。

需要注意的是，程序在被加载的状态下打开才可以示教、编程和运行；在未被加载的状态下打开只能浏览。在同一项目中可加载多个程序，但不同项目中的程序不能同时加载，必须首先终止退出不需要的不同项目中已加载的程序，再加载需要的程序。一次只能加载一个项目，其他项目必须关闭。

项目功能界面详解如表 2-11 所示。

表 2-11　项目功能界面

| 名　称 | 显　示 | 说　明 |
|---|---|---|
| (1) 选择程序，点击加载按钮 |  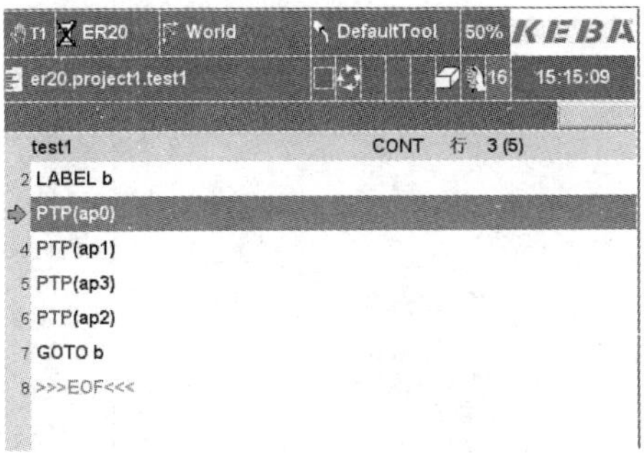 加载　打开　终止　信息　刷新　文件　5<br><br>(a)<br><br>T1　ER20　World　DefaultTool　50%　KEBA<br>er20.project1.test1　16　15:15:09<br><br>test1　　　　　CONT　行　3(5)<br>2 LABEL b<br>→ PTP(ap0)<br>4 PTP(ap1)<br>5 PTP(ap3)<br>6 PTP(ap2)<br>7 GOTO b<br>8 >>>EOF<<<<br><br>(b) | 点击加载后，进入程序编辑页面 |
| (2) 点击打开按钮 |  加载　打开　终止　信息　刷新　文件　5 | 点击打开后，进入程序编辑页面，灰色按钮为不可用 |
| (3) 点击终止按钮 |  加载　打开　终止　信息　刷新　文件　5 | 终止已加载的程序。<br>注：为安全起见，务必保证在暂停程序后，才终止程序运行。点击终止按钮时，程序中所有的 IO 信号都会复位 |
| (4) 点击信息按钮 |  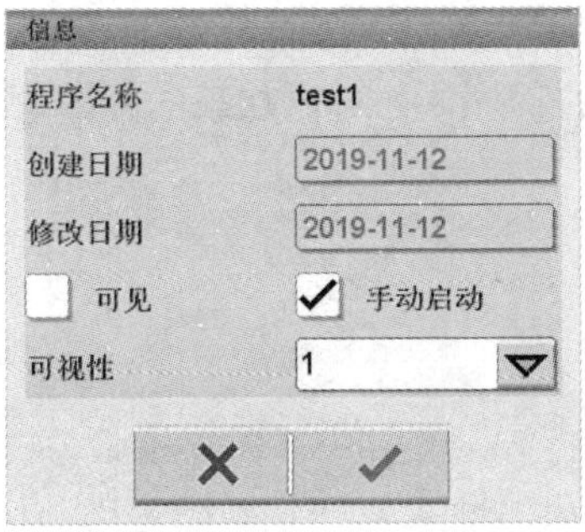 加载　打开　终止　信息　刷新　文件　5<br><br>(a)<br><br>信息<br>程序名称　　test1<br>创建日期　　2019-11-12<br>修改日期　　2019-11-12<br>□ 可见　　✓ 手动启动<br>可视性　　　1　　　▽<br>✕　　✓<br><br>(b) | 程序名称：选择的程序；<br>创建日期：程序创建日期；<br>修改日期：最近一次修改程序的日期； <br>□ 可见：程序可见性； <br>✓ 手动启动：能够对程序进行加载、运行等操作； <br>□ 手动启动：不能够对程序进行加载、运行等操作；<br>可视性：如图所示，当登录用户的权限等级≥7 时，才能看得见此程序 |

续表

| 名　称 | 显　示 | 说　明 |
|---|---|---|
| (5) 点击刷新按钮，刷新当前项目显示界面 |  加载　打开　终止　信息　刷新　文件　5 | |
| (6) 点击文件按钮，可对未加载项目下的程序进行相关操作 |  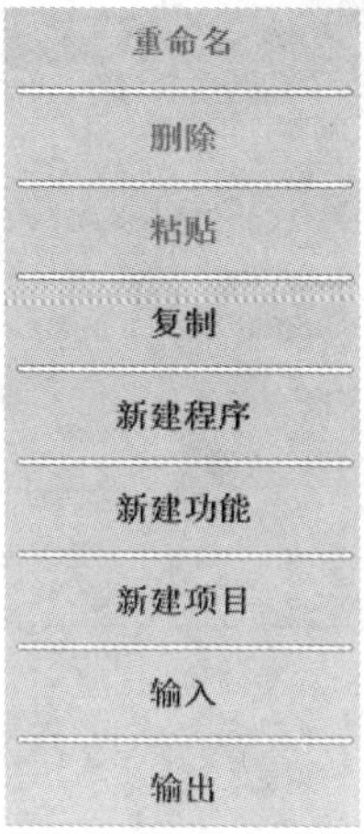 加载　打开　终止　信息　刷新　文件　5<br>(a)<br><br>重命名<br>删除<br>粘贴<br>复制<br>新建程序<br>新建功能<br>新建项目<br>输入<br>输出<br>(b) | 对程序文件进行以下操作：<br>重命名；<br>删除；<br>粘贴；<br>复制；<br>新建程序；<br>新建项目；<br>输入；向 CF 卡中导入程序；<br>输出；向外接设备(U 盘)导出程序 |
| (7) 导入、导出程序文件 |  项目/程序文件导入<br>● 控制器USB0<br>○ 控制器USB1<br>○ Simulation<br>✕　　✓ | 控制器 USB0：控制器上的 USB0 接口；<br>控制器 USB1：控制器上的 USB1 接口；<br>Simulation(仿真模式)：正常情况下，此为示教器处的 USB 接口 |

## 14. 执行

点击此图标可快速查看已加载的程序，并对已加载的程序进行如下操作：结束、显示。操作步骤如下：

(1) 点击菜单键  。

(2) 点击文件夹 。

(3) 点击执行。

操作步骤如图 2-31 所示。

执行界面如图 2-32 所示。执行界面显示已被加载的程序的运行状态和运行模式。

点击"显示"后，进入程序页面，此时可对程序进行各种编辑操作。

点击"结束"后，结束程序。

图 2-31　操作步骤

图 2-32　执行界面

### 15．程序界面

点击程序图标，可快速进入当前已加载的程序，此时可对程序进行各种编辑操作。
操作步骤如下：

(1) 点击菜单键 。

(2) 点击程序 。

仅当程序已经被加载时才会显示程序界面。操作步骤如图 2-33 所示。程序界面如图 2-34
所示。

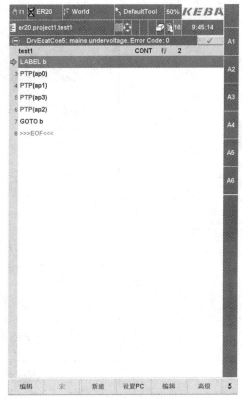

图 2-33　打开程序菜单

图 2-34　程序界面

程序功能界面详解如表 2-12 所示。

表 2-12　程序功能界面

| 名　称 | 显　示 | 说　明 |
|---|---|---|
| | 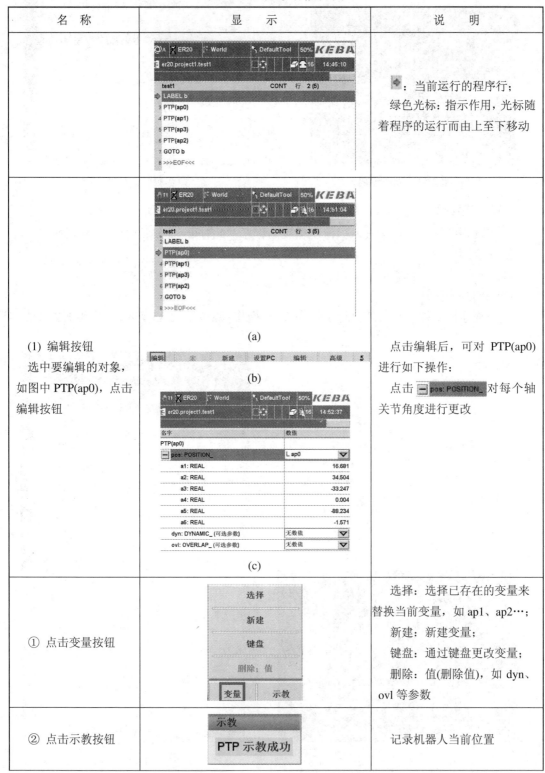 | 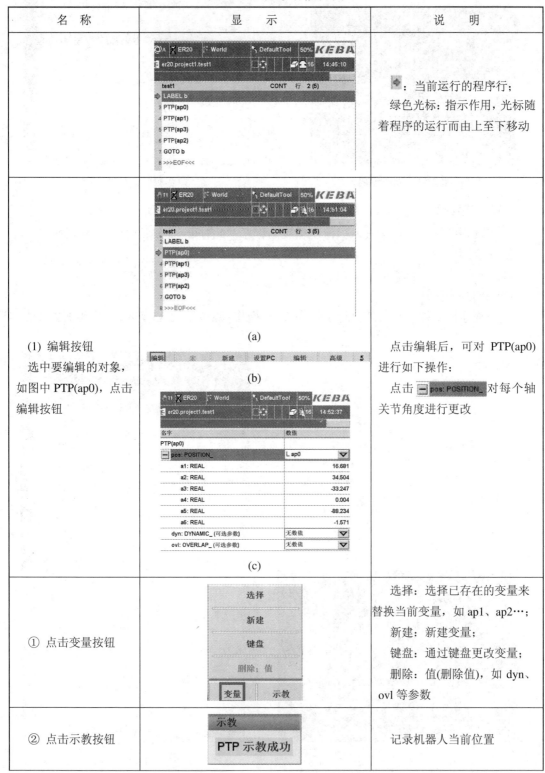 当前运行的程序行；<br>绿色光标：指示作用，光标随着程序的运行而由上至下移动 |
| (1) 编辑按钮<br>选中要编辑的对象，如图中 PTP(ap0)，点击编辑按钮 | (a)<br>(b)<br>(c) | 点击编辑后，可对 PTP(ap0) 进行如下操作：<br>点击 pos: POSITION_ 对每个轴关节角度进行更改 |
| ① 点击变量按钮 | 选择 新建 键盘 删除：值 变量 示教 | 选择：选择已存在的变量来替换当前变量，如 ap1、ap2…；<br>新建：新建变量；<br>键盘：通过键盘更改变量；<br>删除：值(删除值)，如 dyn、ovl 等参数 |
| ② 点击示教按钮 | 示教 PTP 示教成功 | 记录机器人当前位置 |

续表一

| 名　称 | 显　示 | 说　明 |
|---|---|---|
| (2) 宏按钮 | | 上次插入的指令会在这显示，若未进行操作，默认显示宏 |
| (3) 新建按钮 | 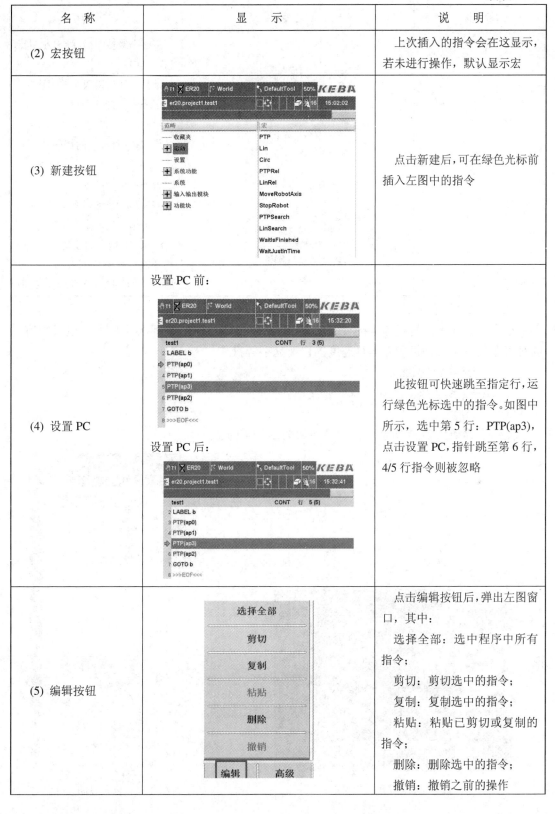 | 点击新建后，可在绿色光标前插入左图中的指令 |
| (4) 设置 PC | 设置 PC 前：<br>设置 PC 后： | 此按钮可快速跳至指定行，运行绿色光标选中的指令。如图中所示，选中第 5 行：PTP(ap3)，点击设置 PC，指针跳至第 6 行，4/5 行指令则被忽略 |
| (5) 编辑按钮 | 选择全部<br>剪切<br>复制<br>粘贴<br>删除<br>撤销<br>编辑　高级 | 点击编辑按钮后，弹出左图窗口，其中：<br>选择全部：选中程序中所有指令；<br>剪切：剪切选中的指令；<br>复制：复制选中的指令；<br>粘贴：粘贴已剪切或复制的指令；<br>删除：删除选中的指令；<br>撤销：撤销之前的操作 |

续表二

| 名　　称 | 显　　示 | 说　　明 |
|---|---|---|
| (6) 高级按钮 | 键盘<br><br>子程序<br><br>返回<br><br>格式化<br><br>查找<br><br>加注释<br><br>不可用<br><br>编辑　　高级 | 点击高级按钮后,弹出左图窗口,其中<br>　键盘：通过键盘更改内容;<br>　子程序：打开子程序;<br>　返回：返回已加载的程序;<br>　格式化:对选中的程序进行缩进排序;<br>　查找：查找指令;<br>　加注释：当前指令不可用;<br>　不可用；当前指令不可用。<br>　注意：对指令加注释后,可对指令进行编辑处理;指令不可用后,不可对指令进行编辑处理 |

### 16. 位置界面

在位置界面可查看机器人的位置信息，表示方法有：关节、世界坐标系、电机数值，同时可在此界面进行机器人运行速度的快速切换等操作。

(1) 点击菜单键　　。

(2) 点击　　。

(3) 点击 位置 。

操作步骤如图 2-35 所示。位置界面如图 2-36 所示。

图 2-35　打开位置菜单　　　　　　　图 2-36　位置界面

位置功能界面详解如表 2-13 所示。

**表 2-13　位置功能界面**

<table>
<tr><th>名　称</th><th>显　示</th><th>说　明</th></tr>
<tr><td>(1) 位置信息</td><td>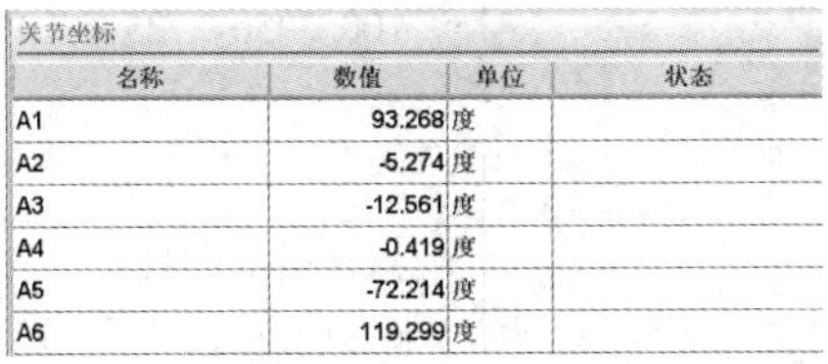关节坐标<br>名称 数值 单位 状态<br>A1 93.268 度<br>A2 -5.274 度<br>A3 -12.561 度<br>A4 -0.419 度<br>A5 -72.214 度<br>A6 119.299 度</td><td>位置界面中：<br>名称：随着坐标系的更改发生改变；<br>数值：数值大小；<br>单位：度、毫米；<br>状态：仿真、E+(到达正限位)、E−(到达负限位)；<br>NOREF：机器人当前轴未进行标零，需将机器人轴运动至零点并进行标零</td></tr>
<tr><td>(2) 运动方向</td><td>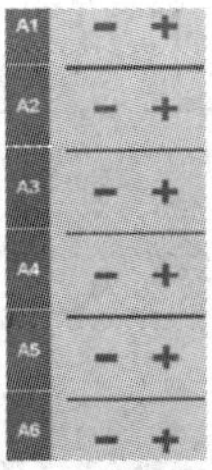A1 − +<br>A2 − +<br>A3 − +<br>A4 − +<br>A5 − +<br>A6 − +</td><td>运动方向按键</td></tr>
<tr><td>(3) 信息显示</td><td>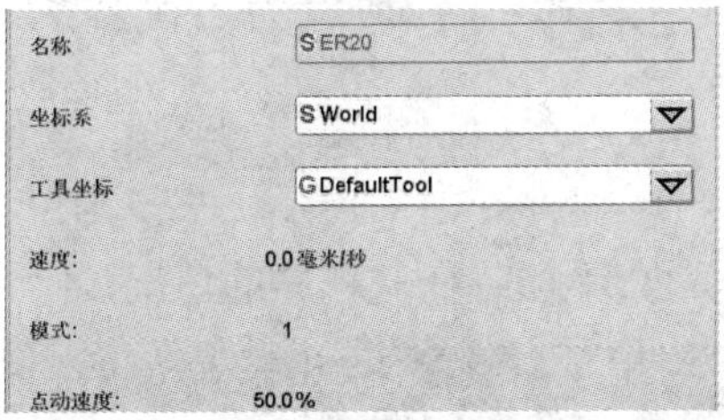名称 S ER20<br>坐标系 S World<br>工具坐标 G DefaultTool<br>速度: 0,0 毫米/秒<br>模式: 1<br>点动速度: 50.0%</td><td>名称：机器人名称；<br>坐标系：机器人运动参考坐标系；<br>工具坐标：工具坐标；<br>速度：机器人末端实时运动速度；<br>模式：机器人不同姿态下的表示方式；<br>点动速度：手动运行速度</td></tr>
<tr><td>(4) 电机数值</td><td>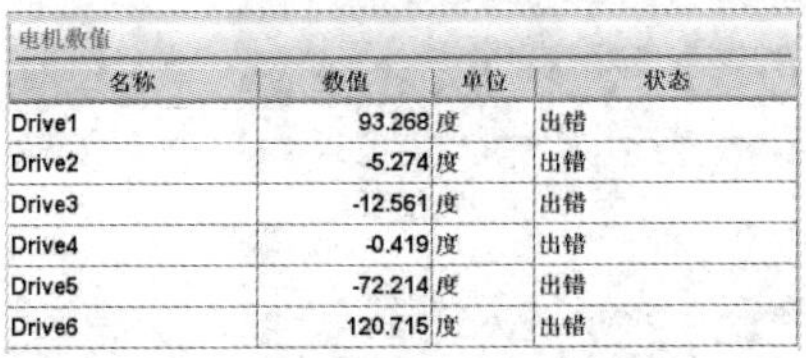电机数值<br>名称 数值 单位 状态<br>Drive1 93.268 度 出错<br>Drive2 -5.274 度 出错<br>Drive3 -12.561 度 出错<br>Drive4 -0.419 度 出错<br>Drive5 -72.214 度 出错<br>Drive6 120.715 度 出错</td><td>显示各轴电机实际转动的角度(换算后的)</td></tr>
<tr><td>(5) 关节坐标</td><td>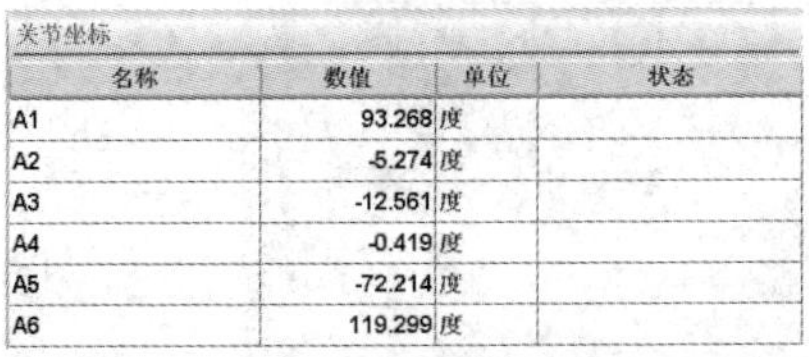关节坐标<br>名称 数值 单位 状态<br>A1 93.268 度<br>A2 -5.274 度<br>A3 -12.561 度<br>A4 -0.419 度<br>A5 -72.214 度<br>A6 119.299 度</td><td>显示机器人各轴的数值(换算后的)<br>注意：同一位置电机数值与关节坐标不一定一致，图中看到 Drive6(轴 6 电机)发生了运转，由于 5/6 轴存在耦合，机器人的 6 轴未动</td></tr>
<tr><td>(6) 世界坐标</td><td>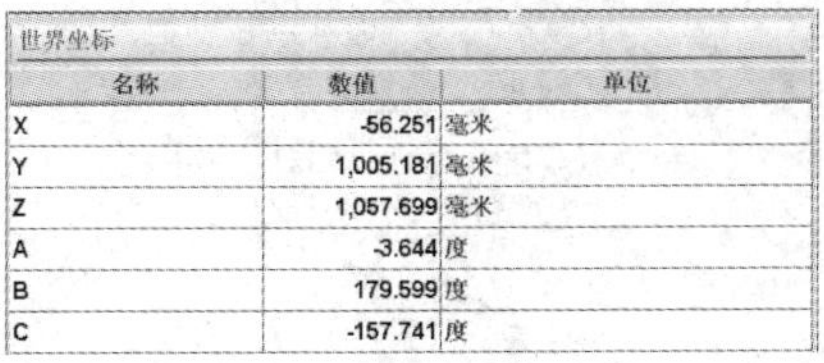世界坐标<br>名称 数值 单位<br>X -56.251 毫米<br>Y 1,005.181 毫米<br>Z 1,057.699 毫米<br>A -3.644 度<br>B 179.599 度<br>C -157.741 度</td><td>机器人末端在世界坐标系下的位置信息</td></tr>
</table>

续表

| 名　称 | 显　示 | 说　明 |
|---|---|---|
| (7) 点动速度 | 100 %<br>50 %<br>25 %<br>10 %<br>1.0 Inc<br>0.1 Inc | 快速选取显示的速度值：<br>100 %/50 %/25 %/10 %/1.0inc/0.1inc |
| (8) 点动 | 电机数值<br>关节坐标<br>世界坐标<br>工具坐标 | 点动模式切换：<br>电机数值；<br>关节坐标；<br>世界坐标；<br>工具坐标 |

# 2.4　任务一　快速运行机器人至指定位置

在加载某工程的情况下，可对已加载程序中的运动点进行查看、修改。操作时请遵循说明进行操作。具体操作步骤如下：

(1) 点击菜单键 。

(2) 点击变量 。

(3) 点击 位置 ，弹出如图 2-37 所示界面(不加载任何程序的情况)。

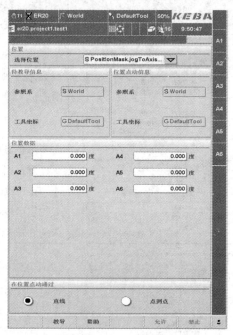

图 2-37　位置界面

(4) 将示教盒钥匙开关打在手动模式。

(5) 选择位置，这里选择关节，如图 2-38 所示。

(6) 修改位置数据，这里为零点。将零点设置为目标点，如图 2-39 所示。

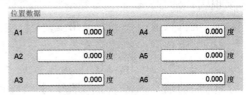

图 2-38　位置选择　　　　　　　　　图 2-39　目标点设置

(7) 选择位置点动运动方式，这里选择点到点，如图 2-40 所示。

图 2-40　运动方式

直线：机器人末端以直线运动方式行至目标点。

备注：机器人在做直线运动时，可能会经过奇异点。

(8) 使能选择"允许"，如图 2-41 所示。

图 2-41　允许使能选择

使能后，示教器运动方向键"A1"变为"GO"。

备注：

① 教导：记录机器人当前位置；

② 帮助：帮助信息；

③ 允许：使能功能；

④ 禁止：禁止功能。

(9) 保持按压示教器手压开关，并按"GO"对应的"+"键，机器人会运动至设置点，如图 2-42 所示。机器人运动至指定位置后提示执行完毕。按"–"键，机器人会运动至起始点。

(10) 待机器人运行至目标点，关闭功能"禁止"，如图 2-43 所示。

图 2-42　运动按钮　　　　　　　　　图 2-43　关闭功能

注意：如不禁止此功能，则无法运行其他程序。

## 2.5　任务二　机器人位置信息查看

有关机器人位置信息查看具体操作步骤如下：

(1) 点击菜单键 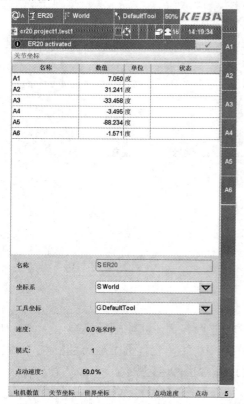。

(2) 点击 。

(3) 点击 位置，弹出如图 2-44 所示界面。默认情况下显示的为各轴关节角度。

说明：

① 电机数值：各轴电机角度；

② 关节角度：各轴关节角度，在没有耦合的情况下，关节坐标与电机数值相同；

③ 世界坐标：Tcp 点在世界坐标系下的位置；

④ 点动速度：切换全局速度(手动模式/自动模式均有效)；

⑤ 点动：切换手动模式下机器人的运行方式。

(4) 若想查看机器人 Tcp 点在世界坐标系下的位置，点击屏幕下方的世界坐标，如图 2-45 所示。

图 2-44　位置界面

| 世界坐标 | | |
| --- | --- | --- |
| 名称 | 数值 | 单位 |
| X | 524.350 | 毫米 |
| Y | 56.893 | 毫米 |
| Z | 1,157.932 | 毫米 |
| A | -90.236 | 度 |
| B | 176.479 | 度 |
| C | 81.021 | 度 |

图 2-45　世界坐标系下的位置

# 2.6　工业机器人手动操作技能训练

## 1. 训练任务

为了加深学生对知识的理解，提高学生初步分析和操作工业机器人的能力，要求学生对工厂实际应用的一些工业机器人进行分析思考，并能收集一些国内外工业机器人的资料，如沈阳新松、上海 ABB、日本的松下、FANUC、美国的 Adept、奥地利的 IGM、瑞典的

ABB、德国的 **KUKA**、韩国的 **HYUNDAI** 等不同厂家示教器(控制器)的型号、规格、性能等参数。只有在掌握了大量资料的前提下，才能对工业机器人设计及其示教控制系统的工作原理有一定的了解。

### 2. 训练内容

对以上工业机器人系统，学生可选择自己喜欢的一种进行分析，也可以根据实训室的工业机器人进行分析。可参考表 2-14 要求进一步分析工业机器人系统。

**表 2-14  工业机器人手动操作实训报告书**

| 训练内容 | 工业机器人系统的手动操作 | | | | | |
|---|---|---|---|---|---|---|
| 重点难点 | 工业机器人示教器的组成及操作 | | | | | |
| 训练目标 | 主要知识能力目标 | (1) 通过学习，进一步分析工业机器人系统的组成；<br>(2) 仔细观察机器人铭牌型号，正确理解自由度、重复定位精度、工作范围、工作速度、承载能力等概念；<br>(3) 了解示教器的工作原理、构成及操作要点 | | | | |
| | 相关能力指标 | (1) 养成独立工作的习惯，能够正确制定工作计划；<br>(2) 能够阅读工业机器人相关技术手册与说明书；<br>(3) 培养学生良好的职业素质及团队协作精神 | | | | |
| 参考资料及学习资源 | 教材、图书馆相关资料、工业机器人相关技术手册与说明书、工业机器人课程相关网站、Internet 检索等 | | | | | |
| 学生准备 | 熟悉所选工业机器人系统，准备教材、笔、笔记本、练习纸 | | | | | |
| 教师准备 | (1) 熟悉教学标准和机器人实训设备说明书；<br>(2) 设计教学过程；<br>(3) 准备演示实验和讲授内容 | | | | | |
| 工作步骤 | (1) 明确任务：教师提出任务，学生借助于资料、材料和教师提出的引导问题，自己做一个工作计划，并拟定出检查、评价工作成果的标准要求 | | | | | |
| | (2) 分析过程 | ① 简述示教器组成部分及作用；<br>② 正确开关机；<br>③ 示教器的正确操作 | | | | |
| | (3) 检查 | | | | | |
| | 检查项目 | 检查结果及改进措施 | 应得分 | 实得分(自评) | 实得分(小组) | 实得分(教师) |
| | ① 练习结果正确性 | | 20 | | | |
| | ② 知识点的掌握情况 | | 40 | | | |
| | ③ 能力点控制检查 | | 20 | | | |
| | ④ 课外任务完成情况 | | 20 | | | |
| 综合评价 | 自己评价：              小组评价：              教师评价： | | | | | |

说明：

(1) 自己评价。在整个过程中，学生依据拟订的评价标准，检查是否按要求完成了工作任务。

(2) 小组评价。由小组评价、教师参与，与老师进行专业对话，由教师评价学生的工作情况，并给出建议。

# 思考与练习题

## 一、选择题

1. 示教编程器松开为 OFF 状态，当握紧力过大时，为(　　)状态。

  A．不变　　　　　　　　B．ON　　　　　　　　C．OFF

2. (　　)又称绝对精度，是指机器人的末端执行器实际到达位置与目标位置之间的差距。

  A．定位精度　　　　　B．重复定位精度　　　　C．分辨率

3. (　　)又称重复精度，指在相同的运动位置命令下，机器人重复定位其末端执行器于同一目标位置的能力，以实际位置值的分散程度来表示。

  A．定位精度　　　　　B．重复定位精度　　　　C．分辨率

4. (　　)是指描述物体运动所需要的独立坐标数。

  A．定位精度　　　　　B．自由度　　　　　　　C．分辨率

5. (　　)是由制造厂给出的，在限定的操作条件下，能作用于机器人末端，且机器人结构不会被损坏或失效的最大负载。

  A．极限负载　　　　　B．附加负载　　　　　　C．最大力矩

6. (　　)是机器人能携带的附加于额定负载上的负载，它并不作用于机器人末端法兰接口，有时则在关节结构上，通常是在机器人臂部上。

  A．极限负载　　　　　B．附加负载　　　　　　C．最大力矩

7. (　　)是保证机器人机构不受持久损伤，除惯性作用外，可连续作用于机器人末端的力矩(扭矩)。

  A．极限负载　　　　　B．附加负载　　　　　　C．最大力矩

8. 当(　　)按下并且绿灯点亮后，伺服驱动器得电。

  A．伺服按钮　　　　　　　　　　　B．使能开关

  C．权限开关　　　　　　　　　　　D．紧急停止按钮

9. (　　)用于使能功能是否打开(在权限交给 PLC 后，通过 I/O 打开抱闸)。

  A．伺服按钮　　　　　　　　　　　B．使能开关

  C．权限开关　　　　　　　　　　　D．紧急停止按钮

10. (　　)控制机器人的权限，权限开时机器人由 PLC 进行控制，权限关并且示教盒登录后可以使用示教盒控制机器人。

  A．伺服按钮　　　　　　　　　　　B．使能开关

  C．权限开关　　　　　　　　　　　D．紧急停止按钮

11．机器人出现意外故障需要紧急停止时按下(　　)按钮，可以使机器人切断主电源而停止。

　　A．伺服按钮　　　　　　　　　B．使能开关

　　C．权限开关　　　　　　　　　D．紧急停止按钮

**二、简答题**

1．如何对工业机器人正确开关机？

2．解释工业机器人的铭牌性能参数，明确它的工作能力和范围。

3．示教器有哪些操作模式？各用在什么场合？

4．如何设定工业机器人的软限位？

# 单元3　工业机器人编程

## 思维导图

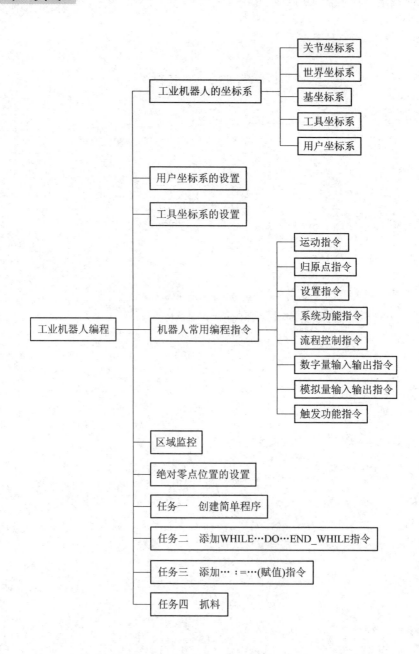

## 学习目标

1．知识目标
(1) 了解工业机器人的基本坐标系；
(2) 了解工业机器人编程的基本指令。
2．技能目标
(1) 掌握工业机器人坐标系的创建及设定方法；
(2) 能进行机器人编程与调试。

## 知识导引

# 3.1　工业机器人坐标系

本单元以安徽 EFORT(埃夫特) 6 轴机器人为例，讲述与编程有关的知识。

在机器人研究中，人们通常在三维空间中研究物体的位姿。这里所说的物体既包括机器人的杆件、零件和末端执行器，也包括机器人工作空间内的其他物体。通常这些物体可用两个非常重要的特性来描述：位置和姿态。为了描述运动刚体的位置和姿态，一般先将物体固定于一个空间坐标系(也称参考系)中，然后再在这个参考坐标系中研究空间物体的位置和姿态。

为了规范，给机器人和工作空间专门命名和确定专门的"标准"，即机器人坐标系统，是十分必要的。机器人坐标系统是为确定工业机器人的位置和姿态，而在工业机器人或空间上进行定义的位置坐标系统。

从类型上来说，工业机器人坐标系分为关节坐标系和笛卡尔坐标系(直角坐标系)两类。工业机器人坐标系主要包括关节坐标系、基坐标系、工具坐标系和用户坐标系等。

### 1．关节坐标系

关节坐标系是设定在工业机器人关节中的坐标系,其原点在关节中心处。如图 3-1 所示的 6 轴机器人具有 6 个关节坐标(A1～A6)，"+"、"−"符号表示其正、负方向。关节坐标系中工业机器人的位置和姿态描述，以各关节底座侧的关节坐标系为基准而确定。关节坐标系通常以转角为单位，例如图 3-1 中工业机器人处于机械零点位置，各关节在关节坐标系中的关节值为 A1：0°，A2：0°，A3：0°，A4：0°，A5：0°，A6：0°。

除关节坐标系之外，其余工业机器人坐标系均为笛卡尔坐标系。

### 2．世界坐标系

世界坐标系(见图 3-1)是标准的直角坐标系，被固定在空间中某一固定的位置。尤其是在多机器人协同工作的时候，使用同一世界坐标系能够更加方便地表示不同机器人的定位。

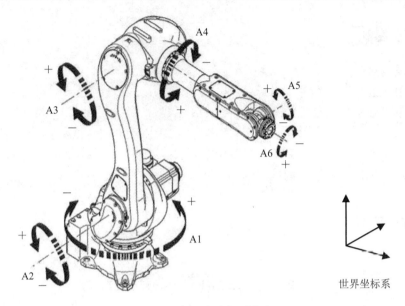

图 3-1　机器人坐标系定义

### 3. 基坐标系

基坐标系是以底座中心点为原点固定不动的笛卡尔坐标系, 其 $X$、$Y$、$Z$ 方向如图 3-2(b) 所示。用户坐标系是基于该坐标系而设定的。它用于位置数据的示教和执行。

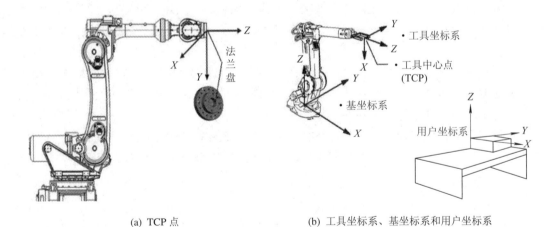

(a) TCP 点　　　　　　　　(b) 工具坐标系、基坐标系和用户坐标系

图 3-2　坐标系定义

在只有一个机器人工作的应用中, 机器人基坐标系通常和世界坐标系重合。当几个机器人同时在一起工作时, 世界坐标系通常独立于各个机器人的基坐标系之外。此外,一般正常安装且固定基座的机器人这两个坐标系是重叠的, 如果机器人倒着安装或者斜着安装就可以通过修改系统参数, 让基坐标系依然和大地平行, 这时基坐标系和世界坐标系就有明显的区别。

从运动学上来讲, 人们建立机器人的运动学方程的过程就是通过依次变换, 最终推导出末端执行器相对于基坐标系的位姿。

### 4．工具坐标系

工具坐标系用于描述机器人末端所安装工具在空间中的位置和姿态，工具坐标系原点即 TCP(Tool Central Point，工具中心点)。当机器人腕部没有装载工具时，机器人的默认 TCP 点是第 6 轴腕部末端法兰盘的中心点，如图 3-2(a)所示。也可以更改它的位置和方位，如图 3-2(b)所示。在实际应用时，通常把 TCP 点设为工具的末端，如焊接时通常把 TCP 点设置到焊丝的尖端。通过法兰盘可更换连接不同的夹具，以适应不同工况。机器人在工作中换接使用不同的工具时，也需要在机器人程序中更改使用不同的工具坐标系。

### 5．用户坐标系(工件坐标系)

工件坐标系也称用户坐标系(或参考坐标系)，这是用户常常在自己关心的平面建立自己的坐标系。工件坐标系通常可以设定在工件的顶点上，其作用是使机器人程序设定的路径位置均以该坐标系为参照，用于描述各个物体或工件的方位的需要，以方便示教。在没有定义的时候，将由世界坐标系来替代该坐标系。图 3-2(b)中的工作台上工件的坐标系，由于是用户自定义生成的，属于用户坐标系。在示教编程的过程中，常常使用用户坐标系来对机器人移动末端工具时末端工具的位置进行描述。当工件坐标系的位置改变时，程序中的路径位置也随之一起改变。

### 6．位姿(位置和姿态)

在机器人运动学中，除了经常需要描述空间中点的位置，还经常需要描述空间中物体的姿态。其实，当机器人末端某点在空间中固定下来时，机器人还可能呈现不同的姿态。只有当机器人的姿态已知后，机器人所有关节或杆件的位置才能完全被固定下来。

为了描述物体的位置和姿态，可在物体上固定一个坐标系并且给出此坐标系相对于参考坐标系的描述。例如在图 3-2 中，已知一坐标系以某种方式固定在机器人末端上(也就是上述介绍的工具坐标系)，则这个坐标系相对于参考坐标系的变换关系(通常会选择世界坐标系或基坐标系这种固定坐标系)就足以表示出机器人末端的姿态。

在机器人控制系统中，笛卡尔参考坐标系可通过 $X$、$Y$、$Z$、$A$、$B$、$C$ 六个坐标值进行定位。$X$、$Y$、$Z$ 定义坐标系在空间中的位置，$A$、$B$、$C$ 定义坐标系在空间中的姿态方向。

## 3.2　用户坐标系的设置

C10 控制系统中，用户坐标系的设置是通过 RefSys()命令实现的。用户坐标系意义是将世界坐标系偏移出去，原点和方向按照用户的指定进行设置。一般的应用是将用户坐标系建立在工件上或者码垛的码盘上，根据工件或码盘的实际摆放方向进行定义，操作直观方便。操作步骤如下：

(1) 点击加载程序，这里以 project1→test1 为例，如图 3-3 所示。

(2) 依次点击新建→设置→RefSys→确定，如图 3-4 所示。

(3) 依次点击变量→新建，如图 3-5 所示。

(4) 选择 CARTREFSYS→确定，如图 3-6 所示。

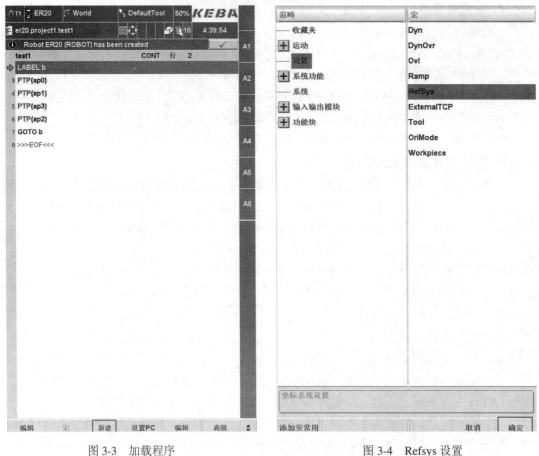

图 3-3　加载程序　　　　　　　　　　图 3-4　Refsys 设置

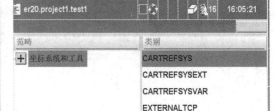

图 3-5　新建变量　　　　　　　　　　图 3-6　CARTREFSYS 设置

说明：从这里选择 RefSys 命令参数的类型。

① CARTREFSYS：该类型的用户坐标系参数通过界面向导或者程序进行设置；

② CARTREFSYSEXT：该类型的用户坐标系通过机器人外部的数据采集进行设置，一般需要增加模拟量模块，或者总线通信模块。多用于简单的非实时性数据补偿；

③ CARTREFSYSVAR：该类型的用户坐标系为变量型用户坐标系，加载后，用户坐标系可进行实时变化，多用于机器人实时跟踪应用。

(5) 点击确定，默认的值全为 0，如图 3-7 所示。这样就在程序中创建了一条用户坐标系指令，如图 3-8 所示。此时的用户坐标系的坐标量都为 0，需要通过以下方法添加用户坐标系的数值。

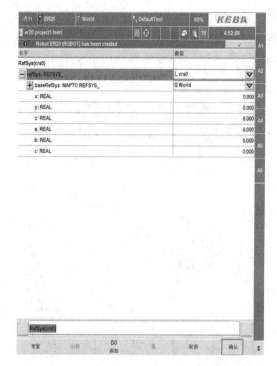

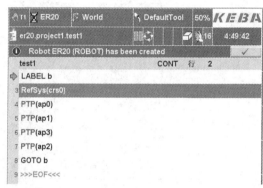

图 3-7　参数设置　　　　　　　　　　　　　图 3-8　用户坐标系指令

(6) 接下来依次点击菜单键 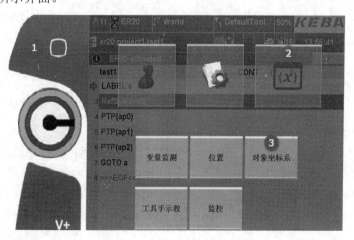→变量 →对象坐标系 (如图 3-9 所示)，然后进入图 3-10 所示界面。

图 3-9　对象坐标系设置菜单

**注意**：如果加载的工程中不包含 CARTREFSYS 变量，这里的对象坐标系选项是隐藏的，因此我们要先新建 CARTREFSYS 变量。

说明：

① 对象坐标系：指定当前操作的用户坐标系；

② 基坐标系：指定用户坐标系的基坐标系，若希望在用户坐标系的基础上再设置用户坐标系，则从这里选择。这里我们选择 World；

③ 相对基坐标系位置和姿态：当前用户坐标系的原点在基坐标系下的坐标值；

④ 工具手当前位置：当前 TCP 点值在基坐标系下的坐标值。

(7) 点击"设置"，如图 3-10 所示。

(8) 选择 3 点法→向后，如图 3-11 所示。

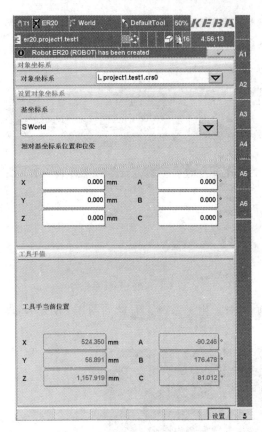

图 3-10　用户坐标系设置界面　　　　图 3-11　用户坐标系设置方法

说明：系统内提供了 3 种方法进行用户坐标系的示教。

① 3 点法：通过示教原点、轴上一点、平面上一点进行用户坐标系的原点和方向确定；

② 3 点(无原点)法：通过示教一个轴上的两点，再示教另一个轴上的一点，进行用户坐标系的原点和方向确定；

③ 1 点(保持位姿)法：若用户坐标系的方向与极坐标一致，则仅需要示教一个原点即可。

(9) 运动机器人至用户坐标系的原点。点击示教→向后，如图 3-12 所示。

(10) 选择 X，继续示教 X 轴上一点，点击示教→向前，如图 3-13 所示。用户可自定义选择 X、Y、Z 轴方向。

(11) 选择 XY，继续示教 XY 平面内一点，示教完毕后，点击"向前"，如图 3-14 所示。用户可自定义选择平面的方向。

(12) 回到计算结果界面，如图 3-15 所示，点击确定。

至此，用户坐标系 crs0 设置完成，如图 3-16 所示。

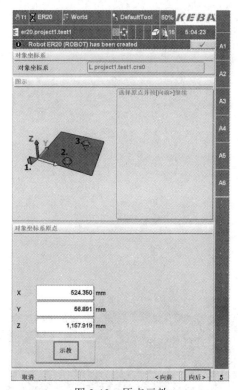

图 3-12　原点示教

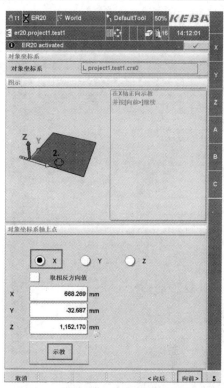

图 3-13　X 向示教

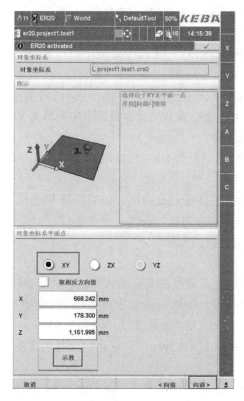

图 3-14　Y 向示教

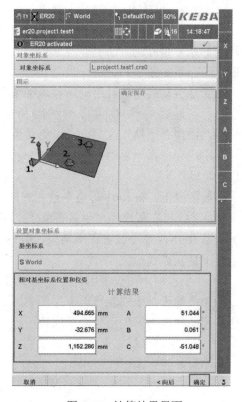

图 3-15　计算结果界面

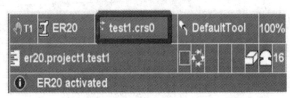

图 3-16　用户坐标系设置完成界面　　　　　　　图 3-17　状态栏的坐标系

(13) 用户坐标系的应用。用户坐标系示教完成后，手动和自动运行程序时都需要加载用户坐标系。最好的方法是在程序中添加 RefSys(crs0)命令。RefSys(crs0)执行后，状态栏的世界坐标系如图 3-17 所示。

不管是自动运动或者手动示教，都要保证用户坐标系的加载。需要特别小心的是，当程序执行到最后一行，跳回第一行时，所加载的用户坐标系自动会卸载，回到机器人 World 坐标系。操作必须熟知这一点，以免发生意外或碰撞。

在用户坐标系下手动方法是，按 Jog 键将坐标系切换至 RX、RY、RZ、RA、RB、RC，再进行运动即可。

一般情况下，将 RefSys 命令放在程序的首行，方便加载及应用。如果机器人使用多个用户坐标系，可在程序中使用多条 RefSys 命令进行加载切换，RefSys 命令加载后，直到遇到下一条 RefSys 命令或者程序结束，RefSys 才被切换或卸载。

以下是几点说明：

① 如果程序中仅仅使用关节运动(即 PTP 运动)，示教点的类型为 AXISPOS，则 RefSys 命令的加载与否对末端轨迹不产生影响。意思就是说，RefSys 命令仅对 CARTPOS 类型的点起作用。建议不管使用与否都加载用户坐标系，预防发生误操作。

② 加载用户坐标系后，示教记录的 CARTPOS 类型点的数值，是在用户坐标系下的值，不再是 World 坐标系下的值。

③ 如果未使用 RefSys 命令加载用户坐标系，又希望手动时应用用户坐标系，可在位置界面快速选择。如图 3-18 所示，在坐标系一栏选择 test1.crs0，此时状态栏的坐标系显示

红色，意思是当前手动的用户坐标系与程序加载的用户坐标系不同，请谨慎操作。这个时候手动运动是基于 crs0 用户坐标系，自动运动是 World 坐标系。

坐标系

图 3-18　快速选择坐标系界面

**注意**：点动时，应先选择参考坐标系，用 Jog 切换至 RX、RY、RZ 用户坐标进行点动；示教时，执行程序加载 Refsys(crs0)坐标系，用 Jog 切换至 RX、RY、RZ 用户坐标进行点动，此时进行示教时记录的则是用户坐标系下的数据。

# 3.3　工具坐标系的设置

C10 控制系统中，工具坐标系的设置是通过 Tool()命令实现的。工具坐标系的意义是为机器人设置新的工具中心点(TCP)。机器人的默认 TCP 点是六轴法兰盘的中心点，Tool()命令为机器人设置一个新的工具坐标系，通过该指令可以修改机器人的末端 TCP 点。

操作步骤如下：

(1) 点击加载程序，这里以 project1 → test1 为例，如图 3-19 所示。

(2) 依次点击新建→设置→Tool→确定，如图 3-20 所示。

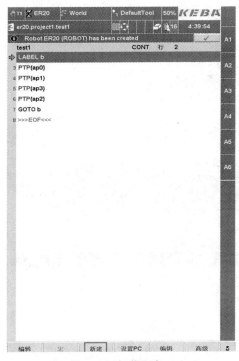

图 3-19　加载程序

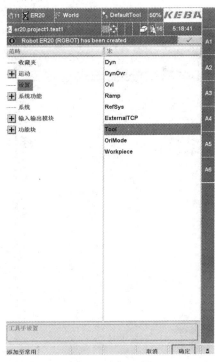

图 3-20　Tool 设置

(3) 依次点击变量→新建，如图 3-21 所示。

(4) 选择"坐标系统和工具"→TOOL→确认，如图 3-22 所示。

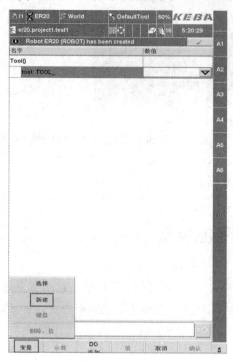

图 3-21 新建变量　　　　　　　　　　图 3-22 选择"坐标系统和工具"

(5) 点击确认，新建一个"t0"工具坐标系变量，默认的值全为 0，如图 3-23 所示。这样就在程序中创建了一条工具坐标指令，如图 3-24 所示。

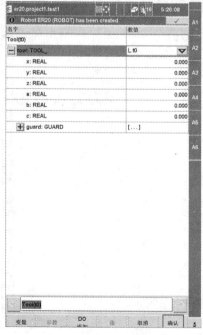

图 3-23 工具坐标系变量

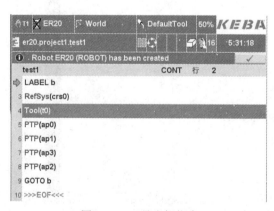

图 3-24 工具坐标指令

此时的工具坐标系的坐标量都为 0，需要通过以下方法添加工具坐标系的数值。

(6) 接下来依次点击菜单键 ⬜ →变量 **(𝑥)** →工具手示教 **工具手示教**，如图 3-25 所示，进入图 3-26 所示界面。

图 3-25　打开工具手示教菜单

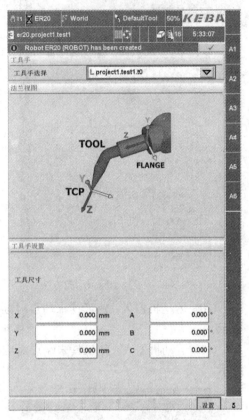

图 3-26　设置界面

这里就是工具手示教的向导界面。请注意选择要设置的工具坐标系变量。这里我们选择的是 test1.t0，即 test1 程序下的 t0 变量。

**注意**：如果加载的工程中不包含工具坐标系变量，这里的工具手示教选项是隐藏的。因此我们要先新建工具坐标系变量。

(7) 点击"设置"(见图 3-26)，进入图 3-27 所示界面。

(8) 选择未知位置→向前，如图 3-27 所示。

说明：系统内提供了 3 种方法进行工具坐标系的示教。

① 一点(全局位置)：用未知工具示教一个在全局参考系已经示教过的点 P；

② 未知工具：已知和未知工具手共有示教点 P，未知位置；

③ 未知位置：示教点 P 进行 3 个不同姿态的示教。

这里以 3 点示教法进行 TCP 的标定，其他类似。

(9) 运动机器人，使工具末端点对准一个尖点 P，示教第一点。点击示教→向前，如图 3-28 所示。示教时注意，应使三个点的姿态差异尽量大，三个方向最好相差 90°，且不在同一平面上。太小的话，系统会提示报警：两个点距离太近；另一方面表示工具参数计算出来的结果不够准确。

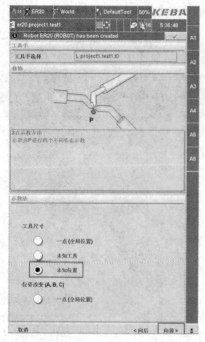

图 3-27　工具坐标系示教方法

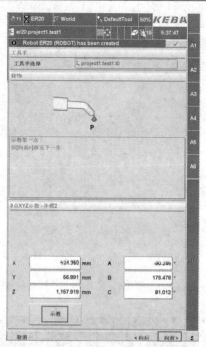

图 3-28　示教第一点

(10) 运动机器人，使工具末端点对准尖点 P，示教第二点。点击示教→向前，如图 3-29 所示。

(11) 运动机器人，使工具末端点对准尖点 P，示教第三点。点击示教→向前，如图 3-30 所示。

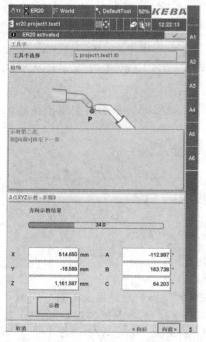

图 3-29　示教第二点

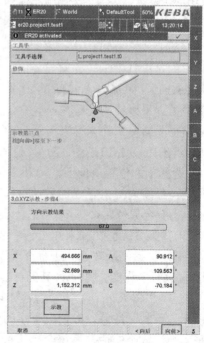

图 3-30　示教第三点

(12) 回到计算结果界面，如图 3-31 所示，点击确定。至此，工具坐标系原点位置已设定结束。

(13) 点击"设置"进行坐标方向的设置，如图 3-32 所示。

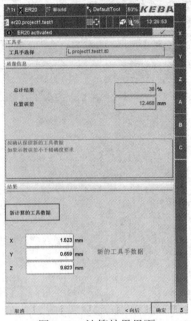

图 3-31　计算结果界面

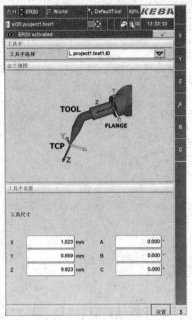

图 3-32　设置按钮

(14) 选择"一点(全局位置)"→向前，如图 3-33 所示。

(15) 运动机器人，使希望得到工具手的 Z 方向和 X 方向分别对准世界坐标系的某一方向(在下拉框中选择)。对准后，点击"示教"→向前，如图 3-34 所示。

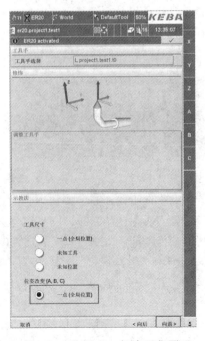

图 3-33　选择"一点(全局位置)"

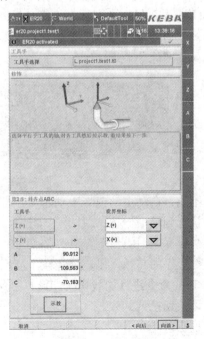

图 3-34　示教按钮

(16) 点击"确定",如图 3-35 所示。

至此就完成了 t0 工具的计算,如图 3-36 所示。

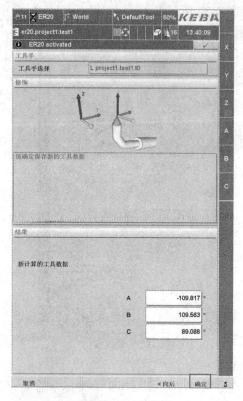

图 3-35　工具数据　　　　　　　　　　图 3-36　t0 工具的计算结果

(17) 工具坐标系的应用。工具坐标系示教完成后,手动和自动运行程序时都需要加载工具坐标系。最好的方法是在程序中添加 Tool(t0)命令。Tool(t0)执行后,状态栏的已加载工具显示如图 3-37 所示。

图 3-37　状态栏的已加载工具显示

不管是自动运动或者手动示教,都要保证工具坐标系的加载。需要特别小心的是,当程序执行到最后一行,跳回第一行时,所加载的工具坐标系会自动卸载,回到机器人默认的工具坐标系,因此操作者必须熟知这一点,以免发生意外或碰撞。一般情况下,将 Tool 命令放在程序的首行,以方便加载及应用。如果机器人使用到了多个工具,可在程序中使用多条 Tool 命令进行加载切换,Tool 命令加载后,直到遇到下一条 Tool 命令或者程序结束,Tool 才被切换或卸载。

说明:

① 如果程序中仅仅使用关节运动(即 PTP 运动),示教点的类型为 AXISPOS,则 Tool

命令的加载与否对末端轨迹不产生影响。意思就是说，Tool 命令仅对 CARTPOS 类型的点起作用。建议不管使用与否都加载工具坐标系，以防发生误操作。

② 如果未使用 Tool 命令加载工具坐标系，又希望手动时应用工具坐标系，可在位置界面快速选择。如图 3-37，在工具坐标一栏选择 test1.t0，此时状态栏的工具显示红色，意思是当前手动的工具坐标系与程序加载的工具坐标系不同，请谨慎操作。这个时候手动运动是基于 t0 工具，自动运动是基于默认工具。

**注意：**点动时，应先选择参考坐标系，用 Jog 切换至 TX、TY、TZ 工具坐标进行点动；示教时，执行程序加载 Tool(t0)坐标系，用 Jog 切换至 TX、TY、TZ 工具坐标进行点动，此时进行示教时记录的则是工具坐标系下的数据。

(18) 工具手对齐。加载工具坐标系后，若希望工具坐标系的方向与世界坐标系的方向进行对齐，在工具手对齐界面可进行快速操作：

① 依次按下菜单键 ⬤ →移动图标 ✥ →工具手对齐 工具手对齐 。

② 切换至手动模式 ⟳ 。

③ 依次选择仅垂直方向对齐→启动，如图 3-38 所示。也可选择对齐整个工具手。

④ 按住 Go 对应的"+"键，如图 3-39 所示，就可以将两坐标系的方向进行对齐。按"－"键可以恢复至对齐前的位置。

**注意：**请在低速(<10%)下操作。

⑤ 点击停止，回到正常界面。

图 3-38　工具手对齐

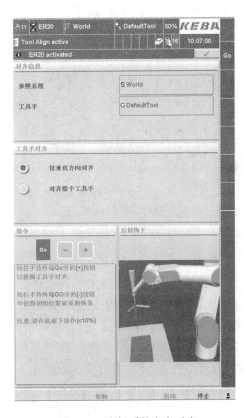

图 3-39　坐标系的方向对齐

# 3.4  机器人常用编程指令

## 3.4.1  运动指令

### 1. PTP 指令

PTP 指令表示机器人 TCP 末端将进行点到点的运动(Point To Point，PTP)，执行这条指令时所有的轴会同时插补运动到目标点，移动轨迹通常为非直线。在程序中新建指令 PTP，确认后弹出窗口，具体如图 3-40 所示。

| 名字 | | 数值 | |
|---|---|---|---|
| PTP(ap0) | | | |
| — pos: POSITION_ (新建) | | L test.test1.ap0 ▽ | |
| a1: REAL | 轴1 | 轴1关节角度值 | 0.00 |
| a2: REAL | 轴2 | 轴2关节角度值 | 0.00 |
| a3: REAL | 轴3 | 轴3关节角度值 | 0.00 |
| a4: REAL | 轴4 | 轴4关节角度值 | 0.00 |
| a5: REAL | 轴5 | 轴5关节角度值 | 0.00 |
| a6: REAL | 轴6 | 轴6关节角度值 | 0.00 |
| dyn: DYNAMIC_ (可选参数) | dyn参数 | 无数值 ▽ | |
| ovl: OVERLAP_ (可选参数) | ovl参数 | 无数值 ▽ | |

图 3-40　PTP 指令

pos 表示 TCP 点的位置，在对目标点进行示教时记录该点位置。执行 PTP 这条指令之后，TCP 点会走到 ap0 点，其内部参数如图 3-40 所示。

说明：

上述参数 a1~a6(参数类型 REAL：实数型)表示轴的位置，6 轴机器人有 6 个轴的位置，如果只有三个轴的话，只显示到 a3，其他的以此类推。后面的值表示轴相对于零点的位置，如果是旋转轴的话，单位是度；如果是直线轴的话，单位是 mm。

### 2. Lin 指令

Lin 指令为一种线性的运动命令，通过该指令可以使机器人 TCP 末端以直线移动到目标位置。假如直线运动的起点与目标点的 TCP 姿态不同，那么 TCP 从起点位置直线运动到目标位置的同时，TCP 姿态会通过姿态连续插补的方式从起点姿态过渡到目标点的姿态。

Lin 指令中的 pos 参数是 TCP 点在空间坐标系中的位置，即执行 Lin 这条指令之后，TCP 点会到 cp0 点，其内部参数如图 3-41 所示(x、y、z 分别表示 TCP 点在参考坐标系三个轴上的位置，a、b、c 表示 TCP 点姿态，mode 表示机器人运行工程中的插补模式，在指令执行过程中，轨迹姿态插补过程中插补模式不能更改)。

| 名字 | | | | 数值 | |
|---|---|---|---|---|---|
| Lin(cp0) | | | | | |
| — pos: POSITION_ (新建) | | | | L test.test1.cp0 | ▽ |
| | x: REAL | x轴 | cp0在参考系x轴上的位置 | 0.00 | |
| | y: REAL | y轴 | cp0在参考系y轴上的位置 | 0.00 | |
| | z: REAL | z轴 | cp0在参考系z轴上的位置 | 0.00 | |
| | a: REAL | | cp0姿态a | 0.00 | |
| | b: REAL | | cp0姿态b | 0.00 | |
| | c: REAL | | cp0姿态c | 0.00 | |
| | mode: DINT | | 插补模式 | -1 | |
| dyn: DYNAMIC_ (可选参数) | | dyn参数 | | 无数值 | ▽ |
| ovl: OVERLAP_ (可选参数) | | ovl参数 | | 无数值 | ▽ |

图 3-41  Lin 指令

### 3. Circ 指令

Circ(圆弧)指令使机器人 TCP 末端从起点，经过辅助点到目标点作圆弧运动，如图 3-42(a)所示，其参数设置如图 3-42(b)所示。

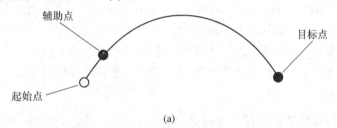

(a)

| 名字 | | 数值 | |
|---|---|---|---|
| Circ(cp1,cp2) | | | |
| + circPos: POSITION_ | 圆弧辅助点 | L test.test1.cp1 | ▽ |
| + pos: POSITION_ | 圆弧目标点 | L test.test1.cp2 | ▽ |
| dyn: DYNAMIC_ (可选参数) | dyn参数 | 无数值 | ▽ |
| ovl: OVERLAP_ (可选参数) | ovl参数 | 无数值 | ▽ |

(b)

图 3-42  Circ 指令

该指令必须遵循以下规定：

(1) 机器人 TCP 末端作整圆运动，必须执行两个圆弧运动指令。

(2) 圆弧指令中，起始位置、辅助位置以及目标位置必须能够明显被区分开。

**注意：**起始位置是上一个运动指令的目标位置或者当前机器人 TCP 位置。

### 4. PTPRel 指令

PTPRel 指令为 PTP 插补相对偏移指令，该指令的相对偏移可以是位移也可以是角度。该指令总是以当前机器人位置或者上一步运动指令的目标位置为起点位置，然后机器人相对移动位移偏移或者角度偏移。运动还可以设置 dyn 和 ovl 参数，如图 3-43 所示。

| 名字 | | 数值 | |
|---|---|---|---|
| PTPRel(ad0) | | | |
| — dist: DISTANCE_ | | ∟ test.test1.ad0 | ▽ |
| | da1: REAL | A1轴相对偏移量 | 30.00 |
| | da2: REAL | A2轴相对偏移量 | 0.00 |
| | da3: REAL | A3轴相对偏移量 | 0.00 |
| | da4: REAL | A4轴相对偏移量 | 0.00 |
| | da5: REAL | A5轴相对偏移量 | 0.00 |
| | da6: REAL | A6轴相对偏移量 | 0.00 |
| | dyn: DYNAMIC_ (可选参数) dyn参数 | 无数值 | ▽ |
| | ovl: OVERLAP_ (可选参数) ovl参数 | 无数值 | ▽ |

图 3-43　PTPRel 指令

例如生成指令 PTP(ap0)和 PTPRel(ad0)，机器人首先执行 PTP(ap0)指令，然后执行 PTPRel(ad0)指令。当执行 PTPRel 时，则相对于 PTP 指令的目标点 ap0 做偏移运动，假如在 PTPRel 中设置了 da1：real 的值为 30，那么 PTPRel 运行时相对于 ap0 点向 A1 的正方向转动了 30°，其他轴无转动。

参数 dist 中的 da1、da2、da3、da4、da5、da6 表示的是每个轴相对的偏移量，如果是旋转轴的话，单位是度；如果是直线轴的话，单位是 mm。该例使用的是六轴关节机器人，所以这里有六个参数，单位都是度。如果是三轴的直线坐标系的话，则只有三个参数，单位是 mm。其他的以此类推。另外两个参数动态和动态逼近参数与 PTP 中的一样。

5．LinRel 指令

LinRel 指令为线性插补相对运动指令，该指令的相对偏移是位移，还有机器人的姿态。该指令总是以当前机器人位置或者上一步运动指令的目标位置为起点位置，然后机器人相对移动位移偏移或者姿态偏移。运动还可以设置 dyn 和 ovl 参数，与 PTPRel 类似，其设置如图 3-44 所示。

| 名字 | | 数值 | |
|---|---|---|---|
| LinRel(cd0) | | | |
| — dist: DISTANCE_ | | ∟ test.test1.cd0 | ▽ |
| | dx: REAL | X方向相对偏移量 | 0.00 |
| | dy: REAL | Y方向相对偏移量 | 0.00 |
| | dz: REAL | Z方向相对偏移量 | 0.00 |
| | da: REAL | 姿态a相对偏移量 | 0.00 |
| | db: REAL | 姿态b相对偏移量 | 0.00 |
| | dc: REAL | 姿态c相对偏移量 | 0.00 |
| | dyn: DYNAMIC_ (可选参数) dyn参数 | 无数值 | ▽ |
| | ovl: OVERLAP_ (可选参数) ovl参数 | 无数值 | ▽ |

图 3-44　LinRel 指令

参数 dist 中的 dx、dy、dz 表示的是在空间坐标系下在 x、y、z 三个方向上的相对偏移量，单位是 mm；da、db、dc 表示的是机器人的姿态相对偏移量，单位是度。另外两个参数动态和动态逼近参数与 PTP 中的一样。

### 6．MoveRobotAxis 指令

MoveRobotAxis 指令可将机器人某一轴运动至指定角度(运动范围内)，运动还可以设置 dyn 和 ovl 参数，如图 3-45 所示。

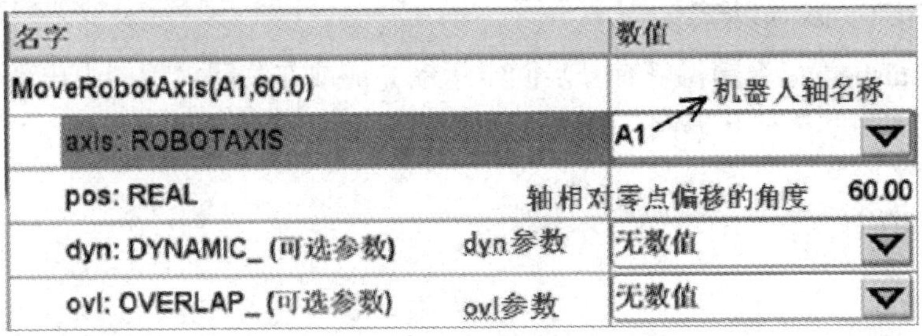

| 名字 | 数值 |
|---|---|
| MoveRobotAxis(A1,60.0) | 机器人轴名称 |
| axis: ROBOTAXIS | A1 ▽ |
| pos: REAL　　　　　　　　　　　轴相对零点偏移的角度 | 60.00 |
| dyn: DYNAMIC_ (可选参数)　　dyn参数 | 无数值 ▽ |
| ovl: OVERLAP_ (可选参数)　　ovl参数 | 无数值 ▽ |

图 3-45　MoveRobotAxis 指令

参数 axis 可选择 A1～A6；参数 pos 表示轴运动的目标值，单位是度，如图 3-45 所示；pos 设置为 60，运行此指令后，机器人 A1 轴将运动至 60°。另外两个参数动态和动态逼近参数与 PTP 中的一样。

### 7．StopRobot 指令

StopRobot 指令是用来停止机器人运动并且丢弃已经计算好的插补路径。

StopRobot 停止的是机器人运动，而不是程序，因此机器人执行该指令后将以机器人停止的位置作为运动起点位置，然后重新计算插补路径以及执行后续的运动指令。

### 8．WaitIsFinished 指令

WaitIsFinished 指令用于同步机器人的运动以及程序执行。因为在程序当中，有的是多线程多任务，有的标志位高，无法控制一些命令运行的先后进程。使用该命令可以控制进程的先后顺序，使一些进程在指定等待参数之前被中断，直到该参数被激活后进程再继续执行。

## 3.4.2　归原点指令

### 1．RefRobotAxis 指令

RefRobotAxis 指令用于标定回零位置，可以单步运行，执行后机器人根据配置中的回零方式运动。当机器人到达零点后，执行此指令，则保存当前机器人轴位置作为该轴的零位。轴在回零后要走到一个设定的目标值，如果该值没有的话，则只回零到零点。

如图 3-46 所示，对轴 A1 进行标定零点，标定结束后轴 A1 运动至 30°。

dyn 参数动态和动态逼近参数与 PTP 中的一样。

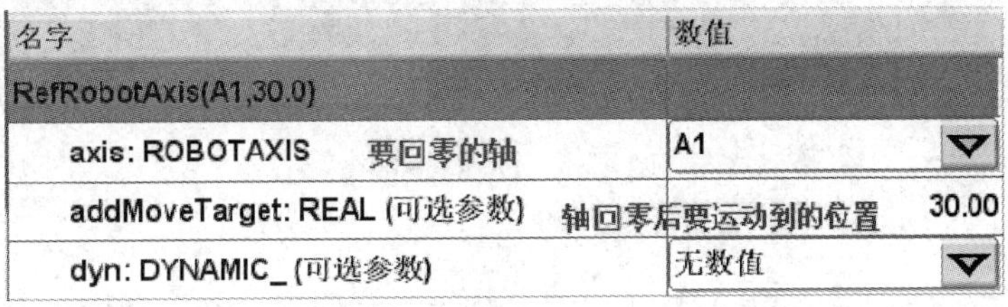

| 名字 | 数值 |
|---|---|
| RefRobotAxis(A1,30.0) | |
| axis: ROBOTAXIS　　要回零的轴 | A1 ▽ |
| addMoveTarget: REAL (可选参数)　轴回零后要运动到的位置 | 30.00 |
| dyn: DYNAMIC_ (可选参数) | 无数值 ▽ |

图 3-46　RefRobotAxis 指令

### 2．RefRobotAxisAsync 指令

RefRobotAxisAsync 指令允许多轴同时回零。这个指令等待机器人回零动作结束。为了能够知道是否完成回零，要配合使用 WaitRefFinished。

### 3．WaitRefFinished 指令

WaitRefFinished 指令等待所有异步回零运动完成或在某回零程序中出现错误。假如回零已经成功完成，那么就会返回 TRUE，否则就会返回 FALSE。

## 3.4.3　设置指令

### 1．dyn 指令

dyn 指令用于配置机器人运动的动态参数。在 PTP 运动中配置轴速度的百分比，笛卡尔动态参数使用绝对值参数，执行该指令后，在自动模式下机器人以设定的动态参数运动直到动态参数被修改。

(1) 点到点运动参数：适用于 PTP、PTPRel 指令，数值 100 为 100%；

(2) 线性运动参数：适用于 Lin、LinRel、Circ 指令。参数 vel、acc、decori 和 jerk 分别表示 TCP 线性运动的速度、加速度、减速度和加加速度(vel 单位：mm/s，acc 单位：$mm/s^2$，dec 单位：$mm/s^2$，jerk 单位：$mm/s^3$)；

(3) 姿态变化运动参数：适用于线性运动时姿态变化。参数 velori、accori、decori 和 jerkori 分别表示 TCP 姿态变化的速度、加速度、减速度和加加速度(velori 单位：$°/s$，accori 单位：$°/s^2$，decori 单位：$°/s^2$，jerkori 单位：$°/s^3$)。

### 2．DynOvr 指令

DynOvr 指令为配置机器人运动的动态倍率参数。执行该指令后可以按照配置的百分比降低机器人动态参数。示教器上的 V+、V− 按钮是设置倍率参数的。动态倍率变量参数命令会对移动速度参数整体产生影响。此命令不仅同重叠命令一样可以变更移动速度，同时该命令中设置的比率还会对加速度、减速度进行限制。

如图 3-47 所示，机器人在运行的时候，机器人是按照倍率参数 50%乘以动态倍率参数50%的速度来走轨迹的(即 25%)。

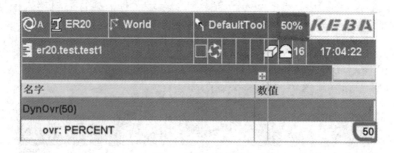

图 3-47　DynOvr 指令

### 3．ovl 指令

ovl 指令表示机器人运动逼近参数，有三种类型的逼近参数，如图 3-48 所示。

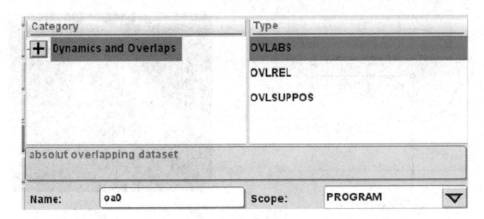

图 3-48   ovl 指令

1) 相对逼近参数 OVLREL

OVLREL 表示相对逼近参数，定义了机器人运动逼近的百分比(百分比值范围是 0～200，当等于 0 的时候，相当于没有使用逼近参数，默认值是 100)。重叠逼近是指对由上一移动命令向下一移动命令过渡时的切换时间所进行的设置。相对逼近能够将上一移动命令从开始减速到运行结束的时间进行重叠。在相对逼近中，规定上一移动命令从开始减速到停止运行的时间为 100%，若无重叠则为 0，如图 3-49 所示。

例如：图 3-50 所示图形内部较圆滑的轨迹相对逼近参数值是 50，外面的轨迹的参数值是 0。如果值越大，其效果就会越明显，具体数值根据工艺需求而定。

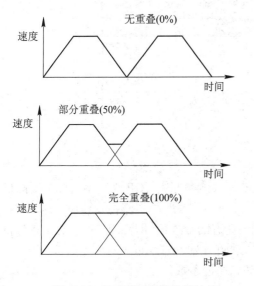

图 3-49   相对逼近参数设置比较

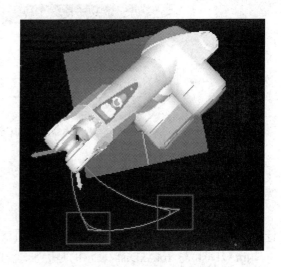

图 3-50   轨迹比较

2) 绝对逼近参数 OVLABS

OVLABS 表示绝对逼近参数，定义了机器人运动逼近可以允许的最大偏差。绝对逼近中重叠的指定是指，由上一移动命令向下一移动命令过渡或切换时通过距目标位置的长度进行指定。可指定范围即为配置中的允许范围，如图 3-51(a)所示。

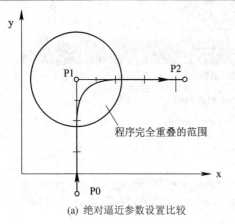
(a) 绝对逼近参数设置比较

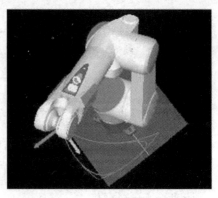
(b) 轨迹比较

图 3-51　绝对逼近参数

例如：图 3-51(b)其中图形内部较圆滑的轨迹绝对逼近参数设置如图 3-52 所示。

| ovl: OVERLAP_ (OPT) | oa0 |
| --- | --- |
| posDist: REAL | 0.00 |
| oriDist: REAL | 360.00 |
| linAxDist REAL | 10,000.00 |
| rotAxDist: REAL | 360.00 |
| vConst: BOOL |  |

图 3-52　绝对逼近参数设置(一)

图 3-51(b)其外部的轨迹参数设置如图 3-53 所示。

| ovl: OVERLAP_ (OPT) | oa0 |
| --- | --- |
| posDist: REAL | 0.00 |
| oriDist: REAL | 0.00 |
| linAxDist: REAL | 10,000.00 |
| rotAxDist REAL | 0.00 |
| vConst BOOL | ✓ |

图 3-53　绝对逼近参数设置(二)

相关参数说明如下：

posDist 表示当 TCP 点的位置距离目标位置的最大值，即当 TCP 点距离目标位置的值等于 posDist 时，机器人轨迹开始动态逼近。

oriDist 表示当 TCP 点的姿态距离目标位置的姿态的最大值，即当 TCP 点的姿态与目标位置的姿态相差的大小等于 oriDist 时，机器人轨迹开始动态逼近。

linAxDist 与 rotAxDist 表示的是附加轴的动态逼近参数。

3) OVLSUPPOS

OVLSUPPOS 如图 3-54 所示，其值是百分比，值范围是 0～200，默认值为 200。

图 3-54　绝对逼近参数设置(三)

### 4．Ramp 指令

Ramp 指令用于设置加速度的加速类型。可设置的类型有：梯形加速(TRAPEZOID)、正弦波加速(SINE)、正弦波平方加速(SINESQUARE)、最小加速度加速(MINJERK)，另外还有一个时间最优化方式加速(TIMEOPTIMAL)，分别如图 3-55(a)所示。

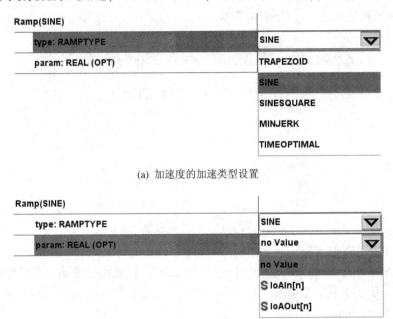

(a) 加速度的加速类型设置

(b) 倾斜设置

图 3-55　Ramp 指令

倾斜设置用于设置已指定的加速度参数，是一种加速度曲线类型。

目前只可对左右对称的梯形倾斜类型进行倾斜参数的设置，梯形的加减速曲线类型的倾斜可通过 param(0＜param≤0.5)进行设置，如图 3-55(b)所示。加减速曲线类型 SINE 及 SINEQUARE 的倾斜设置的初始值已设定为 param＝0.5。

在倾斜曲线、梯形的倾斜设置中，预设初始值 Param＝0.5，若未对本项进行设置，则可选择使用该初始值。

### 5．RefSys 指令

RefSys 指令为设置参考系统指令。通过该指令可以为后续运行的位置指令设定一个新的参考坐标系。如果程序中没有设定参考坐标系，系统默认参考坐标系为世界坐标系。参考坐标系有三种类型，如图 3-56 所示，分别是 CARTREFSYS、CARTREFSYSEXT 和 CARTREFSYSVAR。

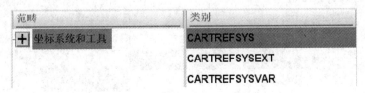

图 3-56　参考坐标系类型

现对各参考坐标系说明如下：

1) CARTREFSYS

CARTREFSYS 类型的主要参数有参考坐标系的基坐标系 baseRefSys，即所要建立的参考坐标系是参考哪个坐标系建立的，x、y、z 分别是相对于基坐标系的位置偏移量，a、b、c 是相对于基坐标系的姿态，如图 3-57 所示。

| 名字 | | 数值 | |
| --- | --- | --- | --- |
| RefSys(crs1) | | | |
| — refSys: REFSYS_ | | L test.test1.crs1 | ▽ |
| + baseRefSys: MAPTO REFSYS_基坐标系 | | S World | ▽ |
| x: REAL | 相对于基坐标系X方向偏移量 | 0.00 | |
| y: REAL | 相对于基坐标系Y方向偏移量 | 0.00 | |
| z: REAL | 相对于基坐标系Z方向偏移量 | 0.00 | |
| a: REAL | 相对于基坐标系姿态a偏移量 | 0.00 | |
| b: REAL | 相对于基坐标系姿态b偏移量 | 0.00 | |
| c: REAL | 相对于基坐标系姿态c偏移量 | 0.00 | |

图 3-57　RefSys 指令

2) CARTREFSYSEXT

CARTREFSYSEXT 类型的参考坐标系是外部 PLC 功能块通过端口映射赋给 RC 的，如图 3-58 所示。所以主要参数有基坐标系和映射端口。该功能块的使用需要在 IEC 程序中调用功能块 RCE_SetFrame。

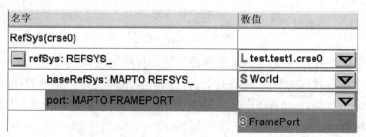

图 3-58　CARTREFSYSEXT 类型的参考坐标系

3) CARTREFSYSVAR

CARTREFSYSVAR 类型的参考坐标系是外部 PLC 功能块通过端口映射赋给 RC(机器人控制系统)的，所以主要参数有基坐标系和映射端口，在作 Tracking 功能时用的比较多，如图 3-59 所示。该功能块的使用需要在 IEC 程序中调用功能块 RCTC_UpdateFrameInterface。

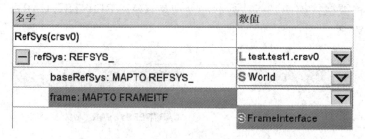

图 3-59　CARTREFSYSVAR 类型的参考坐标系

6．ExternalTCP 指令

ExternalTCP 就像一个笛卡尔参考坐标系，传统 TCP 位于机器人工具末端，但是 ExternalTCP 是独立于机器人的。

ExternalTCP 典型应用：当机器人夹持物件(如铸件)并向静态的工具(打磨机)移动时，程序行进过程如正常一样，但是使用的位置是基于物件坐标系。

7．Tool 指令

Tool (工具)坐标指令为机器人设置一个新工具坐标，如图 3-60 所示。通过该指令可以修改机器人末端工作点。

| Tool(t0) | |
|---|---|
| − tool: TOOL_ | L test.test1.t0 ▽ |
| x: REAL | 0.00 |
| y: REAL | 0.00 |
| z: REAL | 0.00 |
| a: REAL | 0.00 |
| b: REAL | 0.00 |
| c: REAL | 90.00 |
| + guard: GUARD | [...] |

图 3-60　Tool 指令

8．OriMode 指令

OriMode 指令用于设置机器人 TCP 姿态插补，如果程序中没有指定姿态插补方式，系统默认机器人配置文件中指定的姿态插补方式。

## 3.4.4　系统功能指令

1．…:=…(赋值)指令

赋值指令用于给某变量赋值，左侧为变量，“:=”为赋值操作，右侧为表达式，如图 3-61 所示。表达式的类型必须符合变量的数据类型。

```
54 ad0.da1 := 0
```

图 3-61　赋值指令

释义：将“0”赋给“da1”。

2．//…(注解)指令

注解指令用于说明程序的用途，使用户容易读懂程序，如图 3-62 所示。

```
36 // ling dian
⇨  PTP(ap9)
```

图 3-62　注解指令

释义：PTP(ap9)为零点。

### 3. WaitTime 指令

WaitTime 指令用于设置机器人等待时间，时间单位为 ms，如图 3-63 所示。

图 3-63　WaitTime 指令

释义：机器人等待 1 s 再执行后面的程序。

### 4. Stop 指令

Stop 指令用于停止所有激活程序的执行。如果指令不带参数，等同于按下了示教器终端上的停止(stop)按钮，如图 3-64 所示。

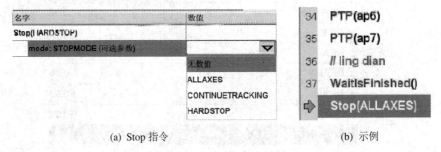

(a) Stop 指令　　　　　　　　　　　　(b) 示例

图 3-64　Stop 指令及示例

释义：机器人运动至 stop(ALLAXES)时将停止运行。

指令中有 3 种 STOPMODE：ALLAXES、COMTINUETRACKING 和 HARDSTOP。三者区别如下：

(1) ALLAXES：停止时，首先机器人会以"stop on the path"方式(滑动过渡)停下来，然后机器人的路径规划也停止，重新启动时，系统放弃原有的路径规划并规划新的路径；

(2) CONTINUETRACKING：与 ALLAXES 区别在于停止时机器人保持原有的路径规划，重新启动时，机器人按之前规划的路径接着运行；

(3) HARDSTOP：与 ALLAXES 区别在于机器人不会以"stop on the path"方式(滑动过渡)停下来，而是立即停止运动。

## 3.4.5　流程控制指令

### 1. CALL…指令

CALL(调用)指令能够调用其他程序作为子程序，且调用的程序必须在编写程序的项目中，如图 3-65 所示。

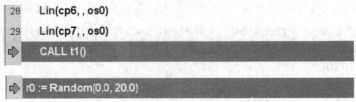

图 3-65　CALL 指令

释义：程序执行完第二十九行 Lin(cp7, , os0)后，调用并执行程序 t1。

**注意**：只能调用相同工程名下的子程序，且子程序中不应有循环。

### 2. WAIT…指令

WAIT(等待)指令在当 WAIT 表达式的值为 TRUE 时，下一步指令就会执行，否则的话，程序等待直到表达式为 TRUE 为止，如图 3-66 所示。

```
28   Lin(cp6, , os0)
29   Lin(cp7, , os0)
⇨    WAIT din0.port = TRUE
31   CALL t1()
```

图 3-66  等待指令

释义：程序执行完第二十九行 Lin(cp7，，os0)后，等待数字输入 din0.port 为 TRUE 时才执行后面的程序，否则机器人暂停运行，并处于一直等待状态。

### 3. SYNC.Sync 指令

SYNC.Sync 指令用于同步程序平行运行，如图 3-67 所示。

```
//robot1
PTP(ap0)
sync0.Sync(1) //   waiting for robot2
PTP(ap1)
//robot2
PTP(ap0)
sync0.Sync(1) //   waiting for robot1
PTP(ap1)
```

图 3-67  SYNC.Sync 指令

使用此指令可以同步两个正在运行的程序，如同步两个机器人的运动。

释义：robot1 运行到同步点并设置同步编号、清除同步点，等待直到另外一个程序重置同步编号。

当一个程序运行至同步点时，同步点会被重置，然后两个程序启动；假如设定的同步编号与给定的不同，会产生错误，程序停止运行。

### 4. IF…THEN…END_IF, ELSIF…THEN，ELSE 指令

IF 指令用于条件跳转控制。类似于 C++ 中的 IF 语句。条件判断表达式必须是 BOOL 类型。每一个 IF 指令必须以关键字 END_IF 作为条件控制结束，如图 3-68 所示。

### 5. WHILE…DO…END_WHILE 指令

WHILE 指令在满足条件的时候循环执行子语句。循环控制表达式必须是 BOOL 类型。该指令必须以关键字 END_WHILE 作为循环控制结束，如图 3-69 所示。该指令执行两点之间的循环运动。

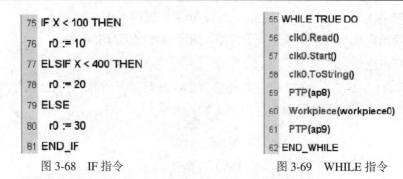

图 3-68　IF 指令　　　　　　　　图 3-69　WHILE 指令

#### 6. LOOP…DO…END_LOOP 指令

LOOP 指令为循环次数控制指令，如图 3-70 所示。该指令执行两点之间的循环运动，且循环次数为 10。

#### 7. RUN，KILL 指令

RUN 指令调用一个用户程序，该程序与主程序平行运行。RUN 调用的程序必须用 KILL 指令终止。RUN 调用的程序必须是该项目中的程序，如图 3-71 所示。

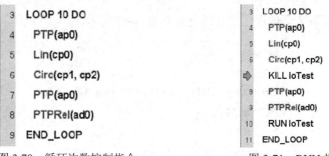

图 3-70　循环次数控制指令　　　　　　图 3-71　RUN 指令

**注意**：RUN/KILL 的程序(IoTest)中不能含有运动指令，如 PTP、Lin 等，否则程序运行时会报错，一般只用于监测实时信号等。

#### 8. RETURN 指令

RETURN 指令用于终止正在运行的程序，如图 3-72 所示。

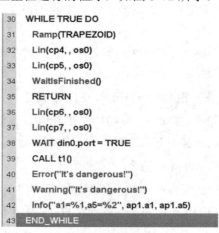

图 3-72　RETURN 指令

**注意:** 运行至指令 RETURN 时,程序停止运行,并且指针返回到程序开始行(第一行)。

**注意:** RETURN、RUN、KILL、IF…THEN…END_IF、ELSIF…THEN、ELSE、IO 等指令为预处理指令,会在程序运行前提前编译,所以需在这些指令前加上指令 WaitIsFinished。

### 9. GOTO…,IF…GOTO…,LABEL…指令

GOTO 指令用于跳转到程序不同部分,如图 3-73 所示。跳转目标通过 LABEL 指令定义。不允许从外部跳转进入内部程序块。内部程序块可能是 WHILE 循环程序块或者 IF 程序块。IF-GOTO 指令相当于一个缩减的 IF 程序块。IF 条件判断表达式必须是 BOOL 类型。假如条件满足,程序执行 GOTO 跳转命令,其跳转目标必须由 LABEL 指令定义。

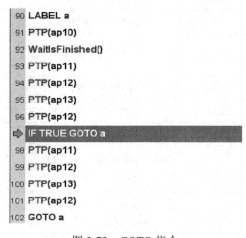

图 3-73 GOTO 指令

LABEL 指令用于定义 GOTO 跳转目标。

释义:当程序运行至第 97 行,即 IF TRUE GOTO a,程序忽略后面的指令,直接跳至第 90 行,并继续运行。

## 3.4.6 数字量输入输出指令

### 1. DIN.Wait 指令

DIN.Wait 指令将等待直到数字输入端口被设置或重置,或者直到可选的时间终止,如图 3-74 所示。

| 名字 | | 数值 |
|---|---|---|
| din0.Wait(TRUE,5000) | | |
| ☐ DIN | | L din0 ▽ |
| port: MAPTO BOOL | IO端口 | IoDIn[15] ▽ |
| val: BOOL | | |
| posEdge: BOOL | | ✔ |
| negEdge: BOOL | | ✔ |
| value: BOOL | IO端口值 | TRUE ▽ |
| timeMs: DINT (可选参数) | 等待时间 | 5,000 |

图 3-74 DIN.Wait 指令

(1) port(端口)：端口与硬件模块对应关系；

(2) value(值)：可选择 TRUE/FALSE，TRUE 代表高电平有效，FALSE 代表低电平有效；

(3) timeMs：等待时间。

释义：程序执行这一指令时，在 5 s 内等待输入口 IoDin[15]被设置为 TRUE。

等待时间无效值：时间无限长。

其中 BOOL 表示变量的数据类型，常见的数据类型如表 3-1 所示。

表 3-1　数 据 类 型 表

| 类型(关键词) | 位数 | 表示形式 | 数据与范围 | 示　例 |
|---|---|---|---|---|
| 布尔(BOOL) | 1 | 布尔量 | True/False | True |
| 字节(BYTE) | 8 | 十六进制 | B#16#0～B#16#FF | L B#16#20 |
| 字(WORD) | 16 | 二进制 | 2#0～2#1111_1111_1111_1111 | L 2#0000_0011_1000_0000 |
| | | 十六进制 | W#16#0～W#16# FFFF | L W#16#0380 |
| | | BCD 码 | C#0～C#999 | L C#896 |
| | | 无符号十进制 | B#(0，0)～B#(255，255) | L B#C10，10) |
| 双字(DWORD) | 32 | 十六进制 | DW#16#0000_0000 ～ DW#16# FFFF_FFFF | L DW#16#0123_ABCD |
| | | 无符号数 | B#(0, 0, 0, 0)～B#(255, 255, 255, 255) | L B#(1, 23, 45, 67) |
| 字符(CHAR) | 8 | ASCII 字符 | 可打印 ASCII 字符 | A、0、#、* |
| 整数(INT) | 16 | 有符号十进制数 | -32768～+32767 | L -23 |
| 长整数(DINT) | 32 | 有符号十进制数 | L#-214783648～L#214783647 | L -23 |
| 实数(REAL) | 32 | IEEE 浮点数 | ±1.175495e-38～±3.402 823 e+38 | L 2.345 67e+2 |
| 时间(TIME) | 32 | 带符号 IEC 时间，分辨率为 1 ms | T#-24D_20H_31M_23S_648MS ～T#24D_20H_31M_23S_ 647MS | L T#8D_7H_6M_5S_0MS |
| 日期(DATE) | 32 | IEC 日期，分辨率为 1 天 | D#1990_1_1～D#2168_12_31 | L D#2005_9_27 |
| 实时时间(Time_Of_Daytod) | 32 | 实时时间，分辨率为 1 ms | TOD#0：0：0.0～TOD# 23：59：59.999 | L TOD#8：30：45.12 |
| s5 系统时间(S5TIME) | 32 | s5 时间，以 10 ms 为时基 | S5T#0H_0M_10MS～S5T#2H_46M_30S_0MS | L S5T#1H_1M_2S_10MS |

## 2．DOUT.Set 指令

将数字输出端口设置为 TRUE 或者 FALSE 持续一段时间，可选参数设置脉冲是否在程序停止时能够被中断，如果可选参数没有被设置，那么 DOUT.Set 指令自动默认可选参为 FALSE，如图 3-75 所示。

| 名字 | | 数值 |
|---|---|---|
| dout0.Set(TRUE,din1,5000,TRUE) | | |
| ─ DOUT | 输出端口 | S dout0 ▽ |
| 　port: MAPTO BOOL | | IoDOut[15] ▽ |
| 　val: BOOL | | ✔ |
| value: BOOL | | TRUE ▽ |
| ─ feedback: DIN (可选参数) | 输入端口 | S din1 ▽ |
| 　port: MAPTO BOOL | 输入端口 | IoDIn[15] ▽ |
| 　val: BOOL | | ☐ |
| 　posEdge: BOOL | | ✔ |
| 　negEdge: BOOL | | ✔ |
| fbTimeoutMS: DINT (可选参数) | 等待时间 | 5,000 |
| waitOnFeedback: BOOL (可选参数)输入端口值 | | TRUE ▽ |

图 3-75　DOUT.Set 指令

释义：程序执行这一指令时，若在 5 s 内等待输入口 IoDin[15]被设置为 TRUE，则输出端口 IoDout[15]被设置为 TRUE，程序继续运行；超过等待时间后，产生错误；若时间被设置为无效值，则程序一直等待下去，直到输入口 IoDin[15]被设置为 TRUE。

等待时间无效值：时间无限长。

## 3．DOUT.Connect 指令

DOUT.Connect 指令用状态变量来连接数字量输出，如图 3-76 所示。

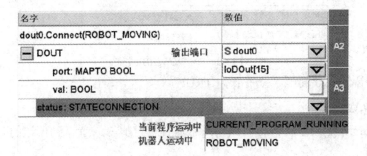

图 3-76　DOUT.Connect 指令

释义：当系统状态为 ROBOT_MOVING 或者 CURRENT_PROGRAM_RUNNING 时，输出端口 IoDout[15]被设置为 TRUE，否则输出端口 IoDout[15]被设置 FALSE。

## 4．DOUT.Pulse 指令

将数字输出端口设置为 TRUE 或者 FALSE 持续一段时间，可选参数设置脉冲是否在程序停止时能够被中断，如果可选参数没有被设置，那么 DOUT.Pulse 指令自动默认可选参数为 FALSE，如图 3-77 所示。

| 名字 | | 数值 | |
|---|---|---|---|
| dout0.Pulse(TRUE,5000,TRUE) | | | |
| ⊟ DOUT | 输出端口 | S dout0 | ▽ |
| port: MAPTO BOOL | | IoDOut[15] | ▽ |
| val: BOOL | | | ☐ |
| value: BOOL | 端口值 | TRUE | ▽ |
| timeMs: DINT | 持续时间 | 5,000 | |
| pauseAtInterrupt: BOOL (可选参数) | 中断 | TRUE | ▽ |

图 3-77　DOUT.Pulse 指令

释义：该程序表示数字输出端口 dout0 将被设置为 TRUE，如果程序没有被中断，那么 5 s 后数字输出端口 dout0 被设置为 FALSE。如果在 5 s 内程序被中断，那么数字输出端口 dout0 输出 FALSE，程序重新运行后数字输出端口 dout0 重新被设置为 TRUE，直到剩余的时间结束。

可选参数 pauseAtinterrut 为 TRUE：程序中断运行，重启运行后，在剩余时间内输出端口 dout0 保持中断前的数值；可选参数 pauseAtinterrut 为 FALSE：程序中断运行，输出端口 dout0 保持中断前的数值直到时间结束。

### 5. DINW.WaitBit 指令

DINW.WaitBit 指令将等待直到一个输入字指定位被设置或重置，如图 3-78 所示。

| 名字 | | 数值 | |
|---|---|---|---|
| dinw0.WaitBit(TRUE,7) | | | |
| ⊟ DINW | | S dinw0 | ▽ |
| port: MAPTO DWORD | 输入端口 | IoWIn[0] | ▽ |
| val: DWORD | 输入端口类型 | 16#0000 | |
| value: BOOL | 输入端口值 | TRUE | ▽ |
| bitNr: DINT | 输入端口某一位 | 7 | |
| timeMs: DINT (可选参数) | 等待时间 | 无数值 | ▽ |

图 3-78　DINW.WaitBit 指令

释义：等待 dinw0 的第 7 位被置为 TRUE。

### 6. DINW.Wait 指令

DINW.Wait 指令会一直等待直到输入字适合设定值，或者直到可选的时间超时了，如图 3-79 所示。

| 名字 | 数值 | |
|---|---|---|
| dinw0.Wait(16#0021, 16#0023) | | |
| ⊞ DINW | S dinw0 | ▽ |
| value: DWORD | 16#0021 | |
| mask: DWORD | 16#0023 | |
| timeMs: DINT (可选参数) | 无数值 | ▽ |

图 3-79　DINW.Wait 指令

### 7．DOUTW.Set 指令

DOUTW.Set 指令将设置输出字为指定的值，如图 3-80 所示。

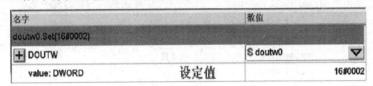

| 名字 | 数值 |
|---|---|
| doutw0.Set(16#0002) | |
| ➕ DOUTW | S doutw0 　▽ |
| value: DWORD　　　设定值 | 16#0002 |

图 3-80　DOUTW.Set

释义：设定 doutw0 值为：16#0002。

## 3.4.7　模拟量输入输出指令

### 1．AIN.WaitLess 指令

AIN.WaitLess 指令功能是等待直到模拟量输入值小于指定的值，或者直至可选的时间超时，如图 3-81 所示。

| 名字 | 数值 |
|---|---|
| ain0.WaitLess(10.0) | |
| ➖ AIN | S ain0　　▽ |
| port: MAPTO REAL　模拟量输入端口 | IoAIn[0]　▽ |
| val: REAL | 0.00 |
| value: REAL　　　设定值 | 10.00 |
| timeMs: DINT (可选参数)　等待时间 | 无数值　　▽ |

图 3-81　AIN.WaitLess

释义：等待模拟量输入值 ain0＜10。

### 2．AIN.WaitGreater 指令

AIN.WaitGreater 指令功能是等待直到模拟量输入值大于指定的值，或者直至可选的时间超时，如图 3-82 所示。

| 名字 | 数值 |
|---|---|
| ain0.WaitGreater(10.0) | |
| ➖ AIN | S ain0　　▽ |
| port: MAPTO REAL | IoAIn[0]　▽ |
| val: REAL | 0.00 |
| value: REAL | 10.00 |
| timeMs: DINT (可选参数) | 无数值　　▽ |

图 3-82　AIN.WaitGreater 指令

释义：等待模拟量输入值 ain0＞10。

### 3．AIN.WaitInside 指令

AIN.WaitInside 指令功能是等待直到模拟量输入值在一个数值区间内或者直至可选的时间超时，如图 3-83 所示。

| 名字 | 数值 |
|---|---|
| ain0.WaitInside(0.0,10.0) | |
| — AIN | S ain0 ▽ |
| port: MAPTO REAL　模拟量输入端口 | IoAIn[0] ▽ |
| val: REAL | 0.00 |
| minVal: REAL　设定值：最小值 | 0.00 |
| maxVal: REAL　设定值：最大值 | 10.00 |
| timeMs: DINT (可选参数)　等待时间 | 无数值 ▽ |

图 3-83　AIN.WaitInside 指令

释义：等待模拟量输入值 0＜ain0＜10。

#### 4．AIN.WaitOutside 指令

AIN.WaitOutside 指令功能是等待直到模拟量输入值在一个数值区间外，或者直至可选的时间超时，如图 3-84 所示。

| 名字 | 数值 |
|---|---|
| ain0.WaitOutside(0.0,10.0) | |
| — AIN | S ain0 ▽ |
| port: MAPTO REAL | IoAIn[0] ▽ |
| val: REAL | 0.00 |
| minVal: REAL | 0.00 |
| maxVal: REAL | 10.00 |
| timeMs: DINT (可选参数) | 无数值 ▽ |

图 3-84　AIN.WaitOutside 指令

释义：等待模拟量输入值 ain0＜0 或 ain0＞10。

#### 5．AOUT.Set 指令

AOUT.Set 指令用于设置模拟量输出为指定的值，如图 3-85 所示。

| 名字 | 数值 |
|---|---|
| aout0.Set(10.0) | |
| — AOUT | S aout0 ▽ |
| port: MAPTO REAL　模拟量输出端口 | IoAOut[0] ▽ |
| val: REAL　数据类型：实数 | 0.00 |
| value: REAL　设定值 | 10.00 |

图 3-85　AOUT.Set 指令

释义：设置模拟量输出 IoAout[0]为指定值 10。

### 3.4.8　触发功能指令

#### 1．OnDistance 指令

OnDistance 指令控制触发器可以在从起点运动一定距离或者距离终点一定距离时触发。时间可选项表示机器人在运行到触发点前一定时间触发或者经过触发点后一定时间触发，如图 3-86 所示。

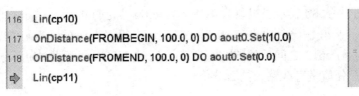

(a) 示例

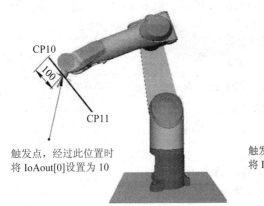

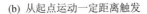

(b) 从起点运动一定距离触发

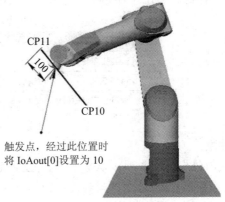

(c) 距离终点一定距离时触发

图 3-86　触发点

释义：该程序中 OnDistance(FROMBEGIN，100.0，0)指令针对的是 LIN(CP10)，OnDistance(FROMEND，100.0，0)针对的是 LIN(CP11)。图 3-86 中的 dist 和 timeMs 为距离和时间选项，可自行更改。

### 2. OnParameter 指令

OnParameter 指令指在下一个运动段的某点触发。时间可选项表示在触发点的时间偏移，如果时间数值为负，表示机器人在到达触发点前的某一时间触发；如果时间数值为正，表示机器人到达触发点后某一时间触发；如果没有指定时间偏移，那么机器人到达触发点就会触发。时间偏移限制在 −200 ms～1000 ms，如图 3-87 和图 3-88 所示。

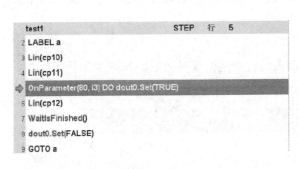

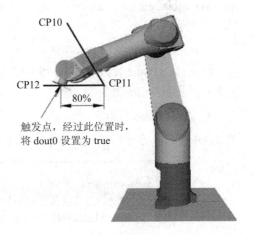

图 3-87　示例　　　　　　　　　　　　　　　　图 3-88　触发点

OnParameter 中的 80 表示当机器人 TCP 点和 cp11 点之间的距离是 cp11 与 cp12 之间距离的 80%时触发 dout0 输出。假设 i3 为 1000,表示当机器人经过机器人 TCP 点 cp11 点之间的距离是 cp11 与 cp12 之间距离的 80%时,再延时 1000 ms 触发 dout0 输出。该程序中 OnParameter 的百分值是直线路径的百分值。

### 3. OnPlane 指令

OnPlane 指令用于在笛卡尔空间里定义机器人在某一触发平面上触发,如图 3-89 所示。

| 名字 | | 数值 |
|---|---|---|
| OnPlane(XYPLANE,500.0) | | |
| type: PLANETYPE | 触发平面类型 | XYPLANE ▽ |
| pos: REAL | 触发位置到平面的距离 | 500.00 |
| timeMs: DINT (可选参数) | 等待时间 | 无数值 ▽ |

图 3-89 OnPlane 指令

**注意:**

type(触发平面类型): XY 平面、XZ 平面、YZ 平面;

pos(距离): 指触发点到触发平面的垂直距离;

坐标系在不更改的情况下默认为世界坐标系。

示例如图 3-90 和图 3-91 所示。

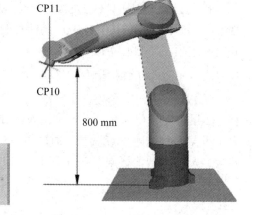

```
120  aout0.Set(10.0)
121  Lin(cp10)
122  OnPlane(XYPLANE, 800.0) DO aout0.Set(0.0)
⇒    Lin(cp11)
```

图 3-90 示例

图 3-91 触发点

释义: OnPlane(XYPLANE,800)表示机器人在由 cp10 运动到 cp11 方向上,末端在距离 XY 平面 800 mm 时触发。

### 4. OnPosition 指令

OnPosition 指令用于同步触发,当机器人经过指定位置时触发,如图 3-92 所示。

| 名字 | 数值 |
|---|---|
| OnPosition(80) | |
| param: PERCENT (可选参数) | 80 |

图 3-92 OnPosition 指令

示例如图 3-93 和图 3-94 所示。

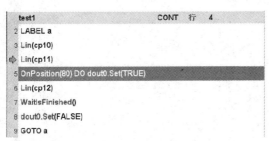

图 3-93　示例

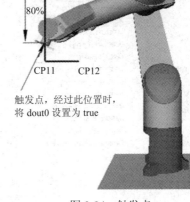

触发点，经过此位置时，
将 dout0 设置为 true

图 3-94　触发点

OnPosition 中的 80 表示当机器人 TCP 点和 cp10 点之间的距离是 cp10 与 cp11 之间距离的 80%时触发 dout0 输出。如果没有 LIN(cp10)指令的话，那么上述 cp10 的位置就以机器人在开始执行 LIN(cp11)指令前的机器人 TCP 点位置代替。此处 Percent 为直线路径的百分值。

# 3.5　区　域　监　控

## 3.5.1　区域监控的设置

C10 系统具有区域监控的功能，区域监控是以机器人 TCP 为参考点，限制 TCP 点在指定区域内工作或者禁止进入指定区域，也可以设置信号区域和多台机器人共享区域的功能。此功能可以有效地保护机器人或者现场设备，当 TCP 将要离开允许工作区域或进入禁止区域时，提前给出报警，停止机器人运动。

区域监控设置的操作步骤：

(1) 点击加载程序，这里以 project1 →test1 为例。

(2) 依次点击新建→区域监控→AREA.Activate→确定，如图 3-95 所示。

(3) 依次点击变量→新建，如图 3-96 所示。

(4) 选择系统及技术→AREA→确认，如图 3-97 所示。

(5) 点击确认，如图 3-98 所示。这样就在程序中创建了一条区域监控指令，如图 3-99 所示。

(6) 接下来依次点击菜单键→变量 [≡]→工作区监控 工作区监控 。

**注意**：如果加载的工程中不包含区域监控变量，这里的工作区监控选项是隐藏的。因此我们要先新建区域监控变量。

(7) 点击设置，如图 3-100 所示。

图 3-95 区域监控→AREA.Activate

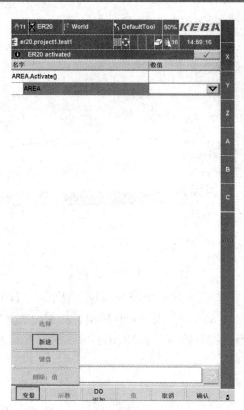

图 3-96 变量→新建

图 3-97 选择系统及技术→AREA

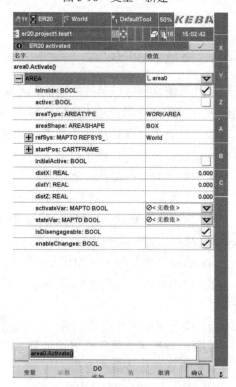

图 3-98 确认按钮

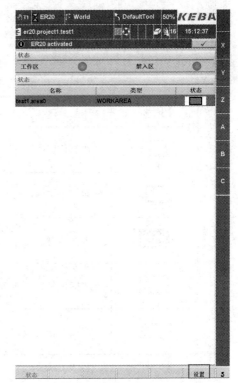

图 3-100　设置按钮

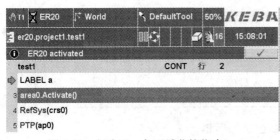

图 3-99　创建了一条区域监控指令

现对各图标的意义说明如下：

① 状态栏图标 A，各图标的意义说明如表 3-2 所示。

表 3-2　状态栏图标 A

| 图　标 | 说　明 |
|---|---|
| | 未使能区域监控，或者区域监控使能且 TCP 在设置区域内 |
| | 区域参数设置不正确 |
| | 碰撞保护，至少有一个区域将要被违反，机器人停止在允许区域内 |
| | TCP 不在设置区域内 |

② 工作区/禁入区状态图标 B，各图标的意义说明如表 3-3 所示。

表 3-3　状态栏图标 B

| 图　标 | 说　明 |
|---|---|
| | 工作区和禁入区分别正常，未违反设置 |
| | 不在监视 |
| | 碰撞保护，至少有一个区域将要被违反，机器人停止在允许区域内 |
| | 违反工作区/禁入区设置 |

③ 根据区域类型，状态栏 C 有三种：允许工作区域，各图标的意义说明如表 3-4 所示；禁止工作区域，各图标的意义说明如表 3-5 所示；信号区域，各图标的意义说明如表 3-6 所示。

表 3-4　允许工作区域

| 图　标 | 说　　明 |
|---|---|
| | 在工作区域内 |
| | 在一个工作区域外，但在其他允许工作区域内 |
| | 不在监视 |
| | 碰撞保护，至少有一个区域将要被违反，机器人停止在允许区域内 |
| | 违反工作区设置，在工作区域外 |

表 3-5　禁止工作区域

| 图　标 | 说　　明 |
|---|---|
| | 在禁止工作区域外 |
| | 不在监视 |
| | 碰撞保护，至少有一个区域将要被违反，机器人停止在允许区域内 |
| | 至少进入了一个禁止工作区域 |

表 3-6　信　号　区　域

| 图　标 | 说　　明 |
|---|---|
| | 不在监视 |
| | 在信号区域内 |
| | 在信号区域外 |

(8) 配置区域监控,点击使能,则使能区域监控,如图 3-101 所示。

现对配置讲解如下。

① 选择区:选择需要配置的区域变量,如果系统中有多个区域变量,在下拉单里进行选择;

② 使能:显示当前区域的状态, ▢为未使能, ☑为使能;

③ 状态:区域监控使能后,TCP 点在区域内部或外部的图示,区域未使能时显示 ▢;

④ 形状:选择区域的形状,有长方体和圆柱体两种,BOX 为长方体,CYLINDER 为圆柱体;

⑤ 类型:选择区域类型,有四种:WORKAREA 为允许工作区域,TCP 只能在区域内运动;BLOCKAREA 为禁止工作区域,TCP 不能进入此区域;SIGNALWORKAREA 为信号型允许工作区域,TCP 在区域内运动有信号发出,可以离开此区域,离开区域无离开信号发出;SIGNALBLOCKAREA 为信号型禁止工作区域,TCP 在区域外运动有信号发出,可以进入此区域,进入区域无进入信号发出。

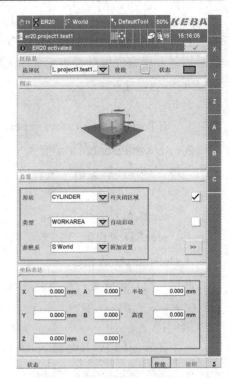

图 3-101　使能区域监控

⑥ 附加设置:标志变量启动通过数字量输入端口使能区域监控;状态变量将区域监控变量状态关联到数字量输出端口;参考系配置区域监控的参考坐标系,默认为世界坐标系,若需要使用用户坐标系,可在此进行选择;可关闭区域在区域监控使能后,可撤销,不可关闭区域,区域监控使能后,不可撤销;自动启动在开机后自动使能区域监控。

### 3.5.2　区域监控的应用

区域监控设置完成后,可以根据需要设置为开机启动或者由程序控制。快速设置都可以通过区域监控指令在程序中进行设置。当然,快速设置的区域监控,是可以通过部分命令来进行在线修改的。本单元讲解由程序控制时的区域监控应用,如图 3-102 所示。

| 范畴 | 宏 |
| --- | --- |
| —— 收藏夹 | PosHasSpaceViolation |
| ➕ 运动 | AREA.Activate |
| —— 设置 | AREA.Deactivate |
| ➕ 系统功能 | AREA.IsPosInArea |
| —— 系统 | AREA.Connect |
| ➕ 输入输出模块 | AREA.Disconnect |
| ➖ 功能块 | AREA.ActivateSmoothMove |
| —— 触发器 | AREA.WaitRobInside |
| 区域监控 | AREA.SetTransformation |
| —— 跟踪 | AREA.SetBoxSize |
| —— 码垛 | AREA.SetCylinderSize |
| —— 码垛高级 | WORKPIECE.GuardEnable |

图 3-102　区域监控

现对区域监控各指令详解如下。

### 1. PosHasSpaceViolation 指令

功能：检查位置是否违反工作区域或者禁止区域，不用于信号型区域，只可以提取几何位置(x，y，z)来检查。

例句：

    IFPosHasSpaceViolation(pos0)THEN　//判断 pos0 是否违反区域监控

### 2. Activate/Deactivate 指令

功能：使能或者撤销区域监控。

例句：

    area1.Activate()　　　　　　　　　　　　//使能 area1 区域监控

    area1.Deactivate()　　　　　　　　　　　//撤销 area1 区域监控

### 3. IsPosInArea 指令

功能：检查位置是否在当前区域内，也能用于信号型区域，只可以通过几何位置(x，y，z)来检查。

例句：

    IF area1.IsPosInArea(pos0) THEN　　//判断 pos0 是否在 area1 区域内

### 4. Connect/Disconnect 指令

功能：通过两条指令可以建立或者切断一个 BOOL 变量和区域之间的连接，当这个变量被置为 TRUE 的时候，区域被激活；当变量被复位的时候，区域被冻结。当一个新的变量连接被建立了，区域的激活变量根据变量实际状态立即设置。

例句：

    area1.Connect(triggerVar)　　　　　　//将 triggerVar 连接到 area1

    area1.Disconnect()　　　　　　　　　//取消 area1 已连接的变量

### 5. ActivateSmoothMove 指令

功能：当共享区域被占用的时候，激活动态参数自动调整。共享区域是针对两台或多台机器人应用的。

### 6. WaitRobInside 指令

功能：等待机器人进入区域。

例句：

    area1.WaitRobInside()　　　　　　　　//等待机器人进入 area1

### 7. SetTransformation 指令

功能：根据参考坐标系设置区域的位置和姿态。

例句：

    area1.SetTransformation(startPos)　　//将 startPos 设置为起点

### 8. SetBoxSize 指令

功能：设置正方体区域的大小。

例句：

　　area1.SetBoxSize(500，1200，500)　　//设置正方体的长 500，宽 1200，高 500

### 9．SetCylinderSize 指令

功能：设置圆柱状区域的大小。

例句：

　　area1.SetCylinderSize(200，1200)　　　//设置圆柱体底圆半径 200，高度 1200

# 3.6　绝对零点位置的设置

设置绝对零点位置就是对机器人的机械原点进行位置校准，以确保机器人的运行安全和运动精度等。绝对零点位置设置是在出厂前根据机器人具体尺寸进行的，没有进行原点位置校准，不允许对机器人进行示教和在线操作，以防发生危险。

### 1．原点位置校准

原点位置校准是将机器人机械原点位置与电机编码器的绝对值进行对照的操作。原点位置校准后，机器人机械原点位置与绝对编码器的绝对值数据是唯一对应的，也就是说，只有一组编码器的绝对值对应机器人机械原点位置。机器人绝对零点位置的姿态如图 3-103 所示。

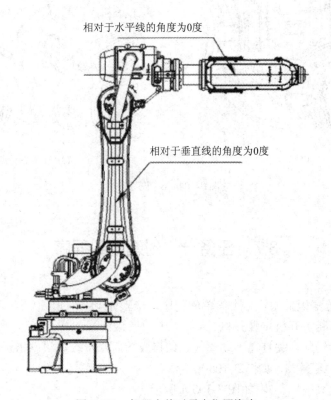

图 3-103　机器人绝对零点位置姿态

下列情况下，必须再次进行原点位置校准：

(1) 改变机器人与控制柜的组合时；

(2) 更换电机、绝对编码器时；

(3) 机器人碰撞工件或其他物体，原点位置偏移时。

**2. 机器人绝对零点位置的姿态**

机器人各轴零标校对位置如图 3-104 所示。

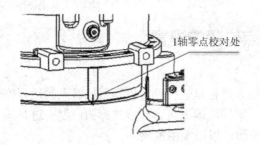

(a) 1 轴零点位

(b) 2 轴零点位

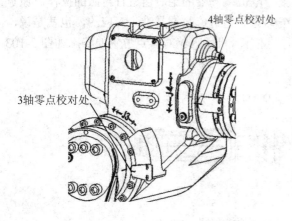

(c) 3，4 轴零点位

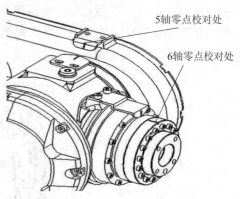

(d) 5，6 轴零点位

图 3-104　6 轴零点位

# 3.7　任务一　创建简单程序

下面根据以上知识来创建一个简单的程序，步骤如下：

(1) 重复前面相关开机步骤开机。

(2) 将示教盒钥匙开关打在手动模式。切换成功后，示教盒状态指示栏会显示 T1 。

(3) 按下菜单键 ，如图 3-105(a)所示。

(4) 点击文件夹图标 ，如图 3-105(a)所示。

(5) 点击 项目 ，如图 3-105(a)所示，将弹出 3-105(b)所示界面。

(6) 依次选择：文件→新建项目，在出现的对话框中，单击"项目名称"右边的文本框，则会出现一个虚拟键盘，可以通过该虚拟键盘来命名项目名称和程序名称，并单击"√"按钮完成命名，最后点击确认，如图 3-105(c)、(d)所示。

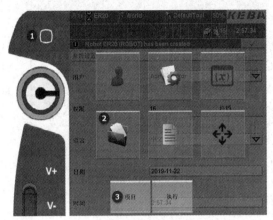

(a) 项目菜单                                     (b) 新建项目

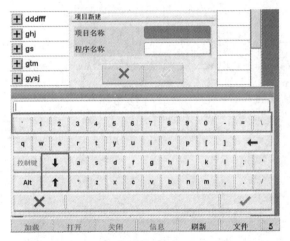

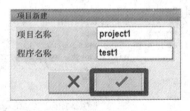

(c) 虚拟键盘                              (d) 点击确认

图 3-105 新的项目、程序创建过程

备注：① 虚拟键盘上的向上箭头↑，表示切换字母大小写；② 虚拟键盘上的向下箭头↓，表示切换键盘中第一行的数字为符号。

于是，就创建好了一个新的项目、程序，并弹出图 3-106 界面。选中程序名称 test1，点击加载，即可进入程序编辑界面，如图 3-107 所示。

备注：也可在已存在的项目中创建程序。这个时候操作如下：

① 在图 3-106 界面中，选中程序要放置的项目；

② 依次选择：文件→新建程序。

(7) 依次点击：新建→系统→LABEL…→确定，如图 3-108 所示，并输入标号名称，如图 3-109 所示。添加流程控制指令 LABEL。

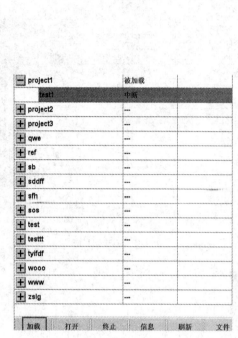

图 3-106　加载程序

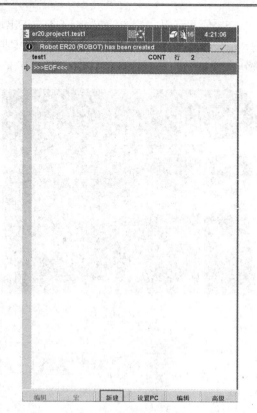

图 3-107　程序界面

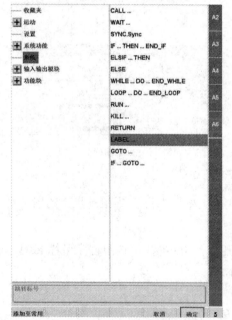

图 3-108　选择"LABEL"指令

图 3-109　标号名称

这样 LABEL 指令就添加到程序编辑界面，如图 3-110 所示。

备注：指令的插入位置是在绿色光标的上方，如图 3-110 中所示。若想紧接着在 LABEL 后面添加指令，则需将绿色光标放置在>>>>EOF>>>>上，如图 3-111 所示。

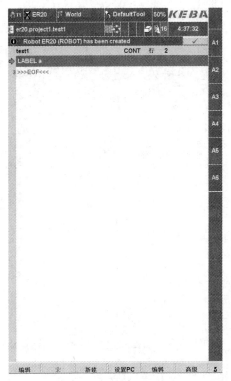

图 3-110　LABEL 指令

图 3-111　将绿色光标放置在>>>>EOF>>>>上

(8) 重复步骤 7，添加跳转指令 GOTO…。

(9) 这样流程控制指令创建完毕，将绿色光标放置在指令 GOTO a 上，如图 3-112 所示。我们需要在 LABEL a 与 GOTO a 之间添加指令，故要将绿色光标放置在指令 GOTO a 上。

(10) 按下手压开关，并按压运动方向键(+/−键)，如图 3-113 所示。将机器人运动到指定位置(这里选择的是关节模式运动)。保持按压运动方向键，机器人才能连续运动，松开运动方向键，机器人停止运行。

备注：机器人运动至指定位置后，可松开手压，进行指令的添加编辑工作。这样可缓解长时间按压手压给手部带来的不适。

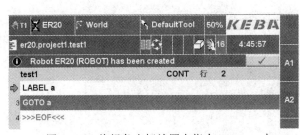

图 3-112　将绿色光标放置在指令 GOTO a 上

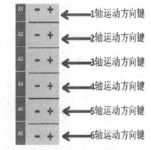

图 3-113　方向键

(11) 在程序编辑界面，依次点击：新建→运动→PTP→确定，这样就创建了一条 PTP 指令，如图 3-114 所示。其他指令的添加与此类似，如 Lin、输入输出等。

(12) 点击示教，如图 3-115 所示，即可记录当前机器人各关节到 ap0。这里可根据需要来设置 dyn、ovl 参数。

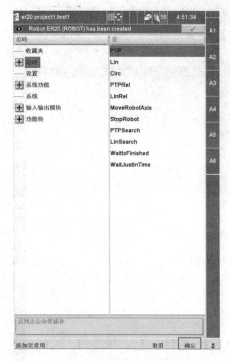
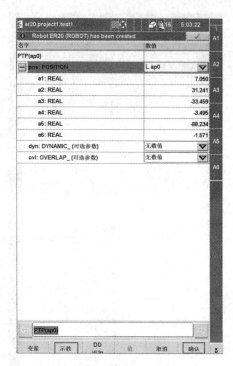

图 3-114　选择"PTP"指令　　　　　　　　　　图 3-115　示教

(13) 点击确认回到程序编辑界面，可以看到 PTP(ap0) 已添加到程序中。

备注：指令的插入位置是在绿色光标的上方，如图 3-116 中所示。若想紧接着在 PTP(ap0) 后面添加指令，则需将绿色光标放置在 GOTO a 上，如图 3-116 所示。

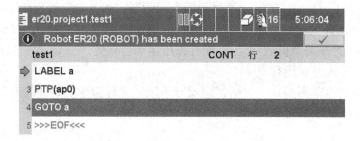

图 3-116　将绿色光标放置在 GOTO a 上

(14) 重复上述相关操作，添加 PTP(ap1)、PTP(ap2)其他指令，结果如图 3-117 所示。

图 3-117　添加 PTP(ap1)、PTP(ap2)指令

(15) 选择程序第一行，单击底部的"设置 PC"按钮，程序指针指向第一行。

(16) 手动模式 ✋T1 下，按示教器背面的"+/−"键，可降低调整运行速度至 20%。

(17) 调整 Step 按键状态，按住示教器上的使能按键和 Start 按键，单步调试程序。对机器人运行轨迹进行确认，以免本体与周围发生碰撞。

(18) 轨迹确认完后，将示教器钥匙开关打在自动模式。切换成功后，示教盒状态指示栏显示 ⊘A 。

(19) 点击示教器 PWR 按键 PWR ，伺服使能，电机上电，PWR 指示灯常亮(绿色)。

(20) 点击单步运行按键 Step ，呈亮灯状态。

(21) 点击启动按键 Start ，启动程序单步运行。点击 Start 键逐步单段运行，直到运行程序完毕，确认轨迹无误。

(22) 程序运行结束后，点击取消单步运行按键 Step ，指示灯灭。

(23) 重新选择程序第一行，单击底部的"设置 PC"按钮，程序指针指向第一行。

(24) 点击启动按键 Start ，启动程序连续自动运行。在运行过程中，可点击暂停按键 Stop ，暂停程序运行。紧急情况下需要立即停止机器人运行时可按下紧急停止按键。

## 3.8　任务二　添加 WHILE…DO…END_WHILE 指令

WHILE 指令的运用，操作步骤如下：

(1) 点击加载程序，这里以 project1→test1 为例，选中指令。

登录权限后操作。连续选中操作方法为在进行指令的连续选中时，需要将绿色光标移动在目标第一行，如 PTP(ap10)，触控笔按压在 PTP(ap10) 上并将触控笔向下拖动，这样就可连续选中指令，如图 3-118 所示。

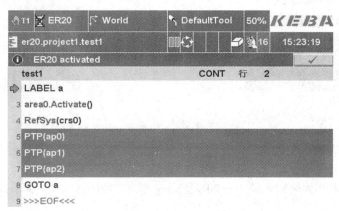

图 3-118　连续选中操作

注意：拖动速度不可过快；拖动过程中，触控笔不可离开触摸屏。

(2) 若需要在运行 PTP(ap0-2)指令前加上 WHILE…DO…END_WHILE，则操作如下：

依次点击新建→系统→WHILE…DO…END_WHILE→确认，如图 3-119 所示。点击括号选择，如图 3-120 所示。

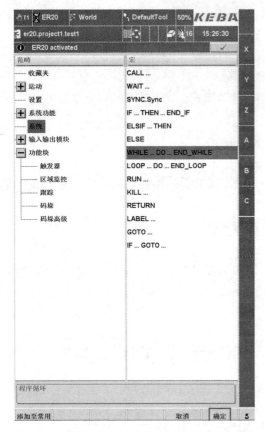

图 3-119　选择 WHILE…DO…END_WHILE 指令

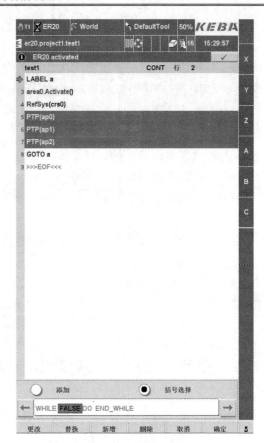

图 3-120　括号选择

说明：添加选项与括号选择的区别如图 3-121 和图 3-122 所示。

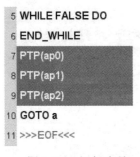

图 3-121　添加选项

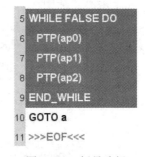

图 3-122　括号选择

(3) 依次点击替换→名令，如图 3-123 所示。

(4) 依次点击开关量输入输出→DIN.Wait→确定，如图 3-124 所示。这里添加的为数字输入端口。

(5) 接下来对 din0 端口进行配置，如图 3-125 所示，配置完后，点击确认。

当前释义：当 IODin[14] 端口为 TRUE 时，才执行 DO 后的指令，否则机器人暂停运行，并处于一直等待状态。

这样 WHILE…DO…END_WHILE 指令添加完成，如图 3-126 所示。

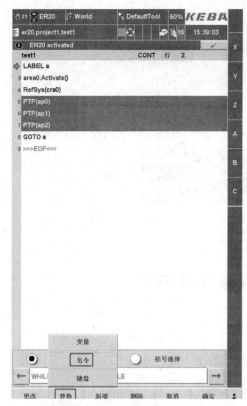

图 3-123　点击替换→名令

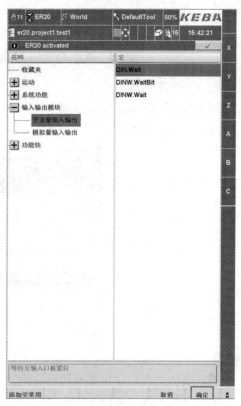

图 3-124　开关量输入输出→DIN.Wait

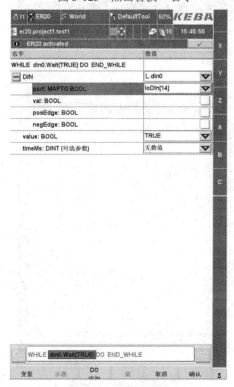

图 3-125　端口配置

图 3-126　指令添加完成

# 3.9　任务三　添加… := …(赋值)指令

赋值指令的运用，操作步骤如下：

(1) 点击加载程序，这里以 project1→test1 为例。选中指令，如图 3-127 所示。

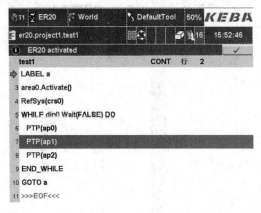

图 3-127　加载程序

(2) 依次点击新建→系统功能→… := …(赋值)→确定，如图 3-128 所示。

(3) 点击更改，如图 3-129 所示。

图 3-128　系统功能→… := …(赋值)

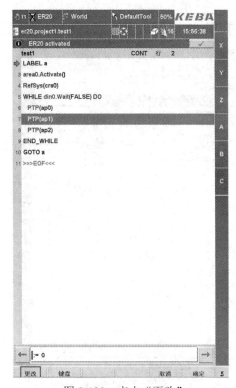

图 3-129　点击"更改"

（4）依次点击变量→新建，如图 3-130 所示。

（5）依次点击基本类别→DINT→确认，如图 3-131 所示。也可选择新建其他类型的变量。

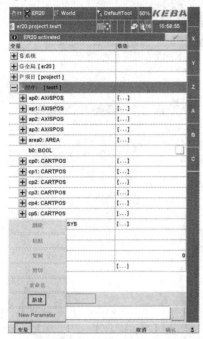

图 3-130　点击变量→新建

图 3-131　点击基本类型→DINT

（6）依次点击 0→替换，如图 3-132 所示。

（7）点击变量，如图 3-133 所示。

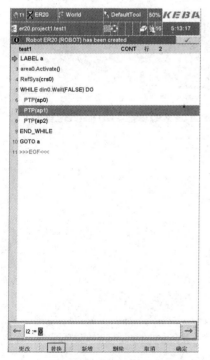

图 3-132　点击 0→替换

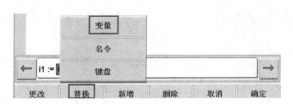

图 3-133　点击变量

(8) 依次点击 i2→确认，如图 3-134 所示。

(9) 依次点击新增→＋→确定，如图 3-135 所示。

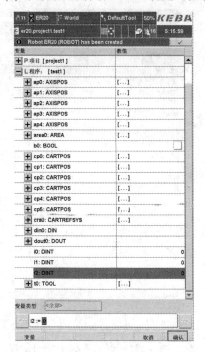

图 3-134　点击 i2

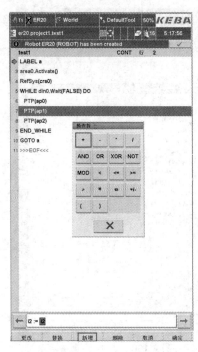

图 3-135　点击新增

(10) 点击替换，如图 3-136 所示。

(11) 点击键盘，如图 3-137 所示。

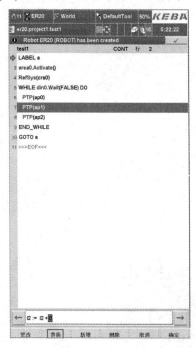

图 3-136　点击替换

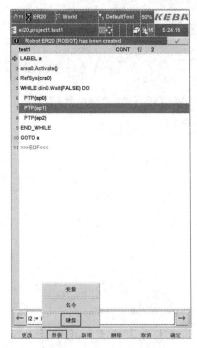

图 3-137　点击键盘

(12) 输入数值并点击 ✓ ，如图 3-138 所示。

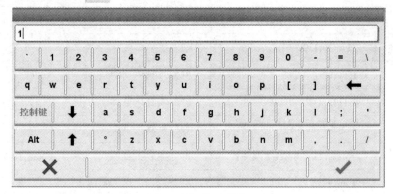

图 3-138　输入数值

(13) 点击确定，如图 3-139 所示。这样，赋值指令添加完成，如图 3-140 所示。

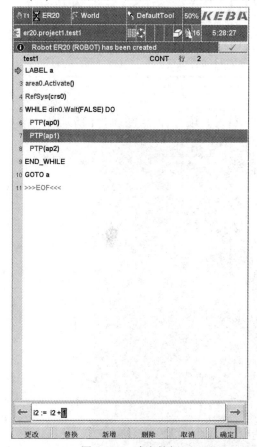

图 3-139　确定按钮

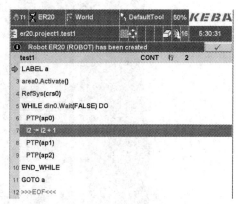

图 3-140　添加赋值指令

# 3.10　任务四　抓　　料

下面完成抓手工具抓取物料到异地放置的过程，参考程序如表 3-7 所示。

表 3-7　参　考　程　序

| | 指　令 | 说　明 |
|---|---|---|
| 1 | DynOvr(50) | 动态倍率参数 |
| 2 | PTP(ap0) | 机器人到达初始点 |
| 3 | PTP(apl) | 机器人到达目标上方点 |
| 4 | WaitlsFinished0 | 等待机器人到位 |
| 5 | zhuaquOut18.Set(TRUE) | 打开抓取工具信号，使用 IoDout[18]信号 |
| 6 | Lin(cp0) | 机器人到达目标抓取点 |
| 7 | zhuaquOut18.Set(FALSE) | 关闭抓取工具信号，使用 IoDout[0]信号 |
| 8 | WaitTime(500) | 等待 0.5 s |
| 9 | Lin(apl) | 抓取后机器人返回目标上方点 |
| 10 | PTP(ap0) | 机器人回到初始点 |

参考步骤：

(1) 按下"Menu"按键，单击"项目管理"，单击"项目"，如图 3-141 所示。

图 3-141　项目管理菜单

(2) 在出现的界面中，先单击"文件"按钮，然后选择"新建项目"选项，如图 3-142 所示。

图 3-142　新建项目

(3) 输入项目名称和程序名称，单击"√"按钮确认，如图 3-143 所示。

(4) 选择新建的项目，单击"加载"按钮，如图 3-144 所示。

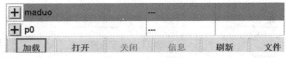

图 3-143　项目名称和程序名称设置　　　　　　　图 3-144　加载项目

注：一次只能加载一个项目，其他项目必须关闭。

(5) 也可在出现的界面中先选择"项目"，单击"文件"按钮，然店选择"新建程序"选项，如图 3-145 所示。

图 3-145　新建程序

(6) 输入程序名称"PickBlock"，单击"√"按钮确认，如图 3-146 所示。单击"加载"按钮，进入程序编辑界面。

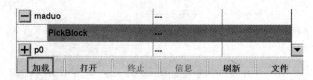

图 3-146　加载程序

(7) 单击"新建"按钮，如图 3-147 所示。

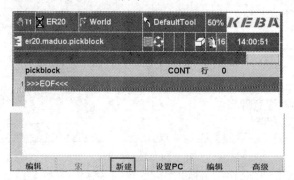

图 3-147　"新建"按钮

(8) 选择"设置"，单击"DynOvr"，再单击"确定"按钮，如图 3-148 所示。进入图 3-149 所示界面，单击"值"，输入 50，单击"√"按钮确认。再单击"确认"按钮，即可创建一个 DynOvr()变量，如图 3-150 所示。

图 3-148　选择"DynOvr"指令

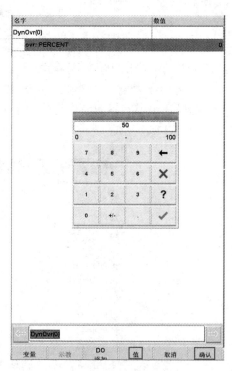

图 3-149　"值"设置

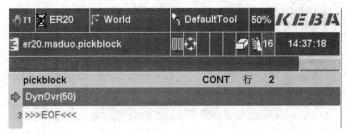

图 3-150  创建一个 DynOvr()变量

(9) 光标移动到"EOF"栏，单击"新建"按钮，如图 3-151 所示。

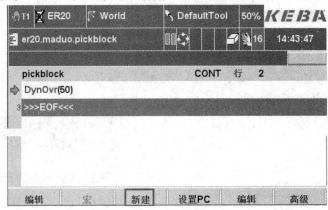

图 3-151  "新建"按钮

(10) 选择"运动"，单击"PTP"，再单击"确定"按钮，如图 3-152 所示。

(11) 运动到初始点，单击"示教"，再单击"确认"按钮，如图 3-153 所示。进入图 3-154 所示界面，建立"PTP(ap0)"指令。

图 3-152  选择"PTP"指令

图 3-153  PTP 参数设置

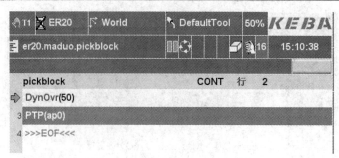

图 3-154 建立 "PTP(ap0)" 指令

参照上述步骤,运动到目标上方点,建立 PTP(apl)指令。

(12) 光标移动到"EOF"栏,单击"新建"按钮,添加同步指令"WaitlsFinished",单击"确定"按钮,如图 3-155 所示。

(13) 不设置参数,单击"确认"按钮,如图 3-156 所示。进入图 3-157 所示界面,完成添加同步指令"WaitlsFinished"。

图 3-155 选择"WaitlsFinished"指令

图 3-156 设置参数

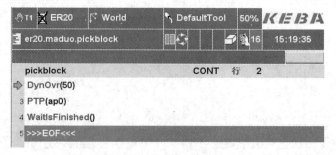

图 3-157 添加"WaitlsFinished"指令

(14) 单击"新建"按钮，选择"开关量输入输出"，单击"DOUT.Set"，再单击"确定"按钮，如图 3-158 所示，进入图 3-159 所示界面。

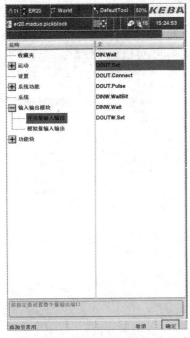

图 3-158　选择"DOUT.Set"指令

图 3-159　新建变量

(15) 单击"变量"按钮，单击"新建"，如图 3-159 所示。进入图 3-160 所示界面，输入名称"zhuaqudout18"，单击"√"按钮确认。再单击"确认"按钮，创建一个 zhuaquOut18.Set(TRUE)变量，如图 3-161 所示。

图 3-160　设置变量名称

图 3-161　设置输出端口号

(16) 选择 "port：MAPTO BOOL"，设置输出端口为第 18 号，如图 3-161 所示，单击 "确认" 按钮，进入图 3-162 所示界面，开启抓手工具。

(17) 光标移动到 "EOF" 栏，单击 "新建" 按钮，选择 "运动"，单击 "Lin"，再单击 "确认" 按钮，如图 3-163 所示。

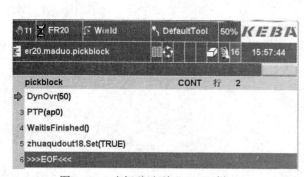

图 3-162　光标移动到 "EOF" 栏

图 3-163　选择 "Lin" 指令

(18) 运动到抓取点，单击 "示教"，再单击 "确认" 按钮，如图 3-164 所示。

(19) 进入图 3-165 所示界面，建立 "Lin(cp0)" 指令。

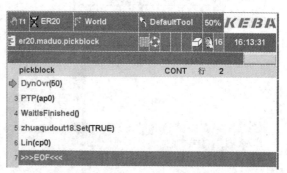

图 3-164　示教抓取点

图 3-165　建立 "Lin(cp0)" 指令

(20) 参照上述相关步骤，设置关闭抓手工具指令 zhuaquOut18.Set(FALSE)。

(21) 光标移动到"EOF"栏，单击"新建"按钮，选择"系统功能"，单击"WaitTime"，再单击"确认"按钮，如图 3-166 所示。

(22) timeMs 参数输入"500"，即等待 500 ms，单击"确认"按钮，如图 3-167 所示。

参照上述相关步骤，完成 Lin(apl)、PTP(ap0)指令的添加。参照前述相关内容的介绍，完成本程序的调试。

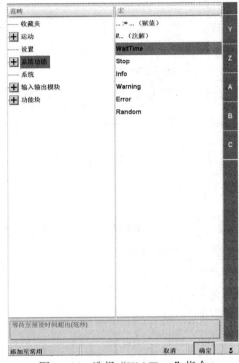

图 3-166　选择"WaitTime"指令　　　　　　　　　图 3-167　等待时间设定

# 3.11　工业机器人编程技能训练

### 1. 训练任务

为了加深学生对知识的理解，提高学生初步分析和编程操作工业机器人的能力。要求学生对工厂企业实际应用的一些工业机器人进行分析思考，并能收集一些国内外工业机器人的资料，如沈阳新松、上海 ABB、日本的松下、FANUC、美国的 Adept、欧洲奥地利的 IGM、瑞典 ABB、德国的 KUKA、韩国的 HYUNDAI 等不同厂家示教器编程语言的特点。只有在掌握了大量资料的前提下，才能对工业机器人编程及其示教控制系统的工作原理有进一步的了解。

### 2. 训练内容

对以上工业机器人系统，学生可选择自己喜欢的一种工业机器人进行初步分析编程，也可以根据实训室的工业机器人进行初步分析编程。可参考表 3-8 要求对工业机器人进行编程。

**表 3-8　工业机器人编程实训报告书**

| 训练内容 | 工业机器人系统的编程操作 | | | | |
|---|---|---|---|---|---|
| 重点难点 | 工业机器人示教器的编程及操作 | | | | |
| 训练目标 | 主要知识能力目标 | 1. 通过学习，进一步分析工业机器人系统的组成；<br>2. 具备对工业机器人进行初步编程的能力；<br>3. 掌握示教器的编程命令，功能及应用 | | | |
| | 相关能力指标 | 1. 养成独立工作的习惯，能够正确制定工作计划；<br>2. 能够阅读工业机器人相关技术手册与说明书；<br>3. 培养学生良好的职业素质及团队协作精神 | | | |
| 参考资料学习资源 | 教材，图书馆相关资料，工业机器人相关技术手册与说明书，工业机器人课程相关网站，Internet 检索等 | | | | |
| 学生准备 | 熟悉所选工业机器人系统、教材、笔、笔记本、练习纸 | | | | |
| 教师准备 | 1. 熟悉教学标准和机器人实训设备说明书；<br>2. 设计教学过程；<br>3. 准备演示实验和讲授内容 | | | | |
| 工作步骤 | 1. 明确任务：教师提出任务，学生借助于资料、材料和教师提出的引导问题，自己做一个工作计划，并拟定出检查、评价工作成果的标准要求 | | | | |
| | 2. 分析过程 | (1) 简述示教器编程命令功能及应用要求；<br>(2) 编制程序对机器人动作进行控制；<br>(3) 示教器联机的正确操作 | | | |
| | 3. 检查 | | | | |
| | 检查项目 | 检查结果及改进措施 | 应得分 | 实得分（自评） | 实得分（小组） | 实得分（教师） |
| | (1) 练习结果正确性 | | 20 | | | |
| | (2) 知识点的掌握情况 | | 40 | | | |
| | (3) 能力点控制检查 | | 20 | | | |
| | (4) 课外任务完成情况 | | 20 | | | |
| 综合评价 | 自己评价： | 小组评价： | 教师评价： | | |

说明：

(1) 自己评价：在整个过程中，学生依据拟订的评价标准，检查是否符合要求的完成了工作任务；

(2) 小组评价：由小组评价、教师参与，与老师进行专业对话，评价学生的工作情况，给出建议。

# 思考与练习题

**一、选择题**

1. 下列属于直线运动指令的是(　　)。

　　A. PTP　　　　　　B. Lin　　　　　　C. Circ　　　　　　D. Ramp

2. 下列属于圆弧运动指令的是(　　)。

　　A. PTP　　　　　　B. Lin　　　　　　C. Circ　　　　　　D. Ramp

3. 下列属于关节运动指令的是(　　)。

　　A. PTP　　　　　　B. Lin　　　　　　C. Circ　　　　　　D. Ramp

4. 工具坐标定义时需要定义的点数是(　　)。

　　A. 4 点　　　　　　B. 5 点　　　　　　C. 6 点　　　　　　D. 3 点

**二、简答题**

1. 工业机器人有哪些坐标系? 编程时如何建立工具坐标系?

2. 用示教器如何创建简单程序并自动运行?

# 单元 4　智能制造

## 思维导图

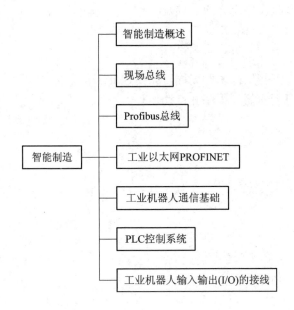

## 学习目标

1．知识目标

(1) 了解智能制造的基本概念及其组成；

(2) 了解工业机器人 I/O 信号的基本原理与概念；

(3) 了解工业机器人的 I/O 设定的基本方法。

2．技能目标

(1) 掌握常见总线通信协议；

(2) 掌握 PROFINET/PROFIBUS 的解决方案，掌握 PROFINET/PROFIBUS 的拓扑结构及通信过程；

(3) 能进行简单的机器人 I/O 信号的定义。

## 知识导引

# 4.1  智能制造概述

### 1. 智能制造的基本认识

所谓智能制造(Intelligent Manufacturing，IM)，就是面向产品全生命周期，实现泛在感知条件下的信息化制造。智能制造技术是在现代传感技术、网络技术、自动化技术、拟人化智能技术等先进技术的基础上，通过智能化的感知、人机交互、决策和执行技术，实现设计过程、制造过程和制造装备智能化，是信息技术、智能技术与装备制造技术的深度融合与集成。智能制造是信息化与工业化深度融合的大趋势。

典型智能制造生产线主要由数控设备(数控车床、加工中心等)、6 轴机器人及其导轨(第 7 轴)、中央控制系统(PLC 控制及显示触控系统)、MES 系统、电子看板等组成，如图4-1 所示。根据工况不同，可能包括机器人工装夹具、在机检测单元、输送线、AGV 机器人、数字化料仓、立体仓库、触摸屏(HMI)、RFID 信息识别系统、智能视觉检测系统和物联网远程监控系统等辅助设备。它可以实现对生产制造环节的自动加工与全方位监视控制，包括工件上料、加工、输送、检测、识别、搬运、装配、焊接、打磨、码垛、入库和远程监控等功能和操作。

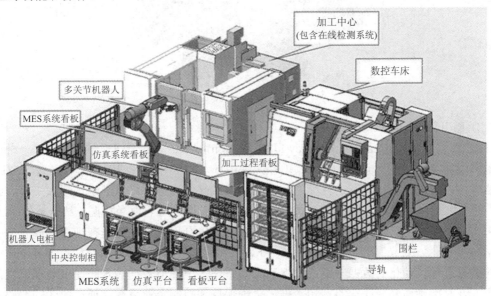

图 4-1  智能制造系统

下面对智能制造系统各重要组成部分简介如下：

1) 电气控制柜

电气控制柜用于安装机器人控制器、PLC、变频器及调速控制器、电源、数据线路等电气和信号部件，采用网孔板的结构，强弱电分离，便于拆装，连接安全可靠，操作方便灵活。

2) MES 系统

MES(Manufacturing Execution System)即制造企业生产过程执行系统，是一套面向制造企业车间执行层的生产信息化管理系统。MES 可以为企业提供包括制造数据管理、计划排产管理、生产调度管理、库存管理、质量管理、人力资源管理、工作中心/设备管理、工具工装管理、采购管理、成本管理、项目看板管理、生产过程控制、底层数据集成分析、上层数据集成分解等管理模块，是一个扎实、可靠、全面、可行的制造协同管理平台。利用 MES 系统可采集所有设备的运行信息和工作状态，融合大数据实现工艺过程的实施调配和智能控制，借助云网络体现系统运行状态的远程监控。利用 MES 智能制造系统可模拟企业在统一的数据模型平台上，通过软硬件功能单元的协同应用对在线企业生产过程中的文档下发、核心数据管理、工艺编制、计划排产、物料转运、生产监控、实时报工、质量管理等方面实现精益管理。MES 功能模块如图 4-2 所示。

图 4-2　MES 功能模块

3) RFID 信息识别系统

RFID(射频识别，Radio Frequency Identification)技术，又称无线射频识别，是一种通信技术，俗称电子标签。电子标签已预埋在工件内部，当工件从直线输送单元经过 RFID 读写器时，识别系统无需与特定目标之间建立机械或光学接触便可以准确地读取工件内的标签信息，如编号、类型、颜色、形状等信息。该信息通过工业现场数据总线传输给 PLC，用来实现工件的信息识别与分拣操作。基于 RFID 的仓库管理系统是在现有仓库管理中引入 RFID 技术，对仓库到货检验、入库、出库、调拨、移库移位、库存盘点等各个作业环节的数据进行自动化的数据采集，以保证仓库管理各个环节数据输入的速度和准确性，确保企业及时准确地掌握库存的真实数据，合理保持和控制企业库存。通过科学的编码，还可方便地对物品的批次、保质期等进行管理。利用系统的库位管理功能，更可以及时掌握所有库存物资当前所在位置，有利于提高仓库管理的工作效率。

4) 总控 PLC

可编程逻辑控制器(Programmable Logic Controller，简称 PLC)实质是一种专用于工业控制的计算机，用于自动化控制的数字逻辑控制器，可以将控制指令随时加载内存内储存与执行，具备逻辑控制、时序控制、模拟控制、多机通信等许多的功能，是智能制造工业控制的核心部分。采用 PLC 可实现灵活的现场控制结构和总控设计逻辑。可编程控制器具备数字量输入输出扩展模块、232 串行通信模块、以太网通信模块等，用于读写 RFID 系统的工件信息数据，控制机器人、电机、气缸等执行机构动作，处理各单元检测传感器信号，管理工作流程、数据传输等任务。PLC 可编程控制单元配备可触控显示器，可通过现场总线与 PLC 控制系统通信，实时显示和监控系统工作信息、设备工作状态、传感器信号检测等内容，同时通过可触控的人机交互接口，用户可直接手动操控本系统。以 PLC 作为上位控制系统的总控方式如图 4-3 所示，主要以 MODBUS(一种串行通信协议)方式完成各协同单元的通信。

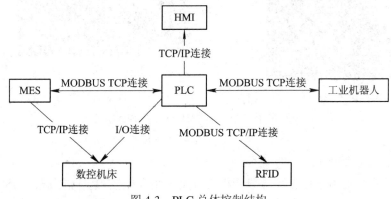

图 4-3 PLC 总体控制结构

5) 数控智能装备

智能装备主要由数控机床(数控车床、加工中心等)、6 轴工业机器人(移动导轨构成机器人第七轴)及工装夹具等组成。数控机床是一种装有程序控制系统的自动化机床，能够根据已编好的程序，使机床动作并加工零件。工业机器人是智能制造生产过程的关键设备，将产品自动输送，在特定工位上准确、快速完成部件的上下料和装配等工作，能使生产线达到较高的自动化程度，并可遵照一定的原则相互调整，满足工艺点的节拍要求。

6) 电子看板

电子看板用于系统检测投影使用，可直观查看系统当前状态。看板包含料仓监控看板、设备监控看板、加工中心刀具管理看板，可视化及工件测量看板，还可通过网络方式远程投放至生产看板、生产监控室等。

7) 以太网路由器和物联网远程信息监控单元

以太网路由器将 PLC、机器人控制器、智能视觉控制器进行组网，进行数据的相互传输，实现工业现场控制系统的高层次应用。物联网远程信息监控单元可由 WSN 无线传感器网络、嵌入式网关和远程信息监控软件构成，可实时对生产过程进行环境信息采集、监控，对产品信息进行全程追踪，并可对系统进行远程故障识别与运维。监控单元提供手机端 APP 软件，可远程连接和访问。

8) 直线输送单元

直线输送单元是物料运输的生产线单元，包含一套直流调速系统，由直流电机、高精度编码器、调速控制器、同步带轮等组成，由 PLC 模块实现对其运行的控制，用于传输工件。直线输送系统可进行方向、速度控制。配套线上分别在 RFID 检测位置、视频照相位置和工件夹取位置安装有红外对射传感器，可对工件位置进行检测和启停控制，精确控制工件在输送线上的位置和到位检测处理。直线输送单元如图 4-4 所示。

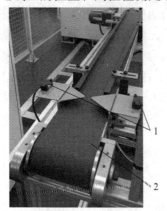 

(a) 前侧视图                           (b) 后侧视图

1—红外对射传感器；2—输送带；3—直流调速系统

图 4-4　直线输送单元

9) 智能视觉检测系统

智能视觉系统采用分体交互式智能相机方案，由可触控视觉控制器、相机、镜头和光源等组成，用于检测工件的特性，如数字、颜色、形状等，还可以对装配效果进行实时检测操作。系统通过 I/O 电缆连接到 PLC 或机器人控制器，也支持串行总线和以太网总线连接到 PLC 或机器人控制器，对检测结果和检测数据进行传输。

视觉软件可以用以下三种方式对工件进行精确分类：

(1) 通过不同颜色区分(例如红、黄、蓝、绿、白)；

(2) 通过产品上的字符区分 (例如每个工件标定的字符内容为数字 0～9)；

(3) 通过产品本身的轮廓区分(例如梯形或圆柱形)。

智能视觉检测系统如图 4-5 所示。

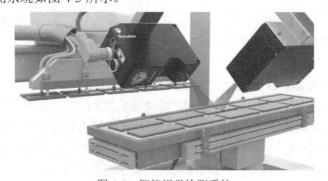

图 4-5　智能视觉检测系统

2．智能制造网络系统

实现制造，网络化是基础，数字化是工具，智能化则是目标。网络化是指使用相同或不同的网络将工厂/车间中的各种计算机管理软件、智能装备连接起来，以实现设备与设备之间、设备与人之间的信息互通和良好交互。将生产现场的智能装备连接起来的网络被称为工业控制网络，包括现场总线(如 PROFIBUS、CC-Link、Modbus 等)、工业以太网(如 PROFINET、CC-Link IE、Ethernet/IP、EtherCAT、POWERLINK、EPA 等)、工业无线网(如 WIA-PA、WIA-FA、WirelessHART、ISA 100.11a 等)，对于控制要求不高的应用还可使用移动网络(如 2G、3G、4G 以及未来的 5G 网络)。车间/工厂的生产管理系统则可以直接使用以太网连接。对于智能制造，往往还要求工厂网络与互联网连接，通过大数据应用和工业云服务实现价值链企业协同制造、产品远程诊断和维护等智能服务。智能制造网络系统如图 4-6 所示。

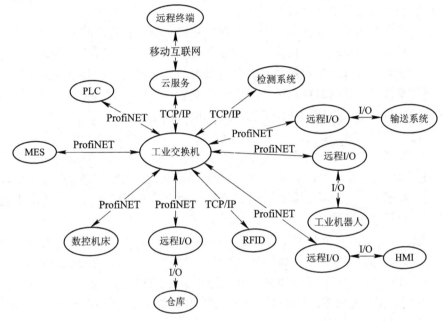

图 4-6  智能制造网络系统

图 4-2 中布置远程 I/O 模块通过工业以太网实现信号监控和控制协调，通过工业以太网完成数据的快速交换和流程控制，采用 PLC 实现灵活的现场控制结构和总控设计逻辑。利用工业以太网将原有设备层、现场层、应用层的控制结构扁平化，实现一网到底，控制与设备间的直接通信，多类型设备间的信息兼容，系统间的大数据交换，同时在总控端融入云网络，实现数据远程监控和流程控制。

数字化是指借助于各种计算机工具，一方面在虚拟环境中对产品物体特征、生产工艺甚至工厂布局进行辅助设计和仿真验证，例如使用 CAD(计算机辅助设计)进行产品二维、三维设计并生成数控程序 G 代码，使用 CAE(计算机辅助工程)对工程和产品进行性能与安全可靠性分析与验证，使用 CAPP(计算机辅助工艺设计)通过数值计算、逻辑判断和推理等功能来制定和仿真零部件机械加工工艺过程，使用 CAM(计算机辅助制造)进行生产设备管理控制和操作过程，使用 CAT(计算机辅助测试)实现集成试验台与各种试验参数的仿真与测试等；另一方面，对生产过程进行数字化管理，例如使用 CDD(通用数据字典)建立产品全生命周期数据集成和共享平台，使用 PDM 管理产品相关信息(包括零件、结构、配置、文档、CAD 文件等)，使用 PLM 进行产品全生命周期管理(产品全生命周期的信息创建、管理、分发和应用的一系列应用解决方案)等。

　　智能化可分为两个阶段，当前阶段是面向定制化设计，支持多品种小批量生产模式，通过使用智能化的生产管理系统与智能装备，实现产品全生命周期的智能管理；未来阶段则是实现状态自感知、实时分析、自主决策、自我配置、精准执行的自组织生产。这就要求首先实现生产数据的透明化管理，各个制造环节产生的数据能够被实时监测和分析，从而做出智能决策，并且智能化系统要能接受企业最高领导层的决策(BI)，及有突发情况要能接受人工干预；其次要求生产线具有高度的柔性，能够进行模块化组合，以满足生产不同产品的需求。此外，还应提升产品本身的智能化，如提供友好的人机交互、语言识别、数据分析等智能功能，并且生产过程中的每个产品和零部件是可标识、可跟踪的，甚至产品了解自己被制造的细节以及将被如何使用。

　　数字化可确保产品从设计到制造的一致性，并且在制样前对产品的结构、功能、性能乃至生产工艺都进行仿真验证，极大地节约开发成本和缩短开发周期。网络化通过信息横纵向集成实现研究、设计、生产和销售各种资源的动态配置以及产品全程跟踪检测，实现个性化定制与柔性生产的同时提高了产品质量。智能化将人工智能融入设计、感知、决策、执行、服务等产品全生命周期，提高了生产效率和产品核心竞争力。

　　智能制造的首要任务是信息的处理与优化，工厂/车间内各种网络的互联互通则是基础与前提。没有互联互通和数据采集与交互，工业云、工业大数据都将成为无源之水。智能工厂/数字化车间中的生产管理系统(IT 系统)和智能装备(自动化系统)互联互通形成了企业的综合网络。按照所执行功能不同，企业综合网络划分为不同的层次，自下而上包括现场层、监控层、执行层和计划层。

　　(1) 计划层：实现面向企业的经营管理，如接收订单，建立基本生产计划(如原料使用、交货、运输)，确定库存等级，保证原料及时到达正确的生产地点，以及远程运维管理等。企业资源规划(ERP)、客户关系管理(CRM)、供应链关系管理(SCM)等管理软件都在该层运行。

　　(2) 执行层：实现面向工厂/车间的生产管理，如维护记录、详细排产、可靠性保障等。制造执行系统(MES)在该层运行。

　　(3) 监控层：实现面向生产制造过程的监视和控制。按照不同功能，该层次可进一步细分为以下几种：① 监视层，包括可视化的数据采集与监控(SCADA)系统、HMI(人机接口)、实时数据库服务器等，这些系统统称为监视系统；② 控制层，包括各种可编程的控制设备，如 PLC、DCS(分布式控制系统)、工业计算机(IPC)、其他专用控制器等，这些设备统称为控制设备。

　　(4) 现场层：实现面向生产制造过程的传感和执行，包括各种传感器、变送器、执行器、RTU(远程终端设备)、条码、射频识别(RFID)，以及数控机床、工业机器人、工艺装备、AGV(自动引导车)、智能仓储等制造装备，这些设备统称为现场设备。

　　本单元重点介绍与智能制造相关的自动化系统网络通信知识。

# 4.2　现场总线

## 1. 现场总线概述

　　信息技术的迅猛发展，促进了自动控制领域的深刻变革。随着控制技术、计算机技术、通信技术、网络技术的发展，信息交换沟通的领域正在迅速覆盖从现场设备到控制、管理的各个层次，覆盖工段、车间、工厂、企业乃至世界各地的市场，逐步形成以网络集成自动化系统为基础的企业信息系统。现场总线(Field Bus)正是这场变革中的关键技术。

什么是现场总线？根据国际电工委员会(International Electrical Commission，IEC)和现场总线基金会(Fieldbus Foundation，FF)的定义，现场总线是连接智能现场设备和自动化系统的数字式、双向传输、多分支结构的通信网络。现场总线的意义不仅仅在于用数字仪表代替模拟仪表，更重要的是它对整个控制系统的结构进行了根本性的改变。现场总线技术在制造业、流程工业、交通和楼宇等领域的自动化系统中具有广阔的应用前景。

现场总线技术将专用微处理器置入传统的分散的测量控制仪表，使它们各自都具有了数字计算和数字通信能力。其采用普通双绞线等多种传输介质，把多个测量控制仪表、计算机等连接成网络系统，并按公开、规范的通信协议，在位于现场的多个微机化测量控制设备之间以及现场仪表与远程监控计算机之间，实现数据传输与信息交换，形成各种适应实际需要的自动控制系统。如果说计算机网络把人类引入到信息时代，那么现场总线则使自控系统与设备加入到信息网络的行列，成为企业信息网络的底层，使企业信息沟通的覆盖范围延伸到生产现场。因此，现场总线技术的出现可以被看作是工业控制技术进入一个新时代的标志。

现场总线技术的开发始于 20 世纪 80 年代。随着微处理器和计算机功能的不断增强及其价格的急剧降低，计算机与计算机网络系统得到迅猛发展。而处于企业生产底层的测控自动化系统，由于仍采用一对一连线，用电压、电流的模拟信号进行测量控制，或采用自封闭式的集散系统，难以实现设备之间以及系统与外界之间的信息交换，使得自动化系统成为"信息孤岛"，严重制约了自身的发展。要实现整个企业的信息集成，要实施综合自动化，就必须设计出一种能在工业现场环境运行的性能可靠、造价低廉的通信系统，形成工厂底层网络，完成现场自动化设备之间的多点数字通信，实现底层现场设备之间以及生产现场与外界的信息交换。现场总线就是在这种实际需求的驱动下应运而生的。它的出现，为彻底打破自动化系统的"信息孤岛"创造了条件。

由于现场总线适应了工业控制系统的分散化、网络化、智能化的发展方向，因此，它一经产生便成为全球工业自动化技术的热点，受到全世界的普遍关注。该项技术的开发，可带动整个工业控制、楼宇自动化、仪表制造、工业控制和计算机软硬件等行业技术、产品的更新换代。传统的模拟仪表逐步让位于智能化数字仪表，出现了一批集检测、运算、控制功能于一体的变送控制器；出现了可集检测温度、压力、流量于一身的多变量变送器；出现了带控制模块和具有故障信息的执行器。现场总线的出现，为中国自动化仪表行业和自控领域提供了良好的发展机遇，同时也提出了严峻的挑战。

现场总线导致了传统控制系统结构的变革，形成了新型的网络集成式全分布控制系统——现场总线控制系统(Field Control System，FCS)。现场总线控制系统是以现场总线为基础的全数字控制系统，它采用基于公开化、标准化的开放式解决方案，实现了真正的全分布式结构，将控制功能下放到现场，使控制系统更加趋于分布化、扁平化、网络化、集成化和智能化。现场总线系统采用带有智能化节点的网络控制模式，取代了传统的集中控制模式。

新型的现场总线控制系统突破了 DCS(分布式控制系统)系统中通信由专用网络的封闭系统来实现所造成的缺陷,把基于封闭的、专用的解决方案变成了基于公开化、标准化的解决方案,即可以把来自不同厂商而遵守同一协议规范的自动化设备,通过现场总线网络连接成系统,实现综合自动化的各种功能;同时把 DCS 集中与分散相结合的集散系统结构,变成了新型全分布结构,把控制功能彻底下放到现场,依靠现场智能设备本身实现基本控制功能。

### 2．现场总线的结构及特征

现场总线控制系统的体系结构如图 4-7 所示。

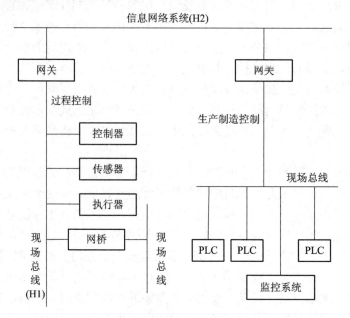

图 4-7　现场总线控制系统的体系结构

与传统的集散控制系统相比,现场总线控制系统有两个新特征:

(1) 现场总线控制系统将传统集散控制系统中的数据公路、控制器、I/O 卡及模拟信号传输线四部分用统一标准的现场总线来替代,减少了层次传递,使控制系统的结构趋于扁平化。

(2) 现场总线控制系统用智能现场仪表代替传统集散系统中的模拟现场仪表,其智能化体现在变送器不仅具有信号变换、补偿、累加功能,还具有诸如 PID 等运算控制功能,执行器不仅具有驱动和调节功能,还具有特性补偿、自校验和自诊断功能。

结构上,现场总线系统打破了传统控制系统的结构形式,采用智能现场设备,使得控制系统功能能够直接在现场完成,实现了彻底的分散控制。由于采用数字信号替代模拟信号,可实现一对电线上传输多个信号(包括多个运行参数值、多个设备状态、故障信息),同时又为多个设备提供电源。这就为简化系统结构,节约硬件设备,减少连接电缆与各种安装以及维护费用创造了条件。

技术上,系统具有开放性、可互操作性与互用性;现场设备实现了智能化和功能自治;系统结构高度分散,现场总线已构成了新的全分散性控制系统的体系结构。

### 3. 现场总线的优点

由于现场总线的以上特点，特别是现场总线系统结构的简化，使控制系统从设计、安装到正常生产运行及检修维护，都具有优越性。现场总线系统的优点主要体现在以下几个方面：

(1) 节省硬件数量与投资；

(2) 节省安装费用；

(3) 节省维护开销；

(4) 用户具有高度的系统集成自主权；

(5) 提高了系统的准确性与可靠性，此外，由于现场总线设备标准化、功能模块化，还具有设计简单、易于重构的优点。

### 4. 现场总线的要求

现场总线是用于支持现场装置，实现传感、变送、调节、控制、监督以及各种装置之间透明通信等功能的通信网络，保证网内设备间相互透明有序地传递信息和正确理解信息是它的主要集成任务。此外，随着技术发展和应用需求的提高，将现场总线与上层信息网络有效集成也是必然的，于是，对现场总线的实质内容——通信协议提出如下要求：

(1) 通信介质的多样性：支持多种通信介质，以满足不同现场环境的要求；

(2) 实时性：信息的传送不允许有较大时延或时延的不确定性：

(3) 信息的完整性、精确性：要确保通信质量；

(4) 可靠性：具备抗各种干扰的能力和完善的检错、纠错能力；

(5) 可互操作性：不同厂家制造的现场设备仪表可通过同一总线通信和操作：

(6) 开放性：基本符合 ISO 参考模型，形成一个开放系统。

现场总线通信协议是参照国际标准化组织 ISO 制定的开发系统互联参考模型并经简化建立的，IEC/ISA 现场总线通信协议模型综合了多种现场总线标准，规定了现场应用进程之间的可互操作性、通信方式、层次化的通信服务功能划分、信息的流向及传递规则。ISO参考模型共分七层，现场总线通信协议则根据自身特点加以简化，采用了物理层、数据链路层和应用层，同时，考虑到现场装置的控制功能和具体运行，又增加了用户层。各层的功能如下。

第一层：物理层(Physical Layer)。物理层定义了网络信道上的信号与连接方式、传输介质、传输速率、每条线路连接仪表的数量、最大传输距离、电源等。处于数据发送状态时，该层接收数据链路层(DLL)下发的数据，以某种电气信号进行编码并发送；处于数据接收状态时，将相应的电气信号编码为二进制数，并送到数据链路层。

第二层：数据链路层(Data Link Layer，DLL)。数据链路层定义了一系列服务于应用层的功能和向下与物理层的接口，使用物理层的服务，提供了介质存取控制功能、信息传输的差错检验。DLL 提供原语服务和相关事件、与原语服务相关的参数格式，以及这些服务及事件之间的相互关系。DLL 为用户提供了可靠且透明的数据传输服务。数据链路层是现场总线的核心，所有连接到同一物理通道上的应用进程实际上都是通过数据链路层的实时管理来协调的。为了突出实时性，现场总线没有采用以往 IEEE802.4 标准中所定义的分布式物理通道管理，而是采用了集中式管理方式。在这种方式下，网络通道被有效地利用起来，并可有效地减少或避免实时通信的延迟。

第三层：应用层(Fieldbus Application Layer)。应用层为用户提供了一系列服务，它简化或实现分布式控制系统中应用进程之间的通信，同时为分布式现场总线控制系统提供应用接口的操作标准，实现了系统的开放性。应用层与其他层的网络管理机构一起对网络数据流动、网络设备及网络服务进行管理。

第四层：用户层(User Layer)。用户层是专门针对工业自动化领域现场装置的控制和具体应用而设计的，它定义了现场设备数据库间相互存取的统一规则，用户通过标准功能块可组态成系统，也是使现场总线系统开放与可互操作的关键。

根据 1999 年 7 月在渥太华举行的现场总线标准制定工作会议的纪要，IEC 的现场总线标准 IEC61158 包括八种现场总线标准协议，主要有基金会现场总线(Foundation Fieldbus，FF)、ControlNet、Profibus、SwiftNet、WorldFIP 等。很明显，这一标准是各方妥协的结果，它事实上承认了几家大电气制造商的现有协议。另外，CAN 总线、Lonworks、DeviceNet、EtherCAT 等现场总线也极具生命力和应用背景。还有，以太网已经进入工业控制领域并逐步成为研究热点，这意味着今后现场总线的发展仍将呈现多种总线并存的局面。粗略估计，国际上现有现场总线有百余种，其中典型的有一定影响并占有一定市场份额的主要有基金会现场总线(FF)、CAN、Profibus、Lonworks、HART 等。本单元主要介绍 Profibus 总线的协议结构以及工业以太网的基本概念。

## 4.3　Profibus 总线

### 1. 概述

现场总线这一技术领域的发展是十分迅速和活跃的，当前成熟并被广泛使用的现场总线标准有几十种。每种总线标准都有自身的特点，并在特定的应用领域显示自身的优势。过程现场总线 Profibus 作为一种国际化、开放式、不依赖设备生产商的现场总线标准，是唯一的全集成过程和工厂自动化的现场总线解决方案，已被广泛应用于加工制造、过程和楼宇自动化领域。

Profibus 现场总线由西门子公司联合十几家德国公司及研究所共同推出，包括 DP、FMS 以及 PA 三部分。

(1) DP(Decentralized Peripherals，分布式外围设备)用于分散外设间的高速数据传输，适用于工厂自动化中，可以由中央控制器控制许多的传感器及执行器，也可以利用标准或选用的诊断机制得知各模块的状态。

(2) FMS(Fieldbus Message Specification，现场信息规范)适用于纺织、楼宇自动化、可编程控制器、低压开关等一般自动化。

(3) PA(Process Automation，过程控制自动化)是用于过程自动化的总线类型，应用在过程自动化系统中，由过程控制系统监控量测设备控制，是本质安全的通信协议，适用于防爆区域。其物理层(线缆)允许由通信缆线提供电源给现场设备，即使在有故障时也可限制电流量，避免制造可能导致爆炸的情形。

Profibus PA 使用的通信协议和 Profibus DP 相同，只要有转换设备就可以和 Profibus DP 网络连接，由速率较快的 Profibus DP 作为网络主干，将信号传递给控制器。在一些需要同时处理自动化及过程控制的应用中就可以同时使用 Profibus DP 及 Profibus PA。

Profibus 的传输速率为 9.6 Kb/s～12 Mb/s，最大传输距离在 12 Mb/s 时为 100 m，1 Mb/s 时为 400 m，可用中继器延长至 10 km。其传输介质可以是双绞线，也可以是光缆。Profibus 总线最多可挂接 127 个站点。

过程现场总线 Profibus 具体说明了串行现场总线的技术和功能特性，它可使分散式数字化控制器从现场底层到车间级网络化，该系统分为主站和从站，典型的主从 Profibus-DP 总线如图 4-8 所示。主站决定总线的数据道信，当主站得到总线控制权(令牌)时，不用外界请求就可主动发送信息；从站为外围设备，典型的从站包括：输入/输出装置、阀门、驱动器和测量变送器，它们没有总线控制权，仅对接收到的信息给予确认或当主站发出请求时向它发送信息。

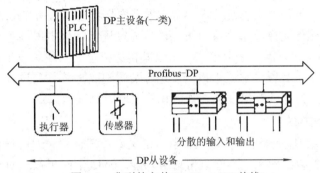

图 4-8　典型的主从 Profibus-DP 总线

### 2．Profibus 协议结构

Profibus 协议结构是根据国际标准，以开放式互联系统作为参考模型的。Profibus-DP 使用第一、二层和用户接口。这种结构可确保数据传输能够快速和有效地进行。直接数据链路映像(DDLM)为用户接口提供第二层功能映像，用户接口规定用户和系统以及不同设备可调用的应用功能，并详细说明各种不同 Profibus-DP 设备的设备行为。

Profibus-FMS 定义第一、二、七层，应用层包括现场总线信息规范和底层接口。FMS 包括应用协议并向用户提供可广泛选用的强有力的通信服务。底层接口协调不同的通信关系并提供不依赖设备的第二层访问接口。

Profibus-PA 的数据传输采用扩展的 Profibus-DP 协议。另外，PA 还描述设备行为的 PA 行规。根据 IEC1158-2 标准，PA 的传输技术可确保其本征安全性，而且还可通过总线给现场设备供电。使用连接器可在 DP 上扩展 PA 网络。

### 3．Profibus 的技术特点

#### 1) 总线存取协议

三种系列的 Profibus 均使用单一的总线存取协议，数据链路层采用混合介质存取方式，即主站间按令牌方式、主站和从站间按主从方式工作。得到令牌的主站可在一定时间内执行本站工作，这种方式保证了在任一时刻只能有一个站点发送数据，并且任一主站在一个特定的时间片内都可以得到总线操作权，这就完全避免了冲突。这样的好处在于传输速度较快，而其他一些总线标准采用的是冲突碰撞检测法，在这种情况下，某些信息组需要等待，然后再发送，从而使系统传输速度降低。

2) 灵活的配置

根据不同的应用对象，可灵活选取不同规格的总线系统。例如：简单的设备级的高速数据传送，可选用 Profibus-DP 单主站系统；稍微复杂一些的设备级的高速数据传送，可选用 Profibus-DP 多主站系统；更加复杂一些的系统可将 Profibus-DP 和 Profibus-FMS 混合选用。两套系统可方便地在同一根电缆上同时操作，而无需附加任何转换装置。

3) 本征安全

目前被普遍接受的电气设备防爆技术措施有隔爆、增安、本征安全等。对低功率电气设备(如自动化仪表)，最理想的保护技术是本征安全防爆技术。它是一种以抑制电火花和热效应量为防爆手段的"安全设计"技术。本征安全性一直是工控网络在过程控制领域应用时首先需要考虑的问题，否则，即使网络功能设计得再完善，也无法在化工、石油等工业现场使用。目前，各种现场总线技术中考虑本征安全特性的只有 Profibus 与 FF，而 FF 的部分协议及成套配件支撑尚未完善，可以说目前过程自动化中现场总线技术的成熟解决方案是 Profibus-PA。它只需一条双绞线就可以既传送信息又向现场设备供电。由于总线的操作电源来自单一供电装置，它就不再需要绝缘装置和隔离装置，设备在操作过程中进行的维修、接通或断开，即使在潜在的爆炸区也不会影响到其他站点。

4) 功能强大的 FMS

FMS 提供上下文环境管理、变量的存取、定义域管理、程序调用管理、事件管理、对虚拟现场器件的支持以及对象字典管理等服务功能。FMS 同时提供点对点或有选择广播通信、带可调监视时间间隔的自动连接、当地和远程网络管理等功能。

### 4．Profibus 总线在自动化系统中的位置

自动化系统的结构一般分为三级网络结构。采用 Profibus 总线的工厂自动化系统的典型网络结构如图 4-9 所示。基于现场总线 Profibus-DP/PA 的控制系统位于工厂自动化系统的底层，即现场级与车间级。现场总线面向现场级与车间级的数字化通信网络。

1) 现场设备层

现场设备层的主要功能是连接现场设备，如分散式 I/O、传感器、驱动器、执行机构、开关设备等；完成现场设备控制及设备间连锁控制，如一台加工设备控制、一条装配输送线或一条生产线上现场设备之间的连锁控制。主站(PLC、PC 或其他控制器)负责总线通信管理及与所有从站的通信。总线上所有设备的生产工艺控制程序存储在主站中，并由主站执行。

2) 车间监控层

车间级监控用来完成车间主生产设备之间的连接，如一个车间三条生产线主控制器之间的连接。车间级监控包括生产设备状态在线监控、设备故障报警及维护等，通常还具有诸如生产统计、生产调度等车间级生产管理功能。车间级监控通常要设立车间监控室，有操作员工作站及打印设备。车间级监控网络可采用 Profibus-FMS，它是一个多主站网络，这一级数据传输速度不是最重要的，而是要能够传送大容量信息。

3) 工厂管理层

车间操作员工作站可通过集线器与车间办公管理网连接，将车间生产数据送到车间管理层。车间管理网是工厂主网的一个子网。子网通过交换机、网桥或路由等连接到厂区骨干网，将车间数据集成到工厂管理层。

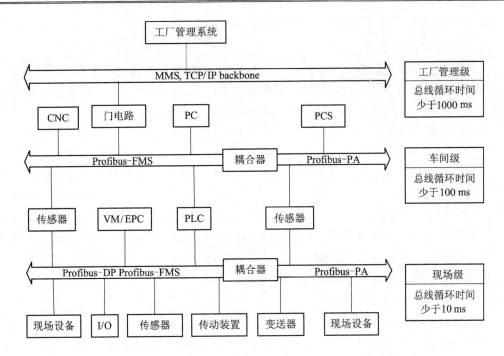

图 4-9 采用 Profibus 总线的工厂自动化系统的网络结构

### 5. Profibus 控制系统组成

1) 一类主站

一类主站指 PLC、PC 或可作为一类主站的控制器，一类主站完成总线通信控制与管理。一类主站是中央控制器，它在预定的信息周期内与分散的站交换信息。

2) 二类主站

二类主站指操作员工作站(如 PC 机加图形监控软件)、编程器、操作面板等，在系统组态操作时使用，完成各站点的数据读写、系统配置、系统监控、故障诊断等。

3) 从站

DP 从站是进行输入/输出信息采集和发送的外围设备，包括 I/O 设备、驱动器、HMI、阀门等。

(1) PLC(智能型 I/O)：PLC 自身有程序存储器，PLC 的 CPU 部分执行程序并按程序指令驱动 I/O，可以作为 Profibus 的一个从站。在 PLC 存储器中划分出一段特定区域，作为 PLC 与主站通信的共享数据区。主站可以通过通信间接控制从站 PLC 的 I/O 接口。

(2) 分散式 I/O(非智能型 I/O)：通常由电源部分、通信适配器部分、接线端子部分组成。分散式 I/O 不具有程序存储和程序执行，通信适配器部分接收主站指令，按主站指令驱动 I/O，并将 I/O 输入及故障诊断等信息返回给主站。分散型 I/O 通常是由主站统一编址，这样在主站编程时使用分散式 I/O 与使用主站的 I/O 没有什么区别。

(3) 驱动器、传感器、执行机构等现场设备：即带 Profibus 接口的现场设备，可由主站在线完成系统配置、参数修改、数据交换等功能。具体哪些参数可进行通信及参数格式，由 Profibus 行规决定。

### 6．Profibus 控制系统配置的几种形式

#### 1) 按现场设备类型分

根据现场设备是否具备 Profibus 接口，Profibus 控制系统配置可分为三种形式。

(1) 总线接口型：现场设备不具备 Profibus 接口，采用分散式 I/O 为总线接口与现场设备连接。这种形式在应用现场总线技术初期容易推广，如果现场设备能分组，组内设备相对集中，这种模式会更好地发挥现场总线技术的优点。

(2) 单一总线型：现场设备都具备 Profibus 接口。这是一种理想情况，可使用现场总线技术实现完全的分布式结构，可充分获得这一先进技术所带来的利益。不过，目前这种方案设备成本可能较高。

(3) 混合型：现场设备部分具备 Profibus 接口，在较长的一段时期内，这将是相当普遍的。这时应采用 Profibus 现场设备加分散式 I/O 混合使用的方法。不管旧设备改造还是新建项目，希望全部使用具备 Profibus 接口的设备的场合可能不是很多，分散式 I/O 可作为通用的现场总线接口，是一种灵活的集成方案。

#### 2) 按实际应用需要分

根据实际需要及投入资金情况，Profibus 控制系统通常有如下几种结构类型：

(1) 以 PLC 或控制器作为一类主站，不设监控站，调试阶段配置一台编程设备。这种结构类型中，PLC 或控制器完成总线通信管理、从站数据读写、从站远程参数化工作。

(2) 以 PLC 或控制器作为一类主站，监控站通过串口与 PLC 一对一连接。这种结构类型中，监控站不在 Profibus 网上，不是二类主站，不能直接读取从站数据或完成远程参数化工作。监控站所需的从站数据只能从 PLC 或控制器读取。

(3) 以 PLC 或其他控制器作为一类主站，监控站作为二类主站连接在 Profibus 总线上。在这种结构类型中，监控站完成远程编程、参数化以及在线监控功能。

(4) 使用 PC 机 + Profibus 网卡作为一类主站，监控站与一类主站一体化。这是一个低成本方案。在主站结构类型中，PC 机故障将导致整个系统瘫痪。另外，通信模板厂商通常只提供一个模板的驱动程序，总线控制程序、从站控制程序、监控程序可能要由用户开发，工作量比较大。

### 7．应用 Profibus 构建自动化控制系统应考虑的几个问题

#### 1) 项目是否适于使用现场总线技术

任何一种先进的技术都有一定的适用范围，超出这个范围可能不会产生所期望的结果。当希望应用现场总线技术构建一个系统时，应着重考虑以下几个问题。

(1) 现场被控设备是否分散。这是决定是否使用现场总线技术的关键。现场总线技术适合于分散的、具有通信接口的现场受控设备的系统。现场总线的优势在于可节省大量的现场布线成本，使系统故障易于诊断与维护，对于具有集中 I/O 的单机控制系统，现场总线技术没有明显优势，当然，有些单机控制，在很难有空间用于大量的 Profibus 走线时，也可以考虑使用现场总线。

(2) 系统对底层设备是否有信息集成要求，现场总线技术适合对数据集成有较高要求的系统，如建立车间监控系统或建立全厂的 CIMS 系统。在底层使用现场，总线技术可将大量丰富的设备及生产数据集成到管理层，为实现全厂的信息系统提供重要的底层数据。

(3) 系统对底层设备是否有较高的远程诊断、故障报警及参数化要求，现场总线技术特别适合用于有远程操作及监控的系统。

2) 系统实时性要求

系统的实时性是指现场设备之间在最坏情况下完成一次数据交换，系统所能保证的最小时间。简言之，就是现场设备的通信数据更新速度。如果实际应用问题对系统响应有一定的实时性要求，可根据具体情况考虑是否采用现场总线技术。

3) 采用什么样的系统结构

用户确定采用 Profibus 总线技术后，下一个问题就是采用什么样的系统结构配置。这里主要有两点需要考虑：一是系统的结构形式，二是总线的选型。在考虑系统的结构形式时，要注意的是：

(1) 系统是否分层，分几层，是否需要车间层监控；

(2) 有无从站，有多少，分布如何，从站设备如何连接，现场设备是否有总线接口，可否采用分布式 I/O 连接从站，哪些设备需选用智能型 I/O 控制，可以根据现场设备地理分布进行分组并确定从站个数及从站功能的划分；

(3) 有无主站，有多少，如何划分，如何连接。

在考虑总线的选型时，主要考虑：根据系统是离散量控制还是流程控制，确定选用 DP 还是 PA，是否需要考虑本征安全；根据系统对实时性要求及传输距离，决定现场总线数据传输速率；根据是否需要车间级监控和监控站，确定是否用 FMS 及连接形式；根据系统的可靠性要求及工程投入资金，决定主站形式及产品。

4) 如何与车间或全厂自动化系统连接

要实现与车间自动化系统或全厂自动化系统的连接，设备层数据需要进入车间管理层数据库。设备层数据首先进入监控层的监控站，监控站的监控软件包含一个在线监控数据库，这个数据库的数据分为两部分。一是在线数据，如设备状态、数值数据、报警信息等；二是历史数据，是对在线数据进行了一些统计分类后存储的数据，可作为生产数据完成日、月、年报表及设备运行记录报表。这部分历史数据通常需要进入车间级管理数据库。自动化行业流行的实时监控软件，如 IFX、NITOUCH、CITECT、WNICC 等，都具有 ACCESS、SYBASE 等数据库的接口，工厂管理层数据库通过车间管理层得到设备层数据。

Profibus 总线接头如图 4-10 所示。

图 4-10　Profibus 总线接头实物图

# 4.4　工业以太网 PROFINET

## 1. 工业以太网的提出及发展

现场总线控制系统现阶段已经广泛应用在现场级别的通信与控制方面。由于技术的不断创新，智能设备也逐渐应用到现场总线控制系统中来，随着智能设备的不断增加，数据量的传输不断加大，导致传输瓶颈的出现，现场总线控制系统也达到其性能极限，需要新技术来进行扩充。在这种背景下，以太网大数据量高速传输的优势逐渐引起工业网络开发人员的关注。开发人员希望在工控领域引入以太网，使得原有的工控网络性能极限得到突破。

1985 年，IEEE802.3 被采纳为以太网标准，西门子公司在 SINEC Hl 名下将其引入并用于工业中，从而诞生了工业以太网。跟普通的以太网技术相比较，西门子公司名下 SINEC H1 的优势在于其具有抗干扰性强的特点及 Hl 设备系统范围的接地概念，相比于普通以太网技术更加稳定安全。SINEC H1 体现了工业以太网的一个基本理念，即工业以太网标准的制定需要充分应用现有的标准。只有当普通以太网的标准定义没有考虑到生产过程及恶劣环境影响的时候，才考虑对现有标准进行改变，从而保证了工业以太网和传统以太网设备交互的畅通。在西门子公司提出工业以太网技术的概念之后，其他各大公司也提出了具有各自特点的工业以太网技术，其中包括 PROFINET、ControlNet、Modbus/TCP 等，它们都有着工业以太网的特性。PROFINET 作为工业以太网技术中的一种，是 Profibus 国际组织(PI)创新的基于以太网的开放标准，它的提出也是针对现今以太网技术的发展而产生的一种新技术，它将工厂自动化的设备层和企业管理层有机地连接到了一起，完整地保留了 Profibus 的开放性，用来集成 Profibus 设备到工业以太网上，降低了产品升级的成本，同时有助于高速通信数据的快速传输。

### 2. PROFINET 概述

PROFINET 是用于实现工业以太网集成和一体化的自动控制解决方案，它可以应用在基于工业以太网通信的分散式的现场级设备和需要苛求时间的应用集成，以及基于组件的分布式自动化系统的集成。PROFINET 是一种基于工业以太网的自动化通信系统，也是一套全面的以太网标准，可以满足工业控制领域中使用以太网的所有需求。工业以太网的标准 PROFINET 涵盖了控制器各个层次的通信，包括设备的普通自动控制领域和功能更加强大的运动控制领域。所以，工业以太网 PROFINET 适用于所有工业控制领域的应用。

PROFINET 标准提供了模块化概念，这个标准包含过程、实时通信、分布式现场设备、运动控制等多方面功能，可以为不同类型的应用提供最优的技术支持。

通过代理，PROFINET 可以使现场总线控制系统的不同设备间实现连接，无缝集成到现场总线控制系统网络中来，对于普通车间的扩展与升级来说，降低了升级成本，这也是 PROFINET 的一项重要功能。

为了给不同类型的自动化应用提供最佳的技术支持，工业以太网 PROFINET 标准提供了两种解决方案。

#### 1) 集成分布式的 PROFINET I/O

PROFINET I/O 是在工业以太网中实现分布式应用和模块化的通信标准，通过 PROF1NET I/O 网络，支持现场设备和分布式 I/O 集成到工业以太网络中，所有使用的设备都可以接入一致的网络结构中来，生产车间中的所有通信模式是一致的。PROFINET I/O 设备的编程步骤与 Profibus-DP 一致，其组态、编程和诊断也大体相同。

Profibus-DP 的通信原理是主从轮询制形式，即服从主站/从站间的关系。但是在应用

PROFINET I/O 时，执行工业以太网的模式，各设备间有相等的权利，类似于服务器客户端之间的关系。当 Profibus 设备需要接入 PROFINET 网络中时，需要用到网关设备。通过使用网关设备即代理服务器，可以实现 Profibus 网络中的每个设备无缝集成到 PROFINET I/O 网络中。

PROFINET I/O 定义了 I/O 控制器与各个设备间的数据通信方式，且定义了 I/O 控制器和 I/O 设备的诊断方法和参数化配置。采用 PROFINET I/O 的形式，分散式现场设备可以无缝集成到工业以太网络中来。Profibus-DP 主/从访问方式在 PROFINET I/O 中转换为提供者/消费者模型，也可以看作是发送者/接收者的关系。在通信形式上看，工业以太网上的每一个设备都有一样的权利。应用组态软件用以分配中央控制器及网络中的现场设备，所以网络中有 Profibus 接口的设备可以转换为 PROFINET 网络中的设备。

2) PROFINET CBA

PROFINET CBA 即分布式自动化，它描述了未来工厂车间的自动化的场景。

PROFINET CBA 提供了一个可以预先确定技术模块的工具，解决了每一次重新使用设备系统模块的时候都不得不重复地对控制器进行调试及测试的问题。当对设备系统扩展时，不同厂家制造的控制器需要在一个不一致的车间环境中进行通信，这些问题都可以由 PROFINET CBA 来解决。不同的技术特点在组态中产生不同的技术模块，在网络中以自动化组件形式存在并加以使用。同样，一个自动化车间可以根据许多不同的情况分解成不同任务的单元，即技术模块，这些技术模块就由 PROFINET CBA 来体现。其中技术模块一般由一定数量的输入信号进行控制。技术模块的功能实现由用户自身编写的控制程序来定义，技术模块将编写的控制程序产生的信号输出到另外一个控制器中。

PROFINET CBA 把组件的应用部分与组件的创建部分分离。PROFINET CBA 由以下内容组成：创建 PROFINET 组件的工程方法、分布式自动化应用的每个设备间的通信体系结构、现场总线控制系统的移植机制、通过 OPC 对 HMI 系统进行的集成。PROFHINET CHA 定义了工业以太网上的通信机制，阐述了用于自动化设备系统的技术模块间通信的工程模型。

PROFINET 组件是一种技术模块的代表，其中的所有输入信号以及输出信号都在工程系统中体现，它的实现与厂商没有关系，且基于组件的系统中的通信部分是经过编程来实现的。

PROFINET CBA 可以支持具有确定性的通信和基于异常的通信，它们的传输周期可以达到 10 ms，非常适合控制器与控制器间的通信传输。

3. PROFINET 的拓扑结构

网络拓扑需要根据网络中设备单位的要求而设定，即随着传输介质空间结构的不同而改变。不同的网络拓扑结构会对网络传输能力有不同的影响，网络拓扑结构是由三种基本拓扑来组合而成的总线型、星型和环型。实际项目应用中由这三种基本拓扑结构混合搭接完成，在 PROFINET 网络系统中可以使用以下结构。

(1) 星型拓扑结构。星型拓扑结构是指每个站点设备都连接到位于中心节点的交换机，呈星型分布。它可以应用在设备密度高、覆盖范围不大、空间扩展小的领域中，如大型车间的控制区、独立的生产机器或小型的自动化车间。除了交换机以外，PROFINET 网络中其他设备发生故障时不会影响整个网络，进而造成故障。

(2) 树型拓扑结构。由几个星型拓扑结构连接到一起就组成了树型拓扑结构。它可以将复杂设备的安装分成几个部分，作为自主设备来进行通信。树型拓扑结构的优点是层次清晰，网络传输能力高强，数据具有较好的安全性。

(3) 总线型拓扑结构。PROFINET 网络结构类似于 Profibus 的总线型结构，所有通信设备都是串行连接的，应用安装在 PROFINET 网络中的交换机，实现 PROFINET 总线型拓扑结构。总线型拓扑结构使用靠近连接端子的转换开关实现，它可以应用在需要扩展结构的总线系统中，也可以应用于最佳传送系统、装配线等设备。选择总线型结构可以减少布缆量。总线型拓扑结构的优点是布线简单，易于维护和修理。

(4) 环型拓扑结构。所有站点由一条环型电缆连接起来，就形成了环型拓扑结构。当系统需要具有高度可靠性，即为了防止发生电缆断开或网络部件故障时，可以应用环型拓扑结构。为了进一步增加网络的可靠性，可以选择带冗余的坏型拓扑结构。环型拓扑结构的好处在于可以应对网络组件故障，增加设备的可靠性及有效性。

### 4. PROFINET 的通信

在 PROFINET 中基于以太网的通信是可以缩放的，如图 4-11 所示。它具有三种不同的等级：

(1) 用于非苛求时间数据的 TCP/IP 通信，它是一个普通 TCP/IP 等级，可用于 I/O 控制器与 PC 机间的通信，如参数配置和组态部分；

(2) 用于苛求时间过程数据的软实时 SRT(Soft Real-Time)，可以用在工厂自动控制领域；

(3) 用于时间要求特别严格的等时同步实时通信 IRT(IsochronousReal-Time)，它的时钟速率为 1 ms，抖动精度为 1 μs，主要用于有较高时间同步要求的场合，例如运动控制领域。

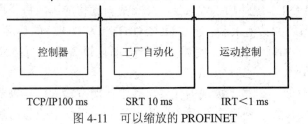

图 4-11　可以缩放的 PROFINET

三种不同性能等级的 PROFINET 网络通信覆盖了自动控制领域的全部应用范围。

PROFINET 标准的关键特性有以下几点：

(1) 同一网络中实时通信 RT(Real-Time)与普通以太网通信可以同时存在；

(2) 标准化的实时通信协议适用于所有应用，包括 PROFINET CBA 组件间的通信和 PROFINET I/O 间的通信；

(3) 可以从普通性能到高级性能，可以实现时间同步的实时通信。

图 4-12 所示为 PROFINET 的通信通道，PROFINET CBA 包括了 TCP/IP 和 RT 两种基于组态的通信模式。PROFINET I/O 包括了 UDP/IP 通信，以及针对分布式设备的 RT 和 IRT 设备。通过网络层(IP 层)到达传输层(TCP/UDP)可以完成一般的 IT 通信以及 PROFINET NRT 的通信，实时通信部分(PROFINET RT)则省略掉两个部分，快速地由数据链路层到达应用层。PROFINET 的特色在于可缩放的、标准化的通信。

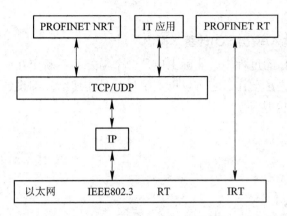

图 4-12  PROFINET 的通信通道

# 4.5  工业机器人通信

在智能制造系统中，通信是基础。所谓通信是指人与人之间、人与设备或设备与设备之间的信息交换。在互联网领域中，能够进行通信的设备都具有一定的信息处理功能，即设备中有计算机存在。例如，世界各地的计算机通过网络运营商连接在一起并进行信息交换，就是数据通信。在工业领域中，所有机器人将各自的运行信息传达给工业控制机，再由工业控制机下达控制指令，也是一种数据通信。

迄今为止，通信接口和通信方式在制造业中起到了重要的作用。工业机器人与外界的通信传输有"I/O"连接和通信线连接两种，本节将对通信技术做一些简单的介绍。

## 1.  模拟信号与数字信号的基本概念

数据通信时一定至少有一方是计算机，故数据传输时，需要进行一次数据向信号的转换。通信信号通常包括模拟信号和数字信号两种，如图 4-13 所示。

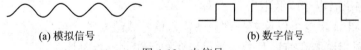

(a) 模拟信号                              (b) 数字信号

图 4-13  电信号

模拟信号中的电压或电流是随时间连续变化的量。时间上不连续的信号，即电压的高低仅用特定值来表示的信号称为数字信号。采用数字信号的数据传输方式称为数字传输。例如计算机网络、移动电话等均为数字传输。

数据通信中，根据传输线路的不同，需要进行模拟(Analog)信号和数字(Digital)信号之间的相互转换，即 A/D 及 D/A 的转换。例如，用电话线作为传输线路，应该先将数字信号转换为模拟信号，然后在接收端再转换成数字信号。将模拟信号转换为数字信号称为调制，将数字信号转换为模拟信号称为解调。

调制解调技术是数据通信中非常重要的技术。脉冲调制是调制的基本方式，可以把模拟信号转换为数字信号。脉冲调制时，每隔一定的时间进行一次模拟信号的采样，并对采样信号进行量化处理，转换成二进制的数值。数字信号到模拟信号的解调与信号调制的步骤相反。

## 2. 工业机器人输入/输出(I/O)的基本概念

工业机器人在工作的过程中，实际上也是一个与外界不断交互信息的过程。比如机器人末端的气爪张开与夹紧动作，它可以以数字量信号传递给外部设备，这些信号就是机器人输出信号，如图 4-14 所示。

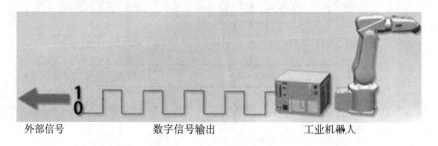

外部信号　　　　　　　　　数字信号输出　　　　　　　　工业机器人

图 4-14　数字输出信号

如果机器人要采集信息为它服务，比如气缸上的电磁开关信号、安全门上的接触传感器信号，将这些外部设备上采集过来的信息以数字信号方式传递给机器人，这些数字信号就是数字输入信号，如图 4-15 所示。它决定机器人的下一步动作。

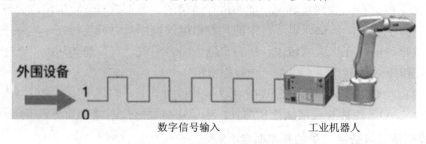

数字信号输入　　　　　　　　工业机器人

图 4-15　数字输入信号

输入信号一般只用于检测外部信号，不可强制改变它的状态。而输出信号可以强制改变它的状态，输出高电平或低电平。

机器人通过 I/O 指令可以读取外部设备输入信号或改变输出信号状态。

有关输入/输出监测在前述有关单元已作介绍，在此不再赘述。

## 3. 工业机器人的 I/O 通信接口

数据通信时，为了保证双方能够正确地收发信息，应该遵循相同的通信协议。通信协议是指为进行数据通信而事先确定的章程。通信协议由表示信息结构的格式和信息交换的进程组成。格式规定了数据为何种类型、如何排列，进程则规定了数据以怎样的步骤和流向来实现信息交流。如果不同厂家和种类的设备之间采用不同的通信协议，将它们连接在一起的网络将无法进行数据通信。为了保证彼此相连的不同设备之间能够进行数据通信，设备间就应当使用相同的通信协议。

工业机器人拥有丰富的通信接口，可以轻松地实现与周边设备进行通信，其中 RS-232 通信、OPCserver、Socket Message 是与 PC 通信时的通信协议；DeviceNet、PROFIBUS、Profibus-DP、PROFINET、EtherNet IP 则是不同工业机器人厂商推出的现场总线协议，可根据需求选配使用合适的现场总线，例如使用 ABB 工业机器人标准 I/O 板，就必须有 DeviceNet 的总线。DeviceNet 是符合全球工业标准的低成本、高性能的通信网络。DeviceNet 的许多特性沿袭于 CAN(ControllerArea Network)，是一种串行总线技术。它能够将工业设备(如限位开关、光电传感器、阀组、电动机驱动器、过程传感器、条形码读取器、变频驱动器、面板显示器和操作员接口等)连接到网络，从而消除了昂贵的硬接线成本。这种直接互联改善了设备间的通信成本，并同时提供了相当重要的设备级诊断功能，这是通过硬接线 I/O 接口很难实现的。

工业机器人的 I/O 模块与机器人内部总线相连，实现机器人内外部逻辑信号的传递与交换。机器人 I/O 通信提供的信号处理包括数字输入(DI)、数字输出(DO)、模拟输入(AI) 和模拟输出(AO)。在工业机器人系统中，通常将上述逻辑控制系统集成为一块板卡/模块——即标准 I/O 模块。使用一根导线连接 I/O 模块上的接口与通信设备，即可实现 I/O 通信。工业机器人的 I/O 模块与机器人内部总线相连，实现机器人内外部逻辑信号的传递与交换。不同的机器人厂商选用的标准 I/O 模块功能上大同小异，但选型上有所不同，像 ABB 机器人常用的标准 I/O 板有 DSQC651 和 DSQC652，KEBA 机器人控制器常用的标准 I/O 板有 DM272/A，KUKA 机器人则提供了 Beckhoff 公司的 EtherCAT 模块。

通常，可能与机器人进行 I/O 通信的设备有各类传感器、PLC 和电磁阀等执行器。I/O 信号可以反馈设备的状态、测量值等信息。机器人 I/O 使用并行通信技术，为了连接 I/O 线缆，I/O 板上接有端子连接器，可以有效连接输入、输出信号。在并行传输中，使用多根并行的线缆一次同时传输多个比特(信号的最小单位)。

工业机器人的 I/O 通信有如下特点：

(1) 由于 I/O 板上可连接的 I/O 信号数量有限(例如 KEBA 机器人控制器 I/O 板 DM272/A，就拥有固定的 8 个数字输入信号端口和 8 个数字输出信号端口)，在设计工业机器人控制系统时就需要合理选择要连接信号的端子，有效利用有限的连接数量。

(2) 使用 I/O 通信可以简化相关的输入输出指令，例如将夹爪的夹紧信号预设为 0，松开信号预设为 1。从机器人程序的方面来说也可以减少编程难度，减少中断。

此外，机器人控制器可以同时处理机器人运动和输入输出信号，因此即使在运动过程中也可以处理 I/O 信号。

### 4．与外围设备的通信接口

为了实施协调作业，工业机器人往往需要配备一些周边设备。但是此时简单的通信接口已经无法满足机器人系统协调作业的需要了，故而应该改用各种高速的通信接口装置。

(1) 与上位机的接口。工业机器人的上位机通常是 PC 或 PLC。起初，工业机器人一般都通过串行通信接口 RS-232C 与上位机相连，但近年来有的已经改用并行接口，甚至一部分机器人已经开始采用总线连接。工业机器人最近开始流行与网络相连接，因此与网络的通信显得极为重要，于是使用 Java 构建的机器人系统也开始得到普及，其结果是导致开放式机器人系统的推广。

(2) 与传感器的接口。工业机器人系统中少不了各种传感器，所以其控制系统中也少不了传感器接口。例如 ABB IRC5 Compact 控制器就集成了探寻停止、输送链跟踪、机器视觉系统和焊缝跟踪接口。开关继电器接口也是工业机器人常用的传感器接口。工业机器人传感器接口包括串行接口 RS-232C、并行的 AI/O 和 DI/O 接口，有的也采用了总线接口。

### 5．控制器通信接口实例

图 4-16 为 KEBA CP265/X 型号控制器接口示意图，它采用了 CAN 总线和 Ethernet/IP 通信。

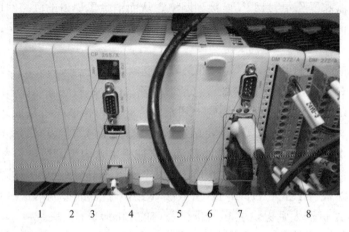

1—诊断信息显示；2—VGA 口；3—USB1 接口；4—电源输入接口；5—CAN 总线接口；

6—3 个以太网口(EtherNet0，EtherNet1，EtherNet2)；7—USB0 接口；8—数字 I/O 模块接口(DM)

图 4-16　控制器接口示意图

基本配置如下：2 个 USB 接口、3 个以太网口(EtherNet)、一个 CAN 口、一个 VGA 口，还有一个 24 V 的电源口用来给控制器供电。ehternet0、ehternet1、ehternet2 三个口不是一样的，其中 Ehternet0 连接示教器，Ehternet1 是连接驱动，Ehternet2 连接主控 PLC。

Ethernet/IP 是由国际控制网络(CI)组织和开放设备网络供应商协会在工业以太网协会的协助下联合开发的，Ethernet/IP 将以太网协议与工业协议两者结合起来，是在标准以太网协议之上建立的。

基于标准以太网技术的 Ethernet/IP 具有以下优点：充分地利用了以太网技术，使设备兼容性增强；可以快速构建控制系统，组网方便快捷；通信快速且稳定，通信距离长，构建成本低廉。

# 4.6　PLC 控制系统

### 1．可编程控制器工作原理

可编程控制器(Programmble Controller)简称 PC 或 PLC，是智能制造中的核心控制单元。它主要完成开关量的控制工作，用于接收外部开关量控制命令，例如，控制工业机器人的启动与停止，控制各个关节轴抱闸的抱紧与释放、手指关节对物体的抓持与松开等。PLC 通过内部程序运算，再进行对外输出，控制继电器、电磁阀等输出器件。目前，在世界范围内(包括国内市场)，松下、西门子、欧姆龙、三菱的产品占有率较高、普及应用较广，典型 PLC 实物外形见图 4-17。

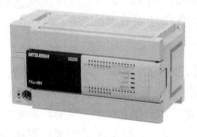
(a) 三菱 PLC 实物图

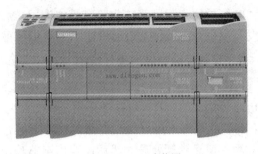
(b) 西门子 PLC 实物图

图 4-17 实物图

工业机器人通常不是单独完成某些工作的,而是和其他自动化设备组成工业控制系统完成具体的工作。在组成工业控制智能制造系统的过程中,需要 PLC 与外部设备进行通信,使工业机器人与外部设备协调工作。

PLC 的工作原理如下:将产生输入信号的设备(如按钮、开关等)与 PLC 的输入端子连接,将接收输出信号的被控设备(如接触器、电磁阀等)与 PLC 的输出端子连接。当用户编写的程序存入后,CPU 会向存储器发出控制指令,从系统程序存储器中调用解释程序将用户编写的程序进行进一步的编译,使之成为 PLC 认可的编译程序。存储器中的工作数据存储器是用来存储工作过程中的指令信息和数据的。通过控制及传感部件发出的状态信息和控制指令通过输入接口(I/O 接口)送入到存储器的工作数据存储器中。在 CPU 控制器的控制下,这些数据信息会从工作数据存储器中调入 CPU 的寄存器,与 PLC 认可的编译程序结合,由运算器进行数据分析、运算和处理。最终,将运算结果或控制指令通过输出接口传送给继电器、电磁阀、指示灯、蜂鸣器、电磁线圈、电动机等外部设备及功能部件,这些外部设备及功能部件即会执行相应的工作。PLC 工作原理如图 4-18 所示,中间部分是 PLC 模块。

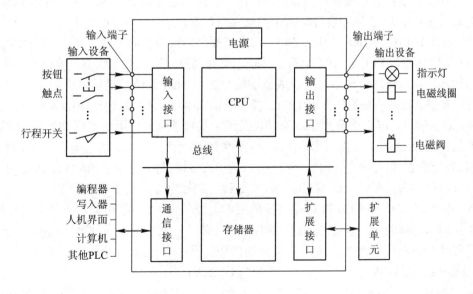

图 4-18 PLC 工作原理

PLC 的用户程序可在实验室模拟调试,输入信号用开关来模拟,输出信号可以观察 PLC 的发光二极管亮灭状态迅速查明原因。调试后再将 PLC 在现场安装调试。

**2. 可编程控制器的硬件结构**

PLC 属于精密的电子设备,从功能电路上讲,主要是由输入电路、运算控制电路、输出电路等构成的。输入电路的作用是将被控对象的各种控制信息及操作命令转换成 PLC 输入信号,然后送给运算控制电路;运算控制电路以内部的 CPU 为核心,按照用户设定的程序对输入信息进行处理,然后由输出电路输出控制信号,这个过程实现了算术运算和逻辑运算等多种处理功能;输出电路由 PLC 输出接口和外部被控负载构成,CPU 完成的运算结果由 PLC 输出接口提供给被控负载。可编程控制器(PLC)的硬件结构主要由 CPU、存储器、输入输出接口(I/O 模块)、通信接口、电源、编程接口等组成。

(1) 中央处理单元(CPU)。中央处理单元(CPU)是 PLC 的控制中枢,是 PLC 的核心。它按照 PLC 系统程序赋予的功能接收并存储用户程序和数据;检查电源、存储器、I/O 以及警戒定时器的状态,并能诊断用户程序中的语法错误。当 PLC 投入运行时,首先它以扫描的方式接收现场各输入装置的状态和数据,并分别存入 I/O 映像区,然后从用户程序存储器中逐条读取用户程序,经过命令解释后按指令的规定执行逻辑或运算,再将结果送入 I/O 映像区或数据寄存器内。等所有的用户程序执行完毕,最后将 I/O 映像区的各输出状态或输出寄存器内的数据传送到相应的输出装置,如此循环运行,直到停止运行。

为了进一步提高 PLC 的可靠性,对大型 PLC 还采用双 CPU 构成冗余系统,或采用三 CPU 的表决式系统。这样,即使某个 CPU 出现故障,整个系统仍能正常运行。

CPU 速度和内存容量是 PLC 的重要参数,它们决定着 PLC 的工作速度,I/O 数量及软件容量等,因此限制着控制规模。

(2) 存储器。PLC 存储器包括系统存储器和用户存储器。

系统存储器是存放系统软件的存储器;用户存储器是存放 PLC 用户程序的存储器。数据存储器用来存储 PLC 程序执行时的中间状态与信息,它相当于 PC 的内存。

(3) 输入/输出接口(I/O 模块)。PLC 与电气回路的接口是通过输入/输出部分(I/O)完成的。I/O 模块集成了 PLC 的 I/O 电路,其输入寄存器反映输入信号状态,输出点反映输出寄存器状态。输入模块将电信号变换成数字信号进入 PLC 系统,输出模块相反。I/O 模块分为开关量输入(DI)、开关量输出(DO)、模拟量输入(AI)、模拟量输出(AO)等模块。

(4) 通信接口。PLC 具有通信联网功能。通信接口的主要作用是实现 PLC 与外部设备之间的数据交换(通信),可以与远程 I/O、与其他 PLC 之间、与计算机之间、与智能设备(如变频器、数控装置等)之间进行通信。通信接口的形式多样,最基本的有 RS232、RS422/RS485 等的标准串行接口。可以通过多芯电缆、双绞线、同轴电缆、光缆等进行连接。

(5) 电源。PLC 的电源为 PLC 电路提供工作电源,在整个系统中起着十分重要的作用。一个良好的、可靠的电源系统是 PLC 的最基本保障。一般交流电压波动在+10%(+15%)范围内,可以不采取其他措施而将 PLC 直接连接到交流电网上去。电源输入类型有:交流电源(AC220V 或 AC110V)和直流电源(常用的为 DC24V)。

(6) 编程接口。编程接口通过编程电缆与编程设备(计算机)连接,电脑通过编程电缆对 PLC 进行编程、调试、监视、试验和记录。

### 3. PLC 循环扫描的工作方式

PLC 的工作方式采用不断循环的顺序扫描工作方式。CPU 从第一条指令开始执行程序，按顺序逐条地执行用户程序直到用户程序结束，然后返回第一条指令开始新的一轮扫描，如此周而复始不断循环。当然，整个过程是在系统软件控制下进行的，顺次扫描各输入点的状态，按用户程序进行运算处理(用户程序按先后顺序存放)，然后顺序向输出点发出相应的控制信号。整个过程可以大体分为以下几个阶段。

(1) 初始化。PLC 接通电源后，外部电压经内部电路处理后为 PLC 整机供电。系统首先执行自身的初始化操作，包括硬件、软件的初始化和其他设置的初始化处理。

(2) 自诊断处理。自诊断处理的检查对象包括 CPU、电池电压、程序存储器、I/O 和通信等，若发现异常，马上传递出错代码，特别是出现致命错误时，CPU 立刻进入"STOP"(停止)方式，所有的扫描停止。PLC 每扫描一次，执行一次自诊断检查。

(3) 通信处理。PLC 自诊断处理完成后，先检查有无通信任务，如有则调用相应进程，完成 PLC 之间或 PLC 与其他设备的通信处理，并对通信数据作相应处理。例如：PLC 与外部编程器、显示器、打印机等是否有通信信息需要传递。PLC 每扫描一次，执行一次通信处理。

(4) 输入信息处理。将输入端子导入的外部输入信息存入映像寄存器中。PLC 每扫描一次，执行一次输入信息处理。

(5) 用户程序执行。用户程序由若干条指令组成，指令在存储器中按照序号顺序排列。从首地址开始按自上而下、从左到右的顺序逐条扫描执行，并从输入映像寄存器中"读入"输入端子状态，从元件映像寄存器"读入"对应元件(软继电器)的当前状态，然后，根据指令要求执行相应的运算，运算结果再存入元件映像寄存器中。

(6) 输出信息处理。所有指令执行完毕后，进入输出信息处理阶段。将运算处理完毕的结果信息存入输出映像寄存器中，并进一步传输至外部被控设备。PLC 每扫描一次，执行一次输出信息处理。

至此，一个扫描过程完毕，这整个工作周期称为扫描周期。为了确保控制能正确实时地进行，在每个扫描周期的作业时间必须被控制在一定范围内。通常用 PLC 执行 1KB 指令所需时间来说明其扫描速度，一般为零点几毫秒到上百毫秒。程序扫描周期的长短与 CPU 的运算速度、与 I/O 点的情况、与用户应用程序的长短及编程情况等有关。

### 4. PLC 技术在工业机器人中的应用

PLC 技术在工业机器人当中的应用，具体表现在：

(1) 开关量控制。将 PLC 技术应用于开关量控制的目的在于，根据现存与历史开关量的输入状况从而决定系统所需的开关量输出，让系统能够依指定顺序开始工作。而要实现此目的，前提是编写相应的程序。此程序的编写可采取两种方式：一种是逻辑处理方式，是利用组合或是时序逻辑综合的方法变换输入与输出；另一种是工程设计方式，是利用具体的要求命令来控制输出。工程设计方式对系统的控制可采取以下三种方式：一种是分散控制，另一种是集中控制，还有一种是混合控制。其中集中控制是利用集中控制器来实现的，此控制器即是基于 PLC 程序的顺序输出命令。为此，可将 PLC 技术应用于基于步进电机的工业机器人上。分散控制是利用分散信号来实现的，控制输出就如发命令，命令的内容与发出的时间均由分散动作反馈信号的完成情况来决定。分散控制的最大特征在于可进行反馈，系统在未收到反馈信号的前提下是不会发出后续命令的，这样就使得整个系统能安全运行。为此，PLC 技术还可应用于利用伺服电机进行控制的工业机器人上。

(2) 模拟量控制。一般地，过程控制都需要利用到模拟量，包括电流、电压、压力、温度等。若要利用 PLC 对模拟量进行处理，首先要将模拟量进行数字化与离散化转换，并将其进行锁存后再进行模拟输出。因此，进行模拟量控制还需安装 A/D 模块，以实现模拟量的数字化与离散化；然后再利用 D/A 模块将其进行锁存并进行模拟输出。引入 PLC 技术对模拟量进行控制的目的在于依据当前的模拟量输出情况以产生系统运行所需的模拟量输出，让系统能够依指定要求实施工作。过程控制的类型有很多，其中最为常用的是闭环控制与开环控制。闭环控制以传感器监测调节量，并将所接收到的调节量传送至 A/D 模块，将模拟量进行数字化与离散化的转换；接着 PLC 程序会依要求进行相应处理，并将处理结果传送至 D/A 模块，通过执行器最终传达到被控对象上。关节角度和电机的运动速度是工业机器人控制的重点，其中关节角度即是一种模拟量，若系统电机为伺服电机，那么关节角度的控制应采取闭环控制。开环控制以传感器监测扰动量，然后 PLC 程序会依扰动量与调节量之间的关系产生控制量，通过 D/A 模块和执行器最终作用于被控制对象上。其目的在于让干扰量与控制量同时作用于系统，以抵御干扰给系统带来的不良影响。工业机器人通常可采取开环控制方式，不过此时电机多数为步进电机。

(3) 脉冲量控制。脉冲量是指工作对象的位置、速度、加速度等，脉冲量控制可使工作对象作直线运动或角度变换运动，并且还可对多个对象进行同时控制，而实现此功能的前提是协调各对象间的运动情况。基于此，在利用 PLC 技术对脉冲量进行控制时，可选择闭环控制或是开环控制两种方式，从而对工业机器人实施闭环或开环控制。

(4) 信息控制。信息控制，即人们常说的数据处理，包括采集、存储、检索、变换、传输、数表处理等操作。在工业机器人中应用 PLC 技术，可对工业机器人进行信息控制，将工业机器人的内部与外部参数进行采集、处理或记录，并将其显示于数据显示屏上，连接计算机时还可将其传送至计算机上，再利用计算机对数据进行进一步处理。

(5) 远程控制。远程控制是指针对系统的远程部分行为与效果进行检测与控制。基于 PLC 程序的 PLC 技术拥有多种类型的通信接口，主要完成 CPU 的通信功能，其可与网络进行连接，具有良好的联网与通信能力。当 CPU 自身所带的通信接口不能满足 PLC 与其他设备的通信需求时，则需要配置通信模块来扩展相应的通信接口。例如西门子 S7-300 系列 PLC 常用的通信模块主要包括：CP340、CP341、CP343-2、CP342-5、CP343-5、CP343-1 等。CP340、CP341 可以完成点对点连接的串行通信，具有三种不同的型号，内置通信协议驱动程序，最大通信长度可达 1000 m。CP343-2 是用于连接 AS-Interface 的通信模块，其与 S7-300 的相连类似 I/O 模块，支持 AS-Interface 技术规范 V3.0 的指定功能，集成模拟量传输，连接最多 62 个 AS-Interface 从站。CP342-5 和 CP343-5 是用于 PROFIBUS 通信的模块，用于将 SIMATICS7-300 和 SIMATIC C7 连接到 PROFIBUS 上，最大传输率可达 12 Mb/s。CP343-1 用于将 SIMATICS7-300 连接到工业以太网，也可作为 PROFINET I/O 设备。在工业机器人上利用 PLC 技术可取得良好的远程控制效果，有利于提高工业生产的效率。

## 4.7 工业机器人输入输出(I/O)的接线

例 1：ER20-C10 机器人输入为高电平有效，即给输入输出模块 DM272/A 输入高电平 (+24 V)时，机器人的输入有效。如图 4-19(a)所示为机器人输入接线实例(以 DI0、DI7 为例)，其中输入输出模块 DM272/A 的 24 V 和 0 V，在机器人出厂时已接好。若需要给机器人的输入 DI0、DI7 输入时，只需要给 DI0 或 DI7 提供直流 +24 V 即可。

正确连接时，输入为 1 时相应输入点绿色灯点亮，输入为 0 时相应输入点绿色灯灭。

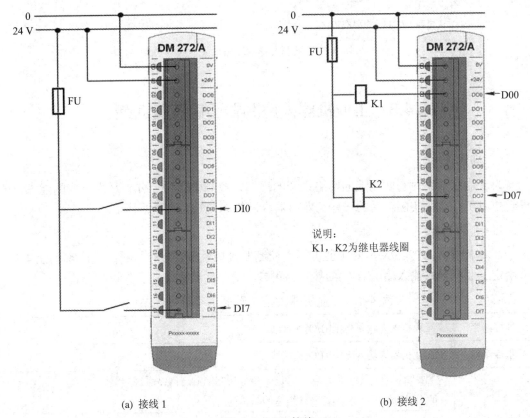

(a) 接线 1　　　　　　　　　　　　(b) 接线 2

图 4-19　I/O 接线

ER20-C10 机器人输出为低电平有效，即当 DO 输出时，输出为低电平(0V)。

以图 4-19(b)所示机器人 DO0、DO7 输出接线为例，其中输入输出模块 DM272/A 的 24 V 和 0 V，在机器人出厂时已接好。若需要在机器人的输出 DO7 上接一个 24 DVC 继电器，那么应该从 DM272/A 上引出 2 线接到继电器 K1、K2 线圈的"+"极，再将继电器 K1、K2 线圈的"−"极接到 0 V 上，当机器人输出口 DO0、DO7 有输出时，那么继电器 K1、K2 线圈得电，从而控制继电器 K1、K2 的触点动作。

正确连接时，输出为 1 相应输出点橘黄色灯点亮，输出为 0 相应输出点橘黄色灯灭。

例 2：亚德客 5V11006 型电磁阀为二位五通单电控型电磁阀。若输出为高电平有效时，将电磁阀线圈的两根线分别接至外部电源 +24 V 接口和用户 I/O 接口 DO8，如图 4-20 所示。

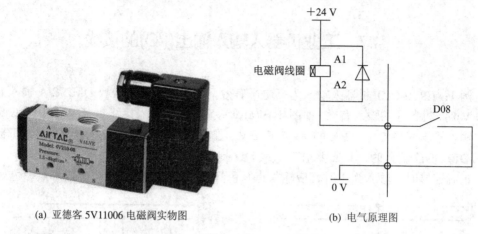

(a) 亚德客 5V11006 电磁阀实物图　　　　　　(b) 电气原理图

图 4-20　机器人外部输出接线方式

## 4.8　工业机器人控制器通信技能训练

### 1. 训练任务

为了加深学生对智能制造的网络系统的理解，提高学生初步分析网络通信的能力，要求学生对工厂企业实际应用的一些工业机器人网络系统进行分析思考。

### 2. 训练内容

针对 KEBA CP265/X 型号工业机器人控制器接口系统，进行分析，完成本单元 4.7 小节给定工业机器人输入/输出(I/O)的接线。可参考表 4-1 要求进一步分析和操作。

表 4-1　工业机器人控制器通信实训报告书

| 训练内容 | 工业机器人输入/输出(I/O)的接线 | |
|---|---|---|
| 重点难点 | 工业机器人输入/输出(I/O)的接线 | |
| 训练目标 | 主要知识能力目标 | (1) 通过学习，进一步分析智能制造网络系统的组成；<br>(2) 具备网络组态的基本能力 |
| | 相关能力指标 | (1) 养成独立工作的习惯，能够正确制定工作计划；<br>(2) 能够阅读工业机器人相关技术手册与说明书；<br>(3) 培养学生良好的职业素质及团队协作精神 |
| 参考资料及学习资源 | 教材、图书馆相关资料、工业机器人相关技术手册与说明书、工业机器人课程相关网站、Internet 检索等 | |
| 学生准备 | 熟悉所选工业机器人系统、教材、笔、笔记本、练习纸 | |
| 教师准备 | (1) 熟悉教学标准和机器人实训设备说明书；<br>(2) 设计教学过程；<br>(3) 准备演示实验和讲授内容 | |

续表

| 工作步骤 | 1. 明确任务 教师提出任务，学生借助于资料、材料和教师提出的引导问题，自己做一个工作计划，并拟定出检查、评价工作成果的标准要求 | | | | | |
|---|---|---|---|---|---|---|
| | 2. 分析过程 | (1) 简述控制器组成部分及作用；(2) 分析网络接口；(3) 分析 I/O 接口 | | | | |
| | 3. 检查 | | | | | |
| | 检查项目 | 检查结果及改进措施 | 应得分 | 实得分（自评） | 实得分（小组） | 实得分（教师） |
| | (1) 练习结果正确性 | | 20 | | | |
| | (2) 知识点的掌握情况 | | 40 | | | |
| | (3) 能力点控制检查 | | 20 | | | |
| | (4) 课外任务完成情况 | | 20 | | | |
| 综合评价 | 自己评价： | | 小组评价： | | 教师评价： | |

说明：

(1) 自己评价：在整个过程中，学生依据拟订的评价标准，检查是否符合要求的完成了工作任务；

(2) 小组评价：由小组评价、教师参与，与老师进行专业对话，评价学生的工作情况，给出建议。

# 思考与练习题

1. 工业机器人的 I/O 通信有何特点？
2. 什么是模拟信号与数字信号？
3. 简述 PLC 循环扫描的工作方式。
4. 列举常见的总线协议类型。

# 单元5 工业机器人应用案例

## 思维导图

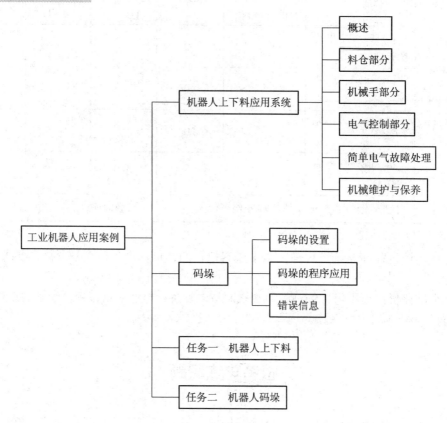

## 学习目标

1. 知识目标

(1) 了解工业机器人上下料的基本流程；

(2) 了解工业机器人的码垛的基本方法。

2. 技能目标

(1) 掌握工业机器人的上下料编程与操作；

(2) 能进行简单的机器人码垛。

## 知识导引

# 5.1　机器人上下料应用系统

本节以安徽 EFORT(埃夫特) 6 轴机器人为载体,讲述工业机器人机床上下料有关的应用案例。

## 5.1.1　概述

工业机器人机床上下料装置是将待加工工件送到机床上的加工位置和将已加工工件从加工位置取下的工业机器人全自动机械装置,又称工业机器人工件自动装卸装置。应用工业机器人的显著优点是节拍快、精准,且如果使用多功能夹具进行装夹时可实现多种不同的加工效果,机床加设机器人上下料装置后,可使加工循环连续自动进行,成为自动机床。

机器人上下料应用系统(见图 5-1)作业时,工人预先将毛坯放置储料仓处,再由机器人机械手将工件送入数控机床完成送料加工,当数控机床加工完成后,通过机械手将半成品抓到翻转机构处翻转工件,再放到输送带上,进入下一工序加工。最后将成品工件送入研磨机处去毛刺,再收集到收料仓处,最后由工人在收料仓处去取下成品工件完成自动加工。

图 5-1　机器人上下料应用系统

## 5.1.2　料仓部分

料仓部分主要由机架、升降气缸、料仓旋转移动气缸、移动定位气缸、静止定位气缸、控制系统等组成。下面介绍两种常用的控制方法。

### 1. 手动控制

静止定位气缸伸出时,升降气缸可手动自由下降与上升。移动定位气缸与静止定位气缸一方伸出时，另一方可手动自由伸缩。当升降气缸都在下限，同时移动定位气缸与静止定位气缸一方伸出时，转动气缸方可以手动自由伸缩。

### 2．自动运行

首先我们在上料仓的对射光电处放置毛坯材料；当旋转自动运行旋钮处于自动运行时，升降气缸上升毛坯，当对射光电感应到有料时气缸停止上升，机械手才过来抓取毛坯至机床处进行加工，手爪夹取完成后升降气缸上升至上限，且对射光电感应到无料时，机械手转取另一盘；另一盘原理相同。在两盘升降气缸都上升至上限且对射光电感应到无料时，禁止机械手过来抓取毛坯。升降同时下降至下限位，转盘正转至下一工位。转盘旋转原理：静止定位气缸伸出→移动定位气缸收回→旋转气缸收回→移动定位气缸伸出→静止定位气缸收回→旋转气缸伸出→静止定位气缸伸出→升降气缸上升毛坯。当对射光电感应到有料时气缸停止上升，才允许机械手过来抓取毛坯，周而始复。

首先我们在下料仓的对射光电处取完成品材料；当旋转自动运行旋钮于自动运行时，升降气缸上升。

## 5.1.3　机械手部分

机械手(Mechanical Hand)多数是指附属于主机(工业机器人)，能模仿人手和臂的某些动作功能，用以按固定程序抓取、搬运物件或操作工具的自动操作装置(国内一般称做机械手或专用机械手)，如自动线、自动机的上下料、加工中心自动换刀的自动化装置。它一般由执行系统、驱动系统、控制系统和人工智能系统组成。

作为机械手执行系统的重要组成部分——机器人末端执行器夹具是为更高效生产而研制开发的。末端执行器一般是通过连接法兰安装在机器人手腕上，用来完成规定操作或作业的重要工艺装备。机器人末端执行器种类有很多，以适应不同的场合。

夹钳式末端执行器是工业机器人最常用的一种夹具型末端执行器。夹钳式末端执行器通常采用手爪拾取工件，通过手长的开启/闭合，实现对工件的夹/取。

夹钳式末端执行器的基本结构有：手爪、驱动机构、传动机构、连接和支撑元件，如图5-2(a)所示，气缸中的压缩空气推动活塞使曲杆做往复运动，从而使手爪沿导向槽开合。手爪是与工件直接接触的部件，一般情况下只需2个手爪配合就可以完成一般的工件夹取，如图5-2(b)所示气动手爪。复杂的工件可以选择3爪如图5-2(c)或多爪进行抓取。其他特殊形式气缸如图5-2(d)、(e)所示。

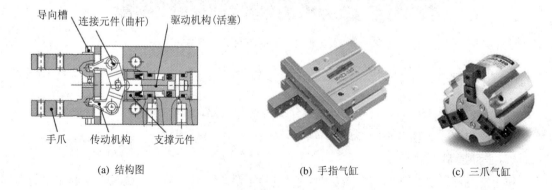

(a) 结构图　　　　(b) 手指气缸　　　　(c) 三爪气缸

(d) 转角气缸                    (e) 回转气缸

图 5-2  夹钳式末端执行器

## 5.1.4  电气控制部分

### 1. 开机先后顺序

先打开 CNC 电源及相应加工程序,再开启机器人(参考机器人开机过程),最后打开控制系统电源。

(1) 合上控制机箱内的电源总开关及各分组功能空气开关,按下操作面板上的"绿色按钮"启动电源,触摸屏启动,表示电源已接通,PLC 和触摸屏已运行。"红色按钮"开/闭电源,"黄色按钮"暂停运行。

(2) 启动电源开关后触摸屏进入如图 5-3 所示的开机画面,点击"轻触画面进入系统。。。"触控开关进入如图 5-4 所示的自动画面,在自动画面主菜单可根据需要选择进入各个不同的功能画面。

图 5-3  触摸屏开机画面

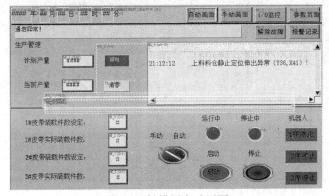

图 5-4  触摸屏自动画面

**2．自动画面**

现将自动画面功能介绍如下：

(1) 计划产量：设定计划生产工件数。

点击红色按钮"禁用" 0.5 s 后，变为绿色按钮"启用"启用计划产量，否则不计数产量。

(2) 当前产量：当启用计划产量时显示当前生产产量。点击按钮"清零"可清除当前产量为零。

(3) 1# 皮带装载件数设定：1# 皮带最大装载工件数量。

(4) 1# 皮带实际装载件数：显示 1# 皮带当前装载工件数量。在 1# 皮带当前装载工件数量到达最大装载工件数量时，禁止机器人继续在皮带上卸放工件。

2# 皮带与 1# 皮带相同。

(5) "手动/自动"操作模式旋钮 置为手动状态时，运行灯与停止灯都为红色；旋转此按钮变为自动状态时，上料仓与下料仓动作进准备状态，翻转机构复位。

(6) 1序停止 2序停止 3序停止 ：为机器人启停按钮，例如要启用 1# 机器人时点击 1序停止 ，当按钮变为 1序启用 状态时为已启用。在启用相应机器人后点击按钮"启动"开始运行，同时运行灯变为绿色。点击按钮"停止"所有运行暂停，停止灯变为绿色，而运行灯变为红色。

在使用过程中，系统出现异常时，显示相应黑体字。当出现异常时请检查相应 I/O 信号。当异常解除后按 解除故障 按钮解除故障状态，异常解除后变白色字。

**3．手动画面**

点击主菜单的手动画面开关进入如图 5-5 所示的手动画面。手动画面分为上料仓、下料仓、CNC、其它、研磨抛光共五个画面。

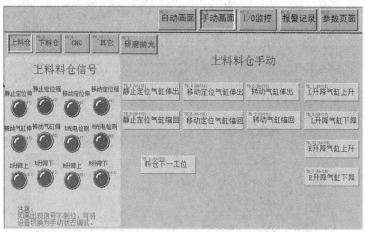

图 5-5　手动控制画面

1) 料仓控制

料仓(包括上料仓、下料仓)控制主要手动控制各气缸伸缩及状态显示。在升降气缸都在下限时，点击按钮 料仓下一工位 料仓旋转一个工位；升降气缸都不在下限时，点击按钮无效。其他参考前述料仓手动控制。一般用于解除故障和安装调试时使用，在设备没有任何异常情况时不建议操作此画面，操作此画面时请注意安全，避免造成安全事故。

2) CNC

CNC 手动控制包含：CNC 门开关、主轴吹气开关、主轴夹爪开关与状态显示，如图 5-6 所示。

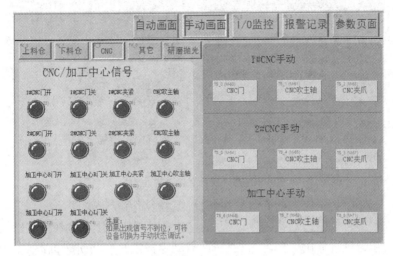

图 5-6　CNC 手动控制画面

CNC 门开关、CNC 吹主轴和主轴夹爪开关控制功能为取逻辑反，例如：当 CNC 门为开时，点击关闭 CNC 门，再次点击则打开 CNC 门。

3) 其它

其它手动控制：包含前后翻转气缸、前后翻转夹爪及前后输送皮带控制与状态显示，如图 5-7 所示。

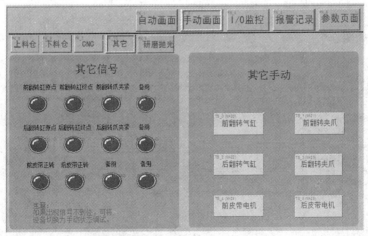

图 5-7　其它手动控制界面

翻转气缸，翻转夹爪和皮带电机控制功能都为取逻辑反。

4) 研磨抛光

研磨抛光页面包含：各气缸伸缩手动控制、启动、停止及状态与工作参数，如图 5-8 所示。

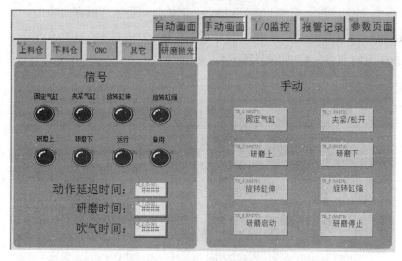

图 5-8　研磨参数界面

(1) 固定气缸按钮和夹紧/松开气缸按钮控制功能都为取逻辑反。

研磨气缸和旋转气缸为双位控制，例如：当点击 "研磨上" 按钮时气缸缩回，而点击"研磨下"按钮时气缸伸出。当点击 "研磨启动" 按钮时启动研磨机；点击"研磨停止"按钮时停止研磨机，各气缸复位。

(2) 动作延迟时间：指自动运行中各气缸动作之间的时间间隔。

研磨时间：设定研磨抛光时间。吹气时间：设定研磨抛光后吹气时间。

(3) 自动研磨抛光动作原理：装载工件→旋转气缸伸→夹紧/松开气缸缩(夹紧)→研磨气缸伸(下)→固定气缸伸→研磨启动→研磨停上(研磨时间到)→固定气缸缩→研磨气缸缩(上)→夹紧/松开气缸伸(松开)→研磨吹气→旋转气缸缩→卸载工件。

5) 参数页面

参数页面如图 5-9 所示。

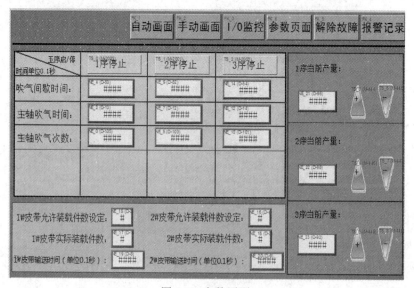

图 5-9　参数页面

主轴吹气时间用于设定 CNC 加工完成后主轴吹气时间；主轴吹气次数用于设定 CNC 加工完成后主轴吹气次数；吹气间歇时间用于设定多次吹气之间停止时间。

当启用计划产量时，"当前产量"显示各工序完成的加工数量；按钮"+"，"－"可以对当前产量进行调整。

皮带输送时间用于设定在自动运行中，机器人向皮带装载工件后皮带的输送时间。当输送线上对射感应器检测不到工件时一直运行。

其他参数请参考自动画面。

### 4. I/O 点监控画面

点击主菜单画面的 I/O 点监控开关可进入如图 5-10 所示 I/O 点监控画面。此画面是监控可编程控制器的输入/输出信号状态的画面，在维护人员维修设备时起辅助作用，操作人员不需操作此画面。

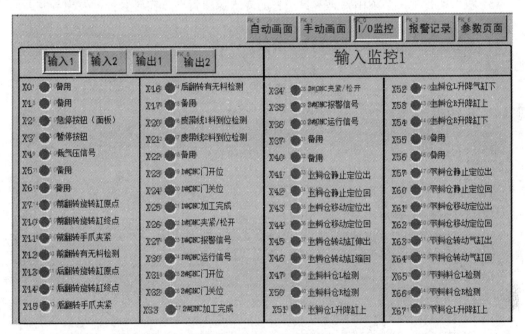

图 5-10　I/O 点监控画面

### 5. 报警记录画面

点击主菜单画面的报警记录开关可进入如图 5-11 所示报警记录画面。此画面是该设备出现异常报警时记录的报警事件和发生警报的时间，维护人员可以根据此画面的报警记录提示来找到故障的源头从而解决故障。

| 报警记录 | | | | 返回 |
| --- | --- | --- | --- | --- |
| 00:44:15 | 00:44:15 | 00:44:15 | 上料料仓静止定位伸出异常（Y36,X41）！ | |
| 00:44:15 | 00:44:15 | 00:44:15 | 上料料仓静止定位伸出异常（Y36,X41）！ | |
| 00:44:15 | 00:44:15 | 00:44:15 | 上料料仓静止定位伸出异常（Y36,X41）！ | |

图 5-11　报警记录画面

### 5.1.5　简单电气故障处理

简单电气故障的处理方法如下：

(1) 定期检查及清洁控制电器上的灰尘和油污，以免因此造成漏电及局部短路、接触不良，但绝不能用水冲洗；

(2) 在环境温度高于 38℃的情况下，应打开控制箱门，方便散热，避免可编程控制器在高温环境下长期工作，而影响可编程控制器的可靠性和使用寿命；

(3) 需要紧急停机可按下急停按钮，正常情况下应避免设备在高速运行的情况下停机，否则可能会引起电机过载，应先按暂停按钮，再按急停按钮；

(4) 电源的电压及最大允许电流应符合要求，并保证可靠地与地线连接(控制箱与机体必须分别接地)；

(5) 机器运行中，必须由熟悉本机操作的专人操作管理、实时监控，发现异常及时停机排查故障；

(6) 运行区内，自动运行应禁止人工介入，否则会出现意料不到的损毁机器及人员工伤等事故；

(7) 日常维护检修时，应悬挂工作牌或设监护等措施，以防安全事故；

(8) 在自动启动前必须复位执行完毕后才有效；

(9) 设备内各传感器位置、机械撞块位置已调好，切不可随意变动；

(10) 运行区内，应设备通电时禁止人员身体进入，以防传动装置突动对人身安全造成危害；

(11) 程序更改应由专用软件专业人员写入，如需变更工艺应通知技术人员前往更改；

(12) 按急停后，必须重新复位才能自动运行；

(13) 自动运行中若发现某设定位置不能停止而出现误动作，应检查该处相应的感应开关效应距离是否过远，供气气压是否过低(不足以驱动气缸动作)；

(14) 若在自动中，各传动装置突然停止运行，应先查看有无异常报警，无异常时可以检查 PLC 是否有输出；

(15) 若传动或滑动部分有异响和大的抖动，应着重检查各部位齿条、减速器和电机；

(16) 电源开关不能启动时，先检查主空气开关是否跳闸，再检查主接触器是否损坏，然后检查启动按钮是否损坏。

### 5.1.6　机械维护与保养

#### 1. 定期检查各螺栓和螺母的松紧情况

为了长期有效地使用机械手，避免机械故障和意外事故的发生，必须对机械手定期检查各螺栓和螺母的松紧情况。由于长时间高速的激烈撞击，螺丝和螺母的松弛是导致机械手发生故障的最主要原因。操作方法如下：

(1) 紧固上下、前后、行进、制品用各限位开关的安装螺栓；

(2) 确认走行体部分电控柜的安装螺栓松紧和柜内中继信号端子的接插松紧情况；

(3) 各挡板及制动装置的松紧情况。

## 2．各摩擦部位的给油

线性导轨是精密组件，必须经常擦拭洁净上油，以防生锈影响精度。建议使用 32～150 cst 的润滑油，滑块滑动距离 100 km 时，应再补充润滑油脂一次，用注油枪注入滑块上所附油嘴，将油脂打入滑块中。润滑油脂适用于速度不超过 60 m/min，且无冷却作用要求的场合。

## 3．直线导轨、齿条以及同步带表面的脏污清理

由于横入横出、上下、前后直线导轨、齿条以及同步带表面的磨痕、油污、尘屑的积聚会影响机械正常有效的运转，需要进行定期清理维护。另外，若直线导轨表面上存在着撞击后的伤痕，请及时更换新的导轨。

## 4．上下轴同步带或齿条运行检查

当上下轴在高速运行时，通过目测检查驱动皮带的连接状态和张力，检查皮带是否磨损以及是否存在"摩擦区域"，检查齿条的齿面是否存在磨损严重的情况，若有上述现象存在，请尽快进行更换。

## 5．各轴拖链的检查确认

运行时各轴拖链应和其他部件无摩擦，目检无老化和损坏。

## 6．配管用的空气软管的破损更换

空气软管的折伤和老化，会导致空气压(气流量)不正常。若从各接头或空气软管中有空气漏出，请及时进行更换。

## 7．过滤减压阀的确认

由于长期使用，空气中的水分无可避免的积聚，需要定期做下排水处理，同时目检气压值是否正常稳定。

# 5.2　码　　垛

工业中的所谓码垛，是指将形状基本一致的产品按一定的要求堆叠起来。工业机器人码垛，是指这样一种功能，它只要对几个具有代表性的点进行示教，即可按照一定顺序进行堆叠工件。

工业应用中，常见的机器人码垛方式有 4 种：重叠式、正反交错式、纵横交错式和旋转交错式，如图 5-12 所示。

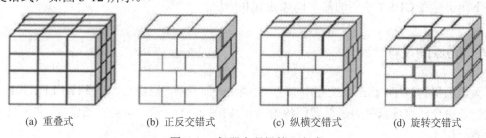

(a) 重叠式　　　　(b) 正反交错式　　　　(c) 纵横交错式　　　　(d) 旋转交错式

图 5-12　机器人码垛的 4 方式

各种码垛方式说明如下：

### 1．重叠式码垛

各层码放方式相同，上下对应，各层之间不交错堆码，是机械作业的主要形式之一，适用于硬质整齐的物资包装。

### 2．正反交错式码垛

同一层中，不同列的货物以 90° 垂直码放，而相邻两层之间相差 180°，这种方式类似于建筑上的砌砖方式，相邻层之间不重缝。

### 3．纵横交错式码垛

相邻两层货物的摆放旋转 90°，一层成横向放置，另一层成纵向放置，纵横交错堆码。

### 4．旋转交错式码垛

第一层中每两个相邻包装体互为 90°，相邻两层间码放相差 180°，这种码垛方式相邻两层之间互相咬合交叉。

码垛机器人系统主要由操作机(机器人本体)、控制器、示教器、作业系统和辅助设备组成，如图 5-13 所示。

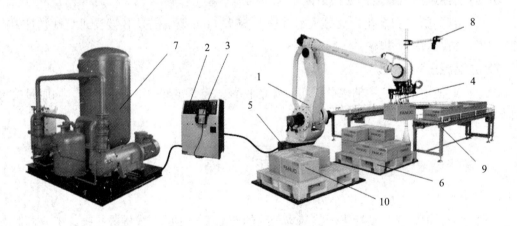

1—操作机(机器人本体)；2—控制器；3—示教器；4—末端执行器(吸盘)；5—机器人安装平台；
6—工件摆放装置(托盘)；7—真空负压站；8—视觉系统；9—输送带；(10)—工件

图 5-13　码垛机器人系统

下面讲述在 C10 系统中的简单码垛设置和应用。

## 5.2.1　码垛的设置

新建工程和程序，点击"新建"，展开 功能块，选择"码垛"，选择 PALLET.ToPut(或任意一条命令，这里只是为了新建码垛变量)，如图 5-14 所示。点击"确定"，进入图 5-15 所示界面。

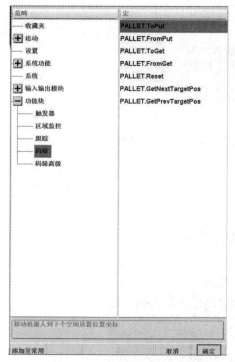

图 5-14　选择 PALLET.ToPut

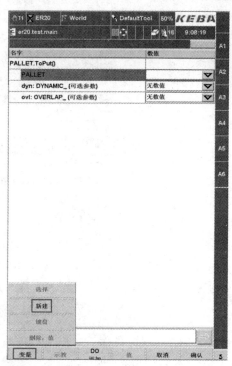

图 5-15　码垛变量(一)

选中 PALLET 行，点击"变量"，"新建"，进入图 5-16 所示界面。

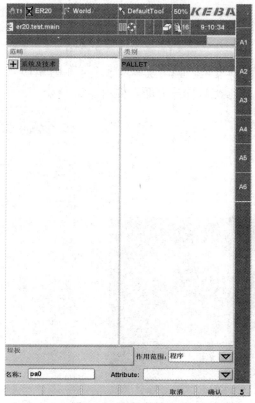

图 5-16　码垛变量(二)

这里我们采用默认的命名 pa0，作用范围为"程序"，点击"确认"，进入图 5-17 所示界面。

图 5-17　命名码垛变量

再点击"确认"，至此，码垛变量新建完成，进入图 5-18 所示界面。

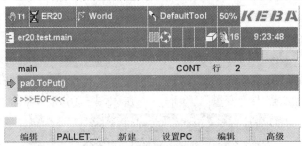

图 5-18　码垛变量新建完成

依次按主菜单键 ⬚ →变量，会出现码垛选项，如图 5-19 所示。

选中"码垛"，进入码垛配置向导界面，如图 5-20 所示。

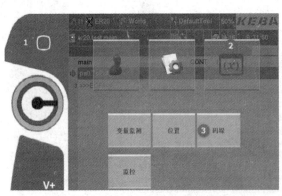

图 5-19　码垛选项

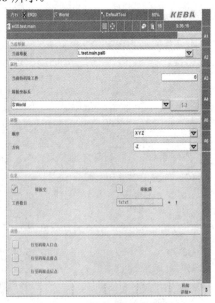

图 5-20　码垛配置向导界面

　　现对其用户界面说明如下：

　　(1) 此界面是码垛的总览界面，可以通过改变"当前堆板"来浏览和修改已存在码垛变量的详细配置，可通过下拉选择相应码垛。

　　(2) "当前待码垛工件"显示当前已码垛完成个数(注意：不是待码垛工件个数，翻译错误)。若希望快速到达某个码垛位置，可在此输入工件的位置序号。

　　(3) "堆板的坐标系"中选择堆板的坐标系。堆板坐标系的意义是将坐标系建立在堆板上，按照堆板的方向定义 X、Y、Z 轴，使码垛按照此方向进行。实际操作就是在堆板上建立一个用户坐标系。在此处选中相应的用户坐标系变量名即可。若选择为 World，码垛只能按照世界坐标系的方向进行，这样就需要堆板的方向与世界坐标系的方向一致。建议根据堆板的方向建立合适的用户坐标系。如果选择了堆板坐标系，通过 [...] 按钮可快速进入坐标系设置向导页面，进行坐标系的设置和修改。

　　(4) "信息"显示堆板空、堆板满、总数信息。

　　(5) "调整"用于设置码垛的顺序和方向，顺序包括六种，即 XYZ、XZY、YXZ、YZX、ZXY、ZYX；方向也有六种，即 +X、–X、+Y、–Y、+Z、–Z。

　　这里的方向是设置码垛点前点和后点的方向，与前点和后点的设置配合使用(前点和后点的设置后面讲述)。若码垛未应用到前点和后点，这里的方向设置与否，对码垛没有任何影响。

　　(6) 　　　显示当前码垛应用到的辅助点，包括入口点、前点、后点。只是显示，不能更改。

　　了解了以上信息后，采用默认设置，堆板坐标系为 World，顺序为 XYZ，方向为-Z，点击"码垛详细"> 码垛详细> 按钮，进入码垛的详细配置，如图 5-21 所示。

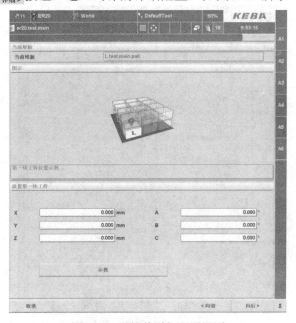

图 5-21　码垛的详细配置界面

　　将机器人运动至码垛的第一点，点击示教按钮 示教 。注意，如果使用了用户坐标系，示教后记录的值就是用户坐标系下的值，无需使用 RefSys 命令切换系统的坐标系。码垛包已经将用户坐标系运算在内了。示教后，记录值见图 5-22，此值可根据需要进行手动修改。

　　点击"向后>"，进入图 5-23 所示界面。

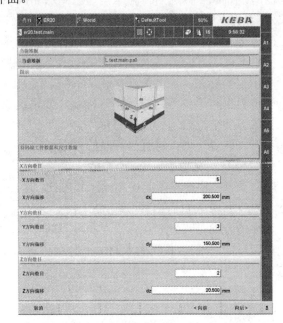

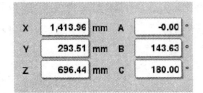

图 5-22　示教记录值　　　　　　　　图 5-23　码垛参数配置界面

　　根据示意图，在此界面输入 X、Y、Z 方向上的数量和偏移量 dx、dy、dz，输入偏移量时一定要考虑两工件之间的缝隙，确保物品大小不一时，不会碰撞。

　　输入后，点击"向后>"进入如图 5-24 所示界面。

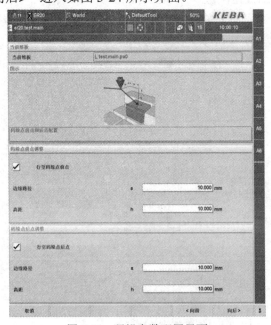

图 5-24　码垛参数配置界面

　　根据示意图，选择是否使用前点和后点，设置 s、h 的值。前点和后点是相对码垛点的过渡点，码垛时机器人不直接运动到码垛点，先运动到前点，再运动到码垛点，最后经过后点离开。拆垛时不直接运动到拆垛点，先运动到后点，再运动到拆垛点，经过前点离开(具体的轨迹路径请参照本单元相关指令介绍)。根据工件和堆板的形状选择是否使用前点和后点并设置合适的值，可以有效地避让一些障碍。s、h 的值是相对码垛点来说的，当码垛点切换时，前点和后点会跟随切换，保持相对位置不变。

　　码垛总览页面下的"方向"选项，就是设置的 h 的方向选项。通过更改方向，可以快速地更改前点和后点的位置。s 的方向相对 h 保持不变，这里举例描述 h 方向的设置。

　　假设设置如图 5-25 所示。

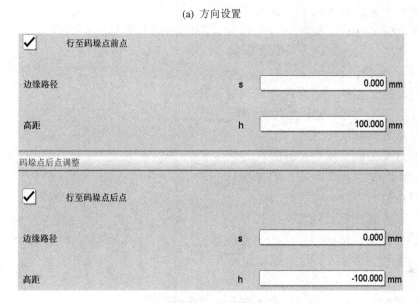

(a) 方向设置

(b) 前、后点设置

图 5-25　参数设置

　　此时有：
　　　　前点的 X 坐标 = 码垛点的 X 坐标
　　　　前点的 Y 坐标 = 码垛点的 Y 坐标
　　　　前点的 Z 坐标 = 码垛点的 Z 坐标 + 100 mm
　　　　后点的 X 坐标 = 码垛点的 X 坐标
　　　　后点的 Y 坐标 = 码垛点的 Y 坐标
　　　　后点的 Z 坐标 = 码垛点的 Z 坐标 − 100 mm
　　若将方向更改为 +Z，则：
　　　　前点的 X 坐标 = 码垛点的 X 坐标
　　　　前点的 Y 坐标 = 码垛点的 Y 坐标
　　　　前点的 Z 坐标 = 码垛点的 Z 坐标 − 100 mm

后点的 X 坐标 = 码垛点的 X 坐标

后点的 Y 坐标 = 码垛点的 Y 坐标

后点的 Z 坐标 = 码垛点的 Z 坐标 + 100 mm

若将方向更改为 –Y，则：

前点的 X 坐标 = 码垛点的 X 坐标

前点的 Y 坐标 = 码垛点的 Y 坐标 + 100 mm

前点的 Z 坐标 = 码垛点的 Z 坐标

后点的 X 坐标 = 码垛点的 X 坐标

后点的 Y 坐标 = 码垛点的 Y 坐标 – 100 mm

后点的 Z 坐标 = 码垛点的 Z 坐标

若将方向更改为 +Y，则：

前点的 X 坐标 = 码垛点的 X 坐标

前点的 Y 坐标 = 码垛点的 Y 坐标 – 100 mm

前点的 Z 坐标 = 码垛点的 Z 坐标

后点的 X 坐标 = 码垛点的 X 坐标

后点的 Y 坐标 = 码垛点的 Y 坐标 + 100 mm

后点的 Z 坐标 = 码垛点的 Z 坐标

若将方向更改为 –X，则：

前点的 X 坐标 = 码垛点的 X 坐标 + 100 mm

前点的 Y 坐标 = 码垛点的 Y 坐标

前点的 Z 坐标 = 码垛点的 Z 坐标

后点的 X 坐标 = 码垛点的 X 坐标 – 100 mm

后点的 Y 坐标 = 码垛点的 Y 坐标

后点的 Z 坐标 = 码垛点的 Z 坐标

若将方向更改为 +X，则：

前点的 X 坐标 = 码垛点的 X 坐标 – 100 mm

前点的 Y 坐标 = 码垛点的 Y 坐标

前点的 Z 坐标 = 码垛点的 Z 坐标

后点的 X 坐标 = 码垛点的 X 坐标 + 100 mm

后点的 Y 坐标 = 码垛点的 Y 坐标

后点的 Z 坐标 = 码垛点的 Z 坐标

理解 s、h 并设置后点击"向后>"进入图 5-26 所示界面。

根据示意图选择是否使用码垛入口点，若使用，勾选后将机器人运动至一个合适的位置点击"示教"。码垛入口点的意义是，这个点是一整垛的入口点，机器人进行任何一次码垛都必须先经过此点。选择入口点时，注意与码垛不宜过近，防止堆满时发生碰撞，同时也不宜过远，以免影响效率。

示教后，点击"向后>"进入图 5-27 所示界面。

图 5-27 所示界面是对码垛设置的检测确认，点击"启动可达性检测"按钮进入如图 5-28 所示界面。

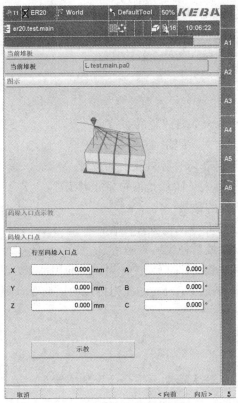

图 5-26　码垛参数配置界面

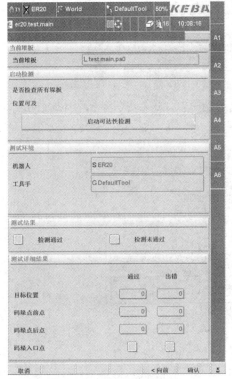

图 5-27　可达性检测界面

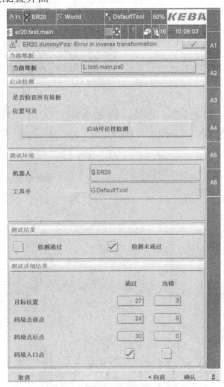

图 5-28　检测未通过界面

若检测未通过，需要重新检查之前的设置，确认是否输入错误或者超出机器人工作空间。检测通过后，点击"确认"，回到总览界面。

## 5.2.2　码垛的程序应用

码垛功能命令如下。

ToPut：把机器人移到下一个要放置的空位；

FromPut：安全地把机器人从码垛上移开；

ToGet：把机器人移动到最新的待抓取工件位置；

FromGet：安全地把机器人从码垛拾取位置上移开；

Reset：重置码垛上工件的数量；

GetNextTargetPos：读取下一个空放置位置；

GetPrevTargetPos：读取最后使用工件位置。

其中 PALLET.ToPut 和 PALLET.FromPut 为码垛应用命令，配合使用，执行完成后，计数加 1。PALLET.ToGet 和 PALLET.FromGet 为拆垛应用命令，配合使用，执行完成后，计数减 1。

现对各命令说明如下：

### 1. PALLET.ToPut

PALLET.ToPut 命令将机器人运动至下一个空的放置点，运动轨迹取决于命令的配置。该指令的参数如图 5-29 所示。

| PALLET.ToPut() | |
|---|---|
| PALLET | ▽ |
| dyn: DYNAMIC_ (可选参数) | 无数值　▽ |
| ovl: OVERLAP_ (可选参数) | 无数值　▽ |

图 5-29　PALLET.ToPut 指令配置界面

执行此命令时，如果堆满，会返回错误。此运动时以 Lin 方式运动，因此 dyn 和 ovl 的设置与 Lin 命令相同。运动顺序如图 5-30 所示。

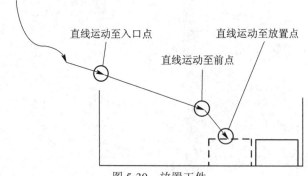

图 5-30　放置工件

动作过程如下：

(1) 机器人移动到码垛入口点(可选)；

(2) 机器人移动到码垛前置点(可选)；

(3) 机器人移动到码垛放置点(始终执行)。

完成此动作序列之后,机器人处于放置点。此时,夹具可以打开。

例句:

　　myPallet123.ToPut(myDynWithoutPart,fullOvl)

## 2. PALLET.FromPut

PALLET.FromPut 命令将机器人从放置点离开,运动轨迹取决于命令的配置。该指令的
参数如图 5-31 所示。

| PALLET.FromPut() | |
|---|---|
| PALLET | ▽ |
| dyn: DYNAMIC_ (可选参数) | 无数值 ▽ |
| ovl: OVERLAP_ (可选参数) | 无数值 ▽ |

图 5-31　PALLET.FromPut 指令配置界面

执行此命令之前必须执行一条 ToPut()命令。此命令也是以 Lin 方式完成运动。如果入
口点和后点没有配置,此命令可以不执行。运动顺序图如图 5-32 所示。

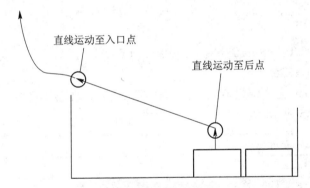

图 5-32　从放置工件位置移开

动作过程如下:

(1) 机器人直线运动到后置点(可选);

(2) 机器人移动到码垛入口点(可选)。

如果未配置后置和码垛入口点,则不需要执行 FomPut 指令,因为它不进行任何操作。

例句:

　　myPallet123.FromPut(myDynWithoutPart,fullOvl)

## 3. PALLET.ToGet

PALLET.ToGet 命令将机器人运动至最新的拆垛抓取点,运动轨迹取决于命令的配置。
该指令的参数如图 5-33 所示。

| PALLET.ToGet() | |
|---|---|
| PALLET | ▽ |
| dyn: DYNAMIC_ (可选参数) | 无数值 ▽ |
| ovl: OVERLAP_ (可选参数) | 无数值 ▽ |

图 5-33　PALLET.ToGet 指令配置界面

执行此命令时，如果堆空，会返回错误。此运动时以 Lin 方式运动，因此 dyn 和 ovl 的设置与 Lin 命令相同。运动顺序如图 5-34 所示。

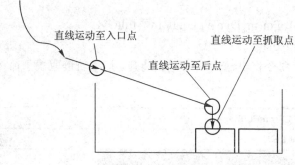

直线运动至入口点　直线运动至抓取点　直线运动至后点

图 5-34　拾取工件

动作过程如下：

(1) 机器人直线运动到码垛入口点(可选)；

(2) 机器人直线运动到后置点(可选)；

(3) 机器人移动到码垛拾取点(始终执行)。

完成此动作序列之后，机器人处于拾取位置。此时，夹具可以关闭。

例句：

　　myPallet123.ToGet(myDynWithoutPart， fullOvl)

### 4．PALLET.FromGet

PALLET.FromGet 命令将机器人从拆垛抓取点离开，运动轨迹取决于命令的配置。该指令的参数如图 5-35 所示。

| PALLET.FromGet() | |
| --- | --- |
| **PALLET** | ▽ |
| **dyn: DYNAMIC_** (可选参数) | 无数值　▽ |
| **ovl: OVERLAP_** (可选参数) | 无数值　▽ |

图 5-35　PALLET.FromGet 指令配置界面

执行此命令之前，必须执行一条 ToGet()命令。此运动时以 Lin 方式运动，因此 dyn 和 ovl 的设置与 Lin 命令相同。如果入口点和前点没有配置，此命令可以不执行。运动顺序如图 5-36 所示。

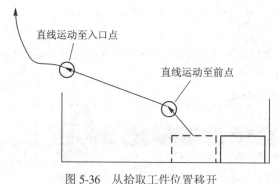

直线运动至入口点　直线运动至前点

图 5-36　从拾取工件位置移开

动作过程如下：

(1) 机器人直线运动到码垛前置点(可选)；

(2) 机器人直线运动到码垛入口点(可选)。

如果前置位置和码垛入口位置均未配置，则不需要执行 FromGet 指令。

例句：

myPallet123.FromGet(myDynWithoutPart，fullOvl)

### 5．PALLET.Reset

PALLET.Reset 命令将堆板上的工件数目重置为 0 或者指定为特定值。该指令的参数如图 5-37 所示。

| PALLET.Reset() | |
|---|---|
| PALLET | ▽ |
| newCount: DINT (可选参数) | 无数值 ▽ |

图 5-37　PALLET.Reset 指令配置界面

PALLET.Reset (OPTIONAL newCount：DINT)

如果参数不输入，默认将工件数目设置为 0。

例句：

设置堆板为空：

myPallet123.Reset()

设置堆板为满：

myPallet123.Reset(myPallet123.maxParts)

设置工件数为 10：

myPallet123.Reset(10)

设置工件数目为 20：

myDintNr := 20

myPallet123.Reset(myDintNr)

### 6．PALLET.GetNextTargetPos

PALLET.GetNextTargetPos 指令的功能是读取下一个空放置位置，即下一个 ToPut 指令的目标位置。该指令的参数如图 5-38 所示。

| 名字 | 数值 |
|---|---|
| PALLET.GetNextTargetPos(cp0) | |
| PALLET | ▽ |
| — pos: CARTPOS (新建) | L cp0 ▽ |
| x: REAL | 0.000 |
| y: REAL | 0.000 |
| z: REAL | 0.000 |
| a: REAL | 0.000 |
| b: REAL | 0.000 |
| c: REAL | 0.000 |
| mode: DINT | -1 |

图 5-38　PALLET.GetNextTargetPos 指令配置界面

### 7．PALLET.GetPrevTargetPos

PALLET.GetPrevTargetPos 指令的功能是读取上一个使用的工件位置，即下一个 ToGet

指令的目标位置。该指令的参数如图 5-39 所示。

| PALLET.GetPrevTargetPos(cp0) | |
|---|---|
| PALLET | ▽ |
| — pos: CARTPOS (新建) | L cp0 ▽ |
| x: REAL | 0.000 |
| y: REAL | 0.000 |
| z: REAL | 0.000 |
| a: REAL | 0.000 |
| b: REAL | 0.000 |
| c: REAL | 0.000 |
| mode: DINT | -1 |

图 5-39 PALLET.GetPrevTargetPos 指令配置界面

# 5.3 任务一 机器人上下料

在车铣机器人上下料系统中加工如图 5-40 所示零件(材料：45)，试编制机器人加工程序。

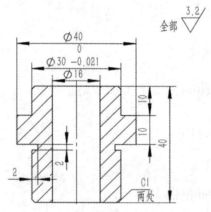

图 5-40 阶梯轴

已知有关机器人 I/O 分配如表 5-1、表 5-2 和表 5-3 所示。

**表 5-1 1# 机器人数字 I/O 信号**

| 输入信号 | 定 义 | 输出信号 | 定 义 |
|---|---|---|---|
| DI14 | 1# 料仓 R 取料允许 | DO02 | 1# 机器人 RUN |
| DI15 | 1# 料仓 L 取料允许 | DO16 | 1# CNC 主轴紧松 |
| DI16 | 1# CNC 允许上下料 | DO17 | 1# 机器人旋转塔气缸 |
| DI17 | 1# CNC 主轴紧松到位检测 | DO18 | 1# 机器人收料爪紧松 |
| DI19 | 皮带允许上下料 | DO19 | 1# 机器人送料爪紧松 |
| DI20 | 翻转机构放料允许 | DO20 | 1# CNC 上料完成 |
| DI21 | 翻转机构取料允许 | DO21 | |
| DI22 | 1# 机器人旋转塔原点 | DO22 | |
| DI23 | 1# 机器人旋转塔终点 | DO23 | 皮带上料完成 |

表 5-2　2# 机器人数字 I/O 信号

| 输入信号 | 定　义 | 输出信号 | 定　义 |
| --- | --- | --- | --- |
| DI15 | 2# CNC 加工完成 | DO02 | 2# 机器人 RUN |
| DI16 | 2# CNC 允许上下料 | DO16 | 2# CNC 主轴紧松 |
| DI17 | 2# CNC 主轴紧松到位检测 | DO17 | 2# 机器人旋转塔气缸 |
| DI19 | 皮带允许上下料 | DO18 | 2# 机器人收料爪紧松 |
| DI20 | 翻转机构放料允许 | DO19 | 2# 机器人送料爪紧松 |
| DI21 | 翻转机构取料允许 | DO20 | 2# CNC 上料完成 |
| DI22 | 2# 机器人旋转塔原点 | DO21 | |
| DI23 | 2# 机器人旋转塔终点 | DO22 | |

表 5-3　3# 机器人数字 I/O 信号

| 输入信号 | 定　义 | 输出信号 | 定　义 |
| --- | --- | --- | --- |
| DI13 | 3# 料仓 L 取料允许 | DO02 | 3# 机器人 RUN |
| DI14 | 3# 料仓 R 取料允许 | DO16 | 3# CNC 主轴紧松 |
| DI15 | 3# CNC 加工完成 | DO18 | 3# 机器人收料爪紧松 |
| DI16 | 3# CNC 允许上下料 | DO19 | 3# 机器人送料爪紧松 |
| DI17 | 3# CNC 主轴紧松到位检测 | DO20 | 3# CNC 上料完成 |
| DI18 | 皮带允许上下料 | DO21 | |

有关工艺过程这里不作详细介绍，仅给出车床先取料、后放料流程参考如图 5-41 所示。

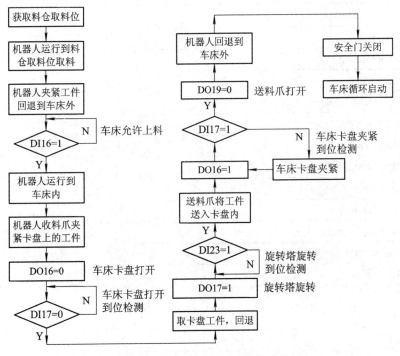

图 5-41　车床先取料、后放料流程

机器人与数控机床联机程序参考如下。

程序一：机器人与数控车床联机程序参考表 5-4。

表 5-4　机器人与数控车床联机参考程序

| 序号 | 程 序 内 容 | 说 明 |
|---|---|---|
| 1 | rundout2.Connect (CURRENT_PROGRAM_RUNNING) | 程序准备运行(即按下运行按钮) |
| 2 | DynOvr(50) | 动态倍率参数为 50% |
| 3 | Lin(CNCdengdw) | 运行到 CNC 等待位 |
| 4 | Lin(lcdengdw，lcddw) | 运行到料仓等待位 |
| 5 | LABEL start | 标志位 start |
| 6 | DynOvr(50) | 设置动态超越参数 |
| 7 | Ovl(lcddw) | 设置运动逼近参数 |
| 8 | pdswldout23.Set(FALSE) | 信号复位 |
| 9 | xztdout17.Set(FALSE) | |
| 10 | CNCjjskdout16.Set(FALSE) | |
| 11 | songlzdout19.Set(TRUE) | |
| 12 | shoulzdout18.Set(TRUE) | |
| 13 | fzqgdout21.Set(FALSE) | |
| 14 | LABEL Lc | 标志位 Lc |
| 15 | xztyddin22.Wait(TRUE) | 旋转塔原点信号等待 |
| 16 | IF lcLrxqldin15.Wait(TRUE，20)THEN | 判断取料 |
| 17 | Lin(lcLup) | |
| 18 | Lin(lcLdown) | |
| 19 | WaitIsFinished() | |
| 20 | songlzdout19.Set(FALSE) | |
| 21 | WaitTime(200) | |
| 22 | Lin(lcLup) | |
| 23 | ELSIF lcRrxqldin15.Wait(TRUE，20)THEN | |
| 24 | Lin(lcRup) | |
| 25 | Lin(lcRdown) | |
| 26 | WaitIsFinished() | |
| 27 | songlzdout19.Set(FALSE) | |
| 28 | WaitTime(200) | |
| 29 | Lin(lcRup) | 如果没料，返回 Lc |
| 30 | ELSE | |
| 31 | GOTO Lc | |
| 32 | END_IF | |

| 序号 | 程 序 内 容 | 说　明 |
|---|---|---|
| 33 | WaitIsFinished() | 等待执行完毕 |
| 34 | Lin(lcdengdw) | 到达料仓等待位 |
| 35 | Lin(CNCdengdw，lcddw) | 到达 CNC 等待位 |
| 36 | WaitIsFinished() | 等待执行完毕 |
| 37 | CNCrxsxldin16.Wait(TRUE) | CNC 允许上下料 |
| 38 | CNCswldout20.Set(TRUE) | CNC 待上料 |
| 39 | Lin(CNCinsideup) | 到达机床内上方 |
| 40 | Lin(CNCinsidedown) | 到达机床内下方 |
| 41 | Lin(CNCinsidedownfeach) | 到达工件接近位 |
| 42 | WaitIsFinished() | 等待执行完毕 |
| 43 | shoulzdout18.Set(FALSE) | 收料爪夹紧 |
| 44 | WaitTime(200) DO CNCjjskdout16.Set(TRUE) | 等待 0.2 s，CNC 主轴夹紧松开 |
| 45 | CNCzzsjdin17.Wait(FALSE) | CNC 主轴松开到位检测 |
| 46 | Lin(CNCinsidedown) | 到达机床内下方 |
| 47 | Lin(CNCinsideup) | 到达机床内上方 |
| 48 | WaitIsFinished() | 等待执行完毕 |
| 49 | xztdout17.Set(TRUE) | 旋转塔旋转 |
| 50 | xztzddin23.Wait(TRUE) | 旋转塔旋转到位检测 |
| 51 | Lin(CNCinsidedown) | 到达机床内下方 |
| 52 | Lin(CNCinsidefeel) | 到达机床内工件安装位 |
| 53 | WaitIsFinished() | 等待执行完毕 |
| 54 | songlzdout19.Set(TRUE) | 送料爪松开 |
| 55 | WaitTime(1000) DO CNCjjskdout16.Set(FALSE) | 等待 1 min，主轴夹紧 |
| 56 | CNCzzsjdin17.Wait(TRUE) | 主轴夹紧到位检测 |
| 57 | WaitTime(300) | 机器人等待 0.3 s |
| 58 | Lin(CNCinsidedown) | 到达机床内下方 |
| 59 | Lin(CNCinsideup) | 到达机床内上方 |
| 60 | Lin(CNCdengdw) | 到达 CNC 等待位 |
| 61 | WaitIsFinished() | 等待执行完毕 |
| 62 | CNCswldout20.Set(FALSE) | CNC 上完料 |
| 63 | Lin(fztdropup，lcddw) | 到达翻转台上方 |
| 64 | fztrxfldin20.Wait(TRUE) | 翻转台允许放料检测 |
| 65 | OnParameter(100，200) DO shoulzdout18.Set(TRUE) | 到达翻转台上方并延时 0.2 s 收料爪松开 |

续表二

| 序号 | 程 序 内 容 | 说 明 |
|---|---|---|
| 66 | Lin(fztdropdown) | 到达翻转台上方 |
| 67 | WaitIsFinished() | 等待执行完毕 |
| 68 | WaitTime(400) | 机器人等待 0.4 s |
| 69 | OnParameter(100，200) DO fzqgdout21.Set(TRUE) | 翻转台翻转 |
| 70 | Lin(fztdropup，lcddw) | 到达翻转台上上方 |
| 71 | WaitIsFinished() | 等待执行完毕 |
| 72 | xztdout17.Set(FALSE) | 旋转塔旋转 |
| 73 | xztyddin22.Wait(TRUE) | 旋转塔原点信号等待 |
| 74 | Lin(fztfeachup) | 到达翻转台另一侧 |
| 75 | fztrxqldin21.Wait(TRUE) | 翻转台允许取料 |
| 76 | WaitIsFinished() | 等待执行完毕 |
| 77 | OnParameter(100，200) DO songlzdout19.Set(FALSE) | 送料爪松开 |
| 78 | Lin(fztfeachdown) | 到达翻转台上方 |
| 79 | WaitTime(500) | 机器人等待 0.5 s |
| 80 | WaitIsFinished() | 等待执行完毕 |
| 81 | fzqgdout21.Set(FALSE) | 翻转气缸松开 |
| 82 | fztrxqldin21.Wait(FALSE) | 翻转台允许取料检测 |
| 83 | WaitTime(200) | 延时 0.2 s |
| 84 | Lin(fztfeachup，lcddw) | 到达翻转台上上方 |
| 85 | Lin(pdup，lcddw) | 到达皮带上方 |
| 86 | WaitIsFinished() | 等待执行完毕 |
| 87 | pdswldout23.Set(TRUE) | 皮带上料信号设置 |
| 88 | pdrxsldin19.Wait(TRUE) | 皮带允许上料检测 |
| 89 | Lin(pddown) | 接近皮带 |
| 90 | WaitIsFinished() | 等待执行完毕 |
| 91 | songlzdout19.Set(TRUE) | 送料爪松开 |
| 92 | WaitTime(200) | 机器人等待 0.2 s |
| 93 | Lin(pdup) | 返回皮带上方 |
| 94 | WaitIsFinished() | 等待执行完毕 |
| 95 | OnPosition(20) DO pdswldout23.Set(FALSE) | 皮带上完料 |
| 96 | OnParameter(20，300) DO xztdout17.Set(FALSE) | 旋转塔复位 |
| 97 | Circ(CNCdengdw，lcdengdw，lcddw) | 回到 CNC 等待位 |
| 98 | GOTO start | 跳转到标签位 start |

程序二：机器人与数控车床联机程序参考表 5-5。

**表 5-5  机器人与数控车床联机参考程序**

| 序号 | 程 序 内 容 | 说 明 |
|---|---|---|
| 1 | RUNdout2.Connect(CURRENT_PROGRAM_RUNNING) | 程序准备运行(即按下运行按钮) |
| 2 | DynOvr(80) | 动态倍率参数为 80% |
| 3 | Lin(CNCdengdw) | 运行到 CNC 等待位 |
| 4 | zzsjdout16.Set(FALSE) | 信号复位 |
| 5 | fzqgdout21.Set(FALSE) | |
| 6 | pdswldout23.Set(FALSE) | |
| 7 | pd1xlzdout22.Set(FALSE) | |
| 8 | xztdout17.Set(FALSE) | |
| 9 | shoulzdout18.Set(TRUE) | |
| 10 | songlzdout19.Set(TRUE) | |
| 11 | Lin(pd1up) | 到达皮带 1 上方 |
| 12 | LABEL start | 标志位 start |
| 13 | DynOvr(100) | 动态倍率参数为 100% |
| 14 | WaitIsFinished() | 等待执行完毕 |
| 15 | xztyddin22.Wait(TRUE) | 旋转塔原点信号到位检测 |
| 16 | pd1xlzdout22.Set(TRUE) | 皮带 1 下料中 |
| 17 | pd1rxxldin18.Wait(TRUE) | 皮带 1 允许下料信号检测 |
| 18 | Lin(pd1down) | 到达皮带 1 下方 |
| 19 | WaitIsFinished() | 等待执行完毕 |
| 20 | songlzdout19.Set(FALSE) | 送料爪夹紧 |
| 21 | WaitTime(300) | 机器人等待 0.3 s |
| 22 | Lin(pd1up) | 到达皮带 1 上方 |
| 23 | pd1xlzdout22.Set(FALSE) | 皮带 1 下完料 |
| 24 | DynOvr(60) | 动态倍率参数为 60% |
| 25 | Lin(CNCdengdw) | 运行到 CNC 等待位 |
| 26 | CNCrxsxldin16.Wait(TRUE) | CNC 允许上下料 |
| 27 | CNCswldout20.Set(FALSE) | CNC 待上料 |
| 28 | Lin(CNCinsideup) | 到达机床内上方 |
| 29 | Lin(CNCDropdown) | 到达机床内下方 |
| 30 | Lin(CNCdrop) | 接近机床内工件 |
| 31 | WaitIsFinished() | 等待执行完毕 |
| 32 | shoulzdout18.Set(FALSE) | 收料爪夹紧 |
| 33 | zzsjdout16.Set(TRUE) | 主轴夹紧松开 |
| 34 | zzsjdin17.Wait(FALSE) | 主轴松开到位检测 |

续表

| 序号 | 程 序 内 容 | 说 明 |
|---|---|---|
| 35 | Lin(CNCinsidedown) | 到达机床内下方 |
| 36 | Lin(CNCinsideup) | 到达机床内上方 |
| 37 | WaitIsFinished() | 等待执行完毕 |
| 38 | xztdout17.Set(TRUE) | 旋转塔旋转 |
| 39 | xztzddin23.Wait(TRUE) | 旋转塔终点信号到位检测 |
| 40 | Lin(CNCinsidedown) | 到达机床内下方 |
| 41 | Lin(CNCfeach) | 到达机床内工件安装位 |
| 42 | WaitIsFinished() | 等待执行完毕 |
| 43 | songlzdout19.Set(TRUE) | 送料爪松开 |
| 44 | WaitTime(300) | 机器人等待 0.3 s |
| 45 | zzsjdout16.Set(FALSE) | 主轴夹紧 |
| 46 | zzsjdin17.Wait(TRUE) | 主轴夹紧到位检测 |
| 47 | Lin(CNCinsidedown) | 返回机床内下方 |
| 48 | Lin(CNCinsideup) | 返回机床内上方 |
| 49 | DynOvr(100) | 动态倍率参数为 100% |
| 50 | Lin(CNCdengdw) | 运行到 CNC 等待位 |
| 51 | WaitIsFinished() | 等待执行完毕 |
| 52 | CNCswldout20.Set(TRUE) | CNC 上完料 |
| 53 | Lin(pd2up) | 到达皮带 2 上方 |
| 54 | WaitIsFinished() | 等待执行完毕 |
| 55 | pdswldout23.Set(TRUE) | 皮带上完料 |
| 56 | pd2rxfldin19.Wait(TRUE) | 皮带 2 允许放料 |
| 57 | OnParameter(100，100) DO shoulzdout18.Set(TRUE) | 到达皮带 2 上方并延时 0.1 s 收料爪松开 |
| 58 | Lin(pd2down) | 到达皮带 2 上方 |
| 59 | WaitIsFinished() | 等待执行完毕 |
| 60 | WaitTime(300) | 延时 0.3 s |
| 61 | OnParameter(100) DO pdswldout23.Set(FALSE) | 到达皮带 2 上上方时皮带上完料信号复位 |
| 62 | OnParameter(100，500) DO xztdout17.Set(FALSE) | 到达皮带 2 上上方时旋转塔信号复位 |
| 63 | Lin(pd2up) | 返回皮带 2 上上方 |
| 64 | Circ(CNCdengdw，pd1up) | 返回到 CNC 等待位 |
| 65 | GOTO start | 跳转到标签位 start |

程序三：机器人与数控铣床联机程序参考表 5-6。

**表 5-6　机器人与数控铣床联机参考程序**

| 序号 | 程 序 内 容 | 说　明 |
|---|---|---|
| 1 | robortRUNdout2.Connect (CURRENT_PROGRAM_RUNNING) | 程序准备运行(即按下运行按钮) |
| 2 | DynOvr(40) | 动态倍率参数为 40% |
| 3 | zbjsdout22.Set(TRUE) | 信号复位 |
| 4 | pdsw3dout23.Set(FALSE) | |
| 5 | CNCzzsjdout16.Set(FALSE) | |
| 6 | Lin(cncdengdw) | 运行到 CNC 等待位 |
| 7 | LABEL start | 标志位 start |
| 8 | Lin(cncdengdw，UhRel) | 运行到 CNC 等待位 |
| 9 | WaitIsFinished() | 等待执行完毕 |
| 10 | WaitTime(3000) | 机器人等待 3 秒 |
| 11 | shoulzdout18.Set(TRUE) | 信号复位 |
| 12 | CNCslwcdout20.Set(FALSE) | |
| 13 | cncRxsxldin16.Wait(TRUE) | |
| 14 | Lin(CNCinsideUp) | 到达机床内上方 |
| 15 | Lin(CNCinsideDown) | 到达机床内下方 |
| 16 | WaitIsFinished() | 等待执行完毕 |
| 17 | WaitTime(200) | 机器人等待 0.2 s |
| 18 | CNCzzsjdout16.Set(TRUE) | CNC 主轴松开 |
| 19 | CNCzzsjdin17.Wait(FALSE) | CNC 主轴松开到位检测 |
| 20 | WaitTime(200) | 机器人等待 0.2 s |
| 21 | shoulzdout18.Set(FALSE) | 收料爪夹紧 |
| 22 | WaitTime(200) | 机器人等待 0.2 s |
| 23 | Lin(CNCinsideUp) | 到达机床内上方 |
| 24 | PTP(cncdengdw) | 运行到 CNC 等待位 |
| 25 | Lin(cncdengdw，UhRel) | 运行到 CNC 等待位 |
| 26 | LABEL Lcdengdw | 标志位 Lcdengdw |
| 27 | WaitIsFinished() | 等待执行完毕 |
| 28 | IF lcRrxfldin15.Wait(TRUE，200) THEN | 判断放料 |
| 29 | Lin(Rlcup) | |
| 30 | WaitIsFinished() | |
| 31 | Lin(Rlcdown) | |
| 32 | WaitIsFinished() | |
| 33 | shoulzdout18.Set(TRUE) | |

| 序号 | 程 序 内 容 | 说　　明 |
|---|---|---|
| 34 | WaitTime(200) | |
| 35 | Lin(Rlcup) | |
| 36 | ELSIF lcLrxfldin15.Wait(TRUE，200) THEN | |
| 37 | Lin(Llcup) | |
| 38 | WaitIsFinished() | |
| 39 | Lin(Llcdown) | |
| 40 | WaitIsFinished() | |
| 41 | shoulzdout18.Set(TRUE) | |
| 42 | WaitTime(200) | |
| 43 | Lin(Llcup) | |
| 44 | ELSE | |
| 45 | GOTO Lcdengdw | |
| 46 | END_IF | |
| 47 | Lin(laocw，UhRel) | 到达料仓位 |
| 48 | Lin(cncdengdw，UhRel) | 到达 CNC 等待位 |
| 49 | Lin(pdup) | 到达皮带上方 |
| 50 | pdsw3dout23.Set(TRUE) | 皮带待上料 |
| 51 | pdrxqldin18.Wait(TRUE) | 皮带允许取料 |
| 52 | OnParameter(100，200) DO shoulzdout18.Set(FALSE) | 到达皮带上方并延时 0.2 s 收料爪夹紧 |
| 53 | Lin(pddown) | 返回皮带上方 |
| 54 | WaitTime(200) | 机器人等待 0.2 s |
| 55 | Lin(pdup) | 到达皮带上方 |
| 56 | WaitIsFinished() | 等待执行完毕 |
| 57 | pdsw3dout23.Set(FALSE) | 皮带上完料信号复位 |
| 58 | Lin(cncdengdw，UhRel) | 到达 CNC 等待位 |
| 59 | CNCslwcdout20.Set(FALSE) | CNC 待上料 |
| 60 | cncRxsxldin16.Wait(TRUE) | CNC 允许上下料 |
| 61 | Lin(CNCinsideUp) | 到达机床内上方 |
| 62 | Lin(CNCinsideDown) | 到达机床内下方 |
| 63 | WaitIsFinished() | 等待执行完毕 |
| 64 | shoulzdout18.Set(TRUE) | 收料爪松开 |
| 65 | WaitTime(1000) | 机器人等待 1 s |
| 66 | WaitIsFinished() | 等待执行完毕 |
| 67 | CNCzzsjdout16.Set(FALSE) | CNC 主轴夹紧 |
| 68 | CNCzzsjdin17.Wait(TRUE) | CNC 主轴夹紧到位检测 |

续表二

| 序号 | 程序内容 | 说　明 |
|---|---|---|
| 69 | WaitTime(300) | 机器人等待 0.3 s |
| 70 | Lin(CNCinsideUp) | 到达机床内上方 |
| 71 | Lin(cncdengdw，UhRel) | 到达 CNC 等待位 |
| 72 | WaitIsFinished() | 等待执行完毕 |
| 73 | CNCslwcdout20.Set(TRUE) | CNC 上完料 |
| 74 | GOTO start | 跳转到标签位 start |

# 5.4　任务二　机器人码垛

本任务演示一个简单的码垛实例，如图 5-42 所示。从抓取位置上将工件摆放到堆板上，直到堆满，机器人程序停止。

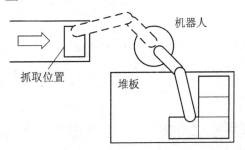

图 5-42　码垛场景图

## 1. 编写抓取程序 PicKBlock

编写抓取程序 PicKBlock 这里仅给出参考程序如表 5-7 所示，具体步骤参考前述相关知识。

表 5-7　抓取程序(PicKBlock)

| 序号 | 指　令 | 说　明 |
|---|---|---|
| 1 | DynOvr(50) | 动态倍率参数 |
| 2 | maduodout18. Set(TRUE) | 打开抓取工具信号，使用 IoDout[18]信号 |
| 3 | PTP(ap0) | 机器人到达初始点 |
| 4 | PTP(apl) | 机器人到达目标上方点 |
| 5 | WaitIsFinished0 | 等待机器人到位 |
| 6 | Lin(cp0) | 机器人到达目标抓取点 |
| 7 | maduodout18. Set(FALSE) | 关闭抓取工具信号，使用 IoDout[0]信号 |
| 8 | WaitTime(500) | 等待 0.5 s |
| 9 | Lin(apl) | 抓取后机器人返回目标上方点 |
| 10 | PTP(ap0) | 机器人回到初始点 |

### 2. 编写码垛程序

编写码垛程序如表 5-8 所示。

**表 5-8　码垛程序**

| 序号 | 指　令 | 说　明 |
|---|---|---|
| 1 | Pal0. Reset() | 重置堆板工件数目 |
| 2 | maduodout18. Set(TRUE) | 抓取工具信号复位(打开状态) |
| 3 | WHILE NOT pal0. isFull DO | 码垛循环 |
| 4 | CALL PicKBlock | 调用子程序 |
| 5 | Pal0. ToPut() | 移动机器人到空闲放置位置码垛 |
| 6 | WaitisFinished() | 顺序执行程序 |
| 7 | maduodout18. Set(TRUE) | 抓取工具信号复位(打开状态) |
| 8 | WaitTime(200) | 延时 0.2 s |
| 9 | Pal0. FromPut() | 移动机器人离开码垛位置 |
| 10 | END_WHILE | 结束循环 |

操作步骤参考如下：

(1) 按下"Menu"按键，单击"项目管理"，然后单击"项目"，如图 5-43 所示。

(2) 在出现的界面中先单击"文件"按钮，然店选择"新建程序"选项，如图 5-44 所示。

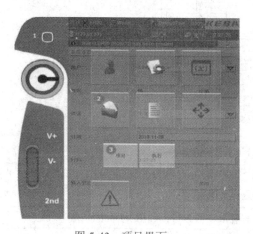

图 5-43　项目界面　　　　　　　　　　　图 5-44　新建程序

(3) 输入程序名称，单击"√"按钮确认，如图 5-45 所示。

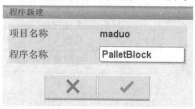

图 5-45　输入程序名称

(4) 选择新建的，单击"加载"按钮，如图 5-46 所示。进入图 5-47 程序编辑界面。

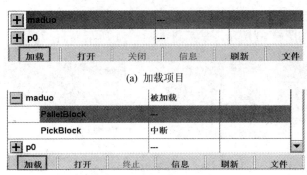

(a) 加载项目

(b) 加载程序

图 5-46　加载项目或程序

**注**：一次只能一个项目，其他项目必须关闭。

(5) 单击"新建"按钮，如图 5-47 所示。

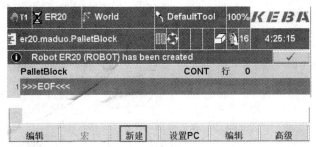

图 5-47　"新建"按钮

(6) 选择功能块中的"码垛"指令，再选择"PALLET.Reset"指令，单击"确定"按钮，如图 5-48 所示。

(7) 选择"PALLET"，单击"变量"按钮，再单击"新建"按钮，如图 5-49 所示。

图 5-48　选择"PALLET.Reset"指令

图 5-49　新建变量

(8) 选择"系统及技术"，单击"PALLET"，在项目下创建一个码垛变量"pal0"，再单击"确认"按钮，如图 5-50 所示，然后进入图 5-51 所示界面，单击"确认"按钮。

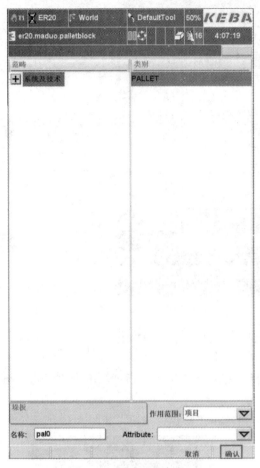

图 5-50　新建码垛变量　　　　　　　　　　图 5-51　码垛变量

(9) 添加"堆板工件数目重置"指令，如图 5-52 所示。

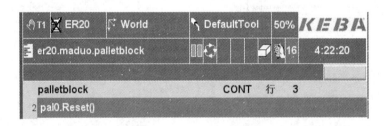

图 5-52　堆板工件数目重置

(10) 先按下"Menu"按键，接着单击"变量管理"，最后单击"码垛"，进入码垛变量的参数设置界面，如图 5-53 所示。

(11) 选择垛板坐标系，默认选择"世界坐标系"(S World)，再选择码垛工件的"顺序"为"XYZ"(也可以根据实际情况设置为其他顺序)，方向为 –Z，设置完成后单击"码垛详细"按钮，如图 5-54 所示。

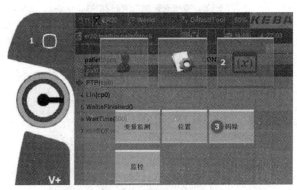

图 5-53　码垛变量菜单设置界面　　　　　　　图 5-54　码垛变量的参数设置界面

(12) 移动机器人到码垛第一块工件的位置,如图 5-55 所示。机器人移动到目标位置后,单击"示教"按钮,记录第一个码垛的位置,然后单击"向后"按钮,进入图 5-56 所示界面设置待码垛工件数量和尺寸数据。(假设工件长 150 mm、宽 100 mm、高 20 mm。为了防止工件尺寸误差产生的碰撞和干涉,一般会在工件的 3 个方向上设置几毫米的间距,参数设置如图 5-56 所示)。设置完后单击"向后"按钮。

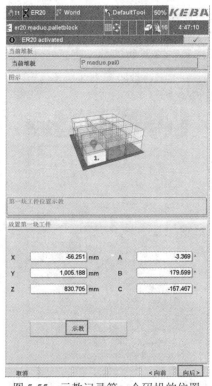

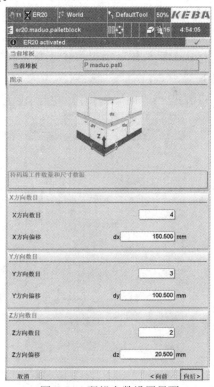

图 5-55　示教记录第一个码垛的位置　　　　　　图 5-56　码垛参数设置界面

(13) 图 5-57 所示为码垛点前点和后点，这两个辅助点可以根据工艺要求设置，一般可以不勾选相应复选框，单击"向后"按钮。

(14) 移动机器人到码垛入口点，一般选择第一个码块对角线位置的上方，此高度要高于设置的最高层码块的高度。勾选"行至码垛入口点"复选框并单击"示教"按钮，再单击"向后"按钮，如图 5-58 所示。

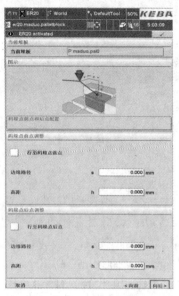

图 5-57　前点和后点设置界面

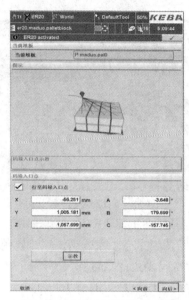

图 5-58　码垛入口点设置界面

(15) 单击"启动可达性检测"按钮，在界面中会显示检测结果，此码垛设置的测试结果为"检测通过"，通过后单击"确认"按钮，如图 5-59 所示。

**注**：如果检测不通过，需要重做相关步骤内容，调整位置和参数，直至检测通过完成参数设置。

(16) 单击"向后"按钮，回到设置界面，如图 5-60 所示。

图 5-59　码垛检测界面

图 5-60　码垛设置界面

(17) 单击图 5-61 中①处，快速回到程序编辑界面。

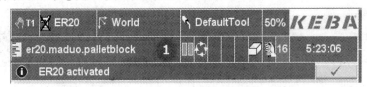

图 5-61　快速回到程序编辑界面

(18) 参考前述单元相关知识，完成抓取工具(打开状态)，如图 5-62 所示。

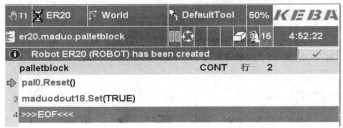

图 5-62　信号复位

(19) 光标移动到"EOF"栏，单击"新建"按钮，选择"系统"，选择"WHILE..DO..END_
WHILE"指令，添加"WHILE.DO..ENDWHILE"循环指令，判断是否满足码垛条件，进
入码垛循环，单击"确定"按钮，如图 5-63 所示。

(20) 单击"替换"按钮，再选择"变量"选项，如图 5-64 所示。

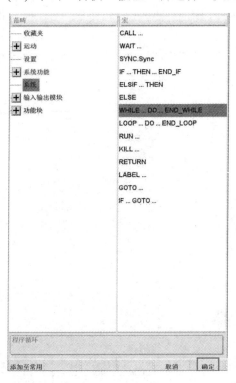

图 5-63　选择"WHILE..DO..END_WHILE"指令

图 5-64　变量替换

(21) 选择码垛变量"pal0"中的"isFull"参数，单击"确认"按钮。注意：不要勾选
"isFull"参数的复选框，如图 5-65 所示。

（22）单击"新增"按钮，在弹出的"操作符"对话框中选择"NOT"，单击"确定"按钮，如图 5-66 所示。

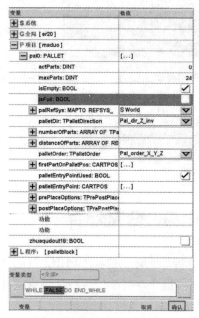

图 5-65　选择"isFull"参数

图 5-66　选择"NOT"参数

说明："WHILE NOT pal0.isFull DO END_WHILE"指令语句的含义是：当垛板 pal0 未码满时，进入码垛循环。

（23）光标移动到"END_WHILE"栏，单击"新建"按钮，如图 5-67 所示。在系统指令组中选择"CALL"指令，单击"确定"按钮，如图 5-68 所示。

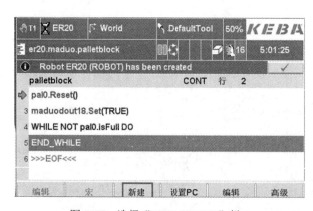

图 5-67　选择"END_WHILE"行

图 5-68　"CALL"指令

（24）在"选择程序"对话框中选择"PickBlock"，单击"√"按钮，如图 5-69 所示。调用抓取工件"PickBlock"子程序，如图 5-70 所示。

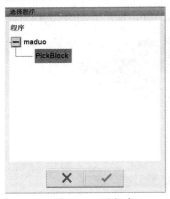 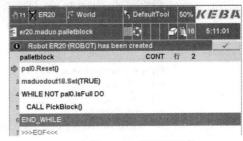

图 5-69  子程序　　　　　　　　　　图 5-70  调用子程序

(25) 光标移动到"END_WHILE"栏，单击"新建"按钮，选择"码垛"，选择"PALLET.ToPut"指令，单击"确定"按钮，如图 5-71 所示。PALLET 参数选择"pal0"，即根据"pal0"的参数进行码垛，设置后单击"确认"按钮，如图 5-72 所示。

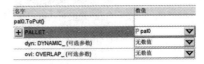

图 5-71  选择"PALLET.ToPut"指令　　　　图 5-72  PALLET 参数

(26) 添加码垛指令"PALLET.ToPut"，移动机器人到下一个空闲放置位置进行码垛，如图 5-73 所示。

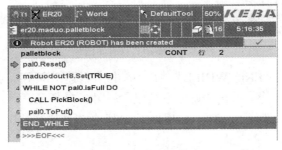

图 5-73  添加码垛指令

(27) 参考前述单元有关知识，添加同步指令"WaitIsFinished"，如图 5-74 所示。

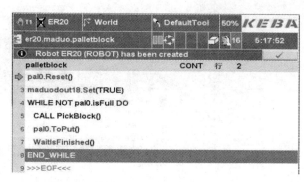

图 5-74　添加同步指令

(28) 参考前述单元有关知识，完成抓取工具信号复位(打开状态)，如图 5-75 所示。

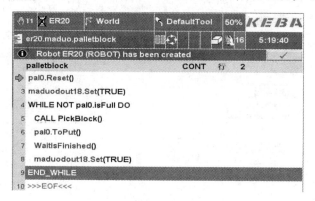

图 5-75　信号复位

(29) 参考前述单元有关知识，"WaitTime"，等待将工件释放到位，如图 5-76 所示。

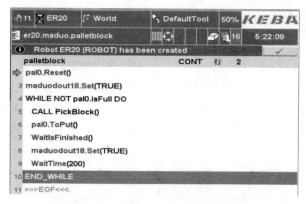

图 5-76　添加等待时间指令

(30) 光标移动到"END_WHILE"栏，单击"新建"按钮，选择"码垛"，选择"PALLET.FromPut"指令，单击"确定"按钮，如图 5-77 所示。

(31) PALLET 参数选择"pal0"，即根据"pal0"的参数进行移出，设置后单击"确认"按钮，如图 5-78 所示。

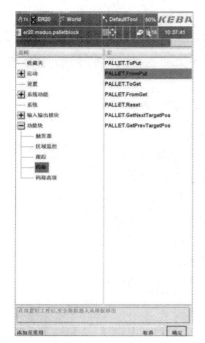

图 5-77　选择"PALLET.FromPut"指令　　　　图 5-78　PALLET 参数设置

(32) 添加码垛指令"PALLET.FromPut",在放置好工件后,安全将机器人从垛板移出,如图 5-79 所示。

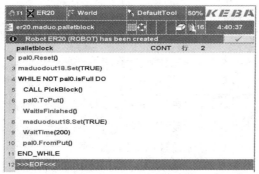

图 5-79　添加"PALLET.FromPut"指令

## 5.5　工业机器人综合应用技能训练

### 1. 训练任务

为了加深学生对知识的理解,提高学生编程操作工业机器人上下料系统的能力,要求学生对工厂企业实际应用的一些工业机器人上下料系统进行分析思考,并能收集一些国内外工业机器人的资料,如沈阳新松、上海 ABB、日本的松下、FANUC、美国的 Adept、欧洲奥地利的 IGM、瑞典 ABB、德国的 KUKA、韩国的 HYUNDAI 等不同厂家示教器编程语言的特点。只有在掌握大量资料的前提下,才能对工业机器人编程及其示教控制系统的工作原理有进一步了解。

**2．训练内容**

对以上工业机器人系统，学生可选择自己喜欢的一种工业机器人上下料系统进行编程操作，也可以根据实训室的工业机器人进行编程及操作。可参考表 5-9 要求对工业机器人上下料系统进行编程操作。

表 5-9　工业机器人综合应用实训报告书

| 训练内容 | | 工业机器人上下料系统的编程与操作 | | | | |
|---|---|---|---|---|---|---|
| 重点难点 | | 工业机器人上下料系统的编程及操作 | | | | |
| 训练目标 | 主要知识能力目标 | (1) 通过学习，进一步分析工业机器人上下料系统的组成；<br>(2) 具备对工业机器人上下料系统进行初步编程和操作的能力；<br>(3) 掌握示教器的编程命令、功能及应用 | | | | |
| | 相关能力指标 | (1) 养成独立工作的习惯，能够正确制定工作计划；<br>(2) 能够阅读工业机器人相关技术手册与说明书；<br>(3) 培养学生良好的职业素质及团队协作精神 | | | | |
| 参考资料学习资源 | | 教材、图书馆相关资料、工业机器人相关技术手册与说明书、工业机器人课程相关网站、Internet 检索等 | | | | |
| 学生准备 | | 熟悉所选工业机器人系统、备好教材、笔、笔记本、练习纸 | | | | |
| 教师准备 | | (1) 熟悉教学标准和机器人实训设备说明书；<br>(2) 设计教学过程；<br>(3) 准备演示实验和讲授内容 | | | | |
| 工作步骤 | 1．明确任务　教师提出任务，学生借助于资料、材料和教师提出的引导问题，自己做一个工作计划，并拟定出检查、评价工作成果的标准要求 | | | | | |
| | 2．分析过程 | (1) 简述上下料系统编程命令功能及应用要求；<br>(2) 编制程序对机器人上下料系统动作进行控制；<br>(3) 示教器联机的正确操作 | | | | |
| | 3．检查 | | | | | |
| | 检查项目 | 检查结果及改进措施 | 应得分 | 实得分(自评) | 实得分(小组) | 实得分(教师) |
| | (1) 练习结果正确性 | | 20 | | | |
| | (2) 知识点的掌握情况 | | 40 | | | |
| | (3) 能力点控制检查 | | 20 | | | |
| | (4) 课外任务完成情况 | | 20 | | | |
| 综合评价 | 自己评价：　　　　　小组评价：　　　　　教师评价： | | | | | |

说明：

(1) 自己评价：在整个过程中，学生依据拟订的评价标准，检查是否符合要求的完成了工作任务；

(2) 小组评价：由小组评价、教师参与，与老师进行专业对话，评价学生的工作情况，给出建议。

# 思考与练习题

1. 工业机器人上下料系统开关时有哪些注意事项？

2. 如何进行码垛编程？

# 单元6　智能制造生产线仿真系统

**思维导图**

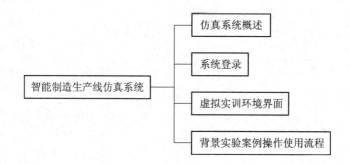

**学习目标**

1. 知识目标
(1) 了解智能制造生产线仿真加工的基本工艺流程；
(2) 了解智能制造生产线的基本操作。
2. 技能目标
(1) 掌握智能制造生产线仿真加工的基本操作；
(2) 能完成智能制造生产线的仿真加工。

**知识导引**

## 6.1 系统概述

本项目介绍的多机器人柔性制造生产线仿真系统由上下料工业机器人、仓储机器人、可编程控制器(PLC)、数控机床(CNC)、翻转夹具、输送线、供料站、仓储站和其他周边设备组成。生产线以 PLC 为控制核心，通过 PLC 连接外围设备、建立设备间通信及管理，实现机器人在数控机床和输送线之间的上下料、转运和仓储。

上下料工业机器人和仓储机器人都选用 EFORT(埃夫特)ER20C-C10 机器人,其精度高,操作速度快,适合上下料、物料搬运等领域,添加了专门的气动末端执行器,可为数控机床自动抓取、上下料、工件转序和仓储。

供料站可提供 20 个以上粗加工工件,每个工件下方安装有光电传感器,便于检测工件的有无和机器人的抓取。供料站装有气动翻转夹具,方便调整工件的位置和姿态,翻转夹具上安装有工件检测传感器。

数控机床自动上下料是工业机器人的典型工作任务之一。多机器人柔性制造生产线仿真系统上下料工作流程分为两大部分,具体工作流程如图 6-1 所示。

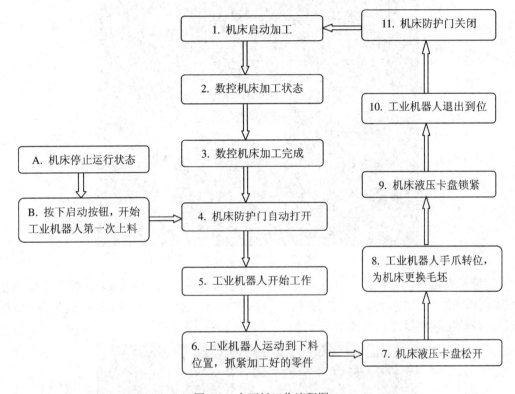

图 6-1　上下料工作流程图

第一部分为工业机器人第一次为数控机床上料,流程图从 A 状态开始,通过按钮启动设备。

第二部分是一个循环过程,也就是工业机器人不断地为机床进行自动上下料,机床循环加工的过程,流程图从 1 状态开始。

工作过程是:机床加工完毕后,防护门自动打开,之后工业机器人开始进行自动上下料工作。上下料机器人工业机器具有两个手爪,一个手爪用于夹持加工好的零件,称为零件手爪;另一个手爪用于夹持毛坯,称为毛坯手爪。首先由零件手爪取走机床上已经加工好的零件,再通过手爪的转位,把毛坯手爪转到液压卡盘位置,进行毛坯的上料。上料完成后,机器人退出机床区域,到达安全位置后,防护门自动关闭,开始加工,加工完毕后,循环此流程。

## 6.2　系 统 登 录

　　双击桌面上"广州众承虚拟教学软件"文件夹中的"机械与自动化工程系智能制造生产线"图标 ，等待几秒的载入时间，系统自动跳转至"登录界面"，如图6-2所示。

图6-2　系统登录界面

　　用鼠标左键单击"设置"按钮，弹出数据库参数设置界面，见图6-3。输入正确内容，然后左键单击"附加本地数据库"按钮，成功附加本地数据库，再用鼠标左键单击"链接"按钮，成功链接数据库，左键单击"退出"按钮返回登录界面。

图6-3　数据库参数设置界面

双击桌面上"广州众承虚拟教学软件"文件夹中的"机械与自动化工程系智能制造生产线服务程序"图标，等待几秒左右的载入时间，系统自动跳转至服务程序界面，如图 6-4 所示。单击"启动"按钮，成功启动服务程序进行授权。在图 6-2 所示的系统登录界面中，单击"登录"按钮即可进入系统。

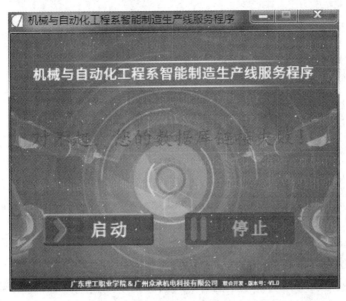

图 6-4　服务程序界面

"机械与自动化工程系智能制造生产线"系统内置机器人的示教器，与真实设备操作一模一样。使用机器人示教器可以切换机器人坐标系，手动操作机器人，加载程序，运行程序，能广泛学习各机器人的编程。它具有以下性能和特点：

(1) 三维虚拟场景根据真实场景布置，模型与现实比例一比一，场景内包含三台工业机器人、两台车床、一台加工中心、两条传送带、一个原料料仓、一个成品料仓，加工过程按照真实流程仿真。

(2) 实验项目包含项目信息理论知识模块，能够非常深入地了解智能制造生产线的组成系统、特点、应用以及工业机器人编程指令等。

(3) 三维场景能够实现旋转、平移、缩放及视点切换，具有直观立体、操作便捷的效果。

(4) 以实际智能制造生产线为蓝本进行三维建模，非常逼真。

(5) 能够一键全屏显示，生产线的运行过程、功能操作使用、场景模型等便一目了然。

(6) 能够切换工业机器人坐标系，通过工业机器人坐标系的操作学习，能够提高学生对机器人示教器的了解。

(7) 能够将机器人姿态恢复到原始状态，为机器人启动运行程序等做准备，和实际一样，非常逼真。

(8) 预设功能。通过软件预设好的目标姿态点可方便定位机器人整个运动轨迹中的目标姿态点，提高老师的课堂教学效率，节省目标姿态点的定位调试时间。

(9) 每个轴都有最大的运动角度限制，与机器人实际操作一模一样。

(10) 能够根据机器人示教器解析机器人代码指令，通过文本方式手动编写指令代码。

(11) 能够通过修改机器人程序文本，更新机器人程序数据，结果体现在机器人的运行过程中，从而提高学员对工业机器人程序的理解。

(12) 能够对机器人从起始位姿到结束位姿的整个运动过程中的目标姿态点赋值，操作过程、方式符合实际。

(13) 可对智能制造生产线中包含的三台机器人分别编程，并使三台机器人协同完成整个加工流程。

(14) 加工总控台面板功能仿真，实现智能制造生产线的启动、加工、给料等操作。

# 6.3　虚拟实训环境界面

### 1. 实验概况

登录系统后进入"实验概况"界面，可以查看"项目任务""机器人简介""特点与应用""学习指导"信息，如图 6-5 所示。现对界面简介如下。

(1) 项目任务：说明任务目的及实验功能；

(2) 机器人简介：介绍智能制造，让用户对智能制造有初步的了解；

(3) 特点与应用：介绍智能制造的特点与组成系统，让用户对智能制造有进一步了解；

(4) 学习指导：引导用户进行正确操作，提高用户学习效率；

(5) 指令说明：对机器人各指令进行解析说明。

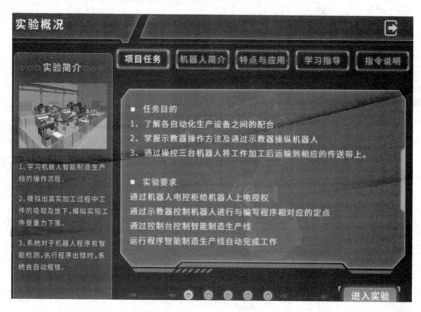

图 6-5　实验概况界面

### 2. 功能按钮

单击"进入实验"按钮进入"实训界面"，如图 6-6 所示。界面功能按钮介绍如下。

图 6-6　虚拟实训环境界面

(1) 【正视图】：单击"正视图"按钮，可以快速切换场景镜头至正视图；

(2) 【顶视图】：单击"顶视图"按钮，可以快速切换场景镜头至顶视图；

(3) 【右视图】：单击"右视图"按钮，可以快速切换场景镜头至右视图；

(4) 【全屏/取消全屏】：单击"全屏/取消全屏"按钮，能够一键全屏显示或取消全屏显示；

(5) 【场景重置】：单击"场景重置"按钮，可以重置场景回到最初始的状态；

(6) 【返回】：单击"返回"按钮，能够返回到系统登录界面；

(7) 【平移】：单击"平移"按钮，切换界面操作模式为平移模式，能够使用鼠标左键平移场景镜头；

(8) 【旋转】：单击"旋转"按钮，切换界面操作模式为旋转模式，能够使用鼠标左键旋转场景镜头；

(9) 【缩放】：单击"缩放"按钮，切换界面操作模式为缩放模式，能够使用鼠标滑轮缩放场景镜头；

(10) 【机器人重置】：单击"机器人重置"按钮，可以使机器人快速回到原点；

(11) 【预设】：单击"预设"按钮，可以使机器人快速移动到提前设定好的位置；

(12) 【放置材料】：单击"放置材料"按钮，能够使原料料仓开始供料。

整个仿真工作流程中，先抓取一个毛坯料，放入机床进行粗加工→精加工，加工好一端后，机器人取下工件，放到工件翻转台上，工件翻转，机器人从翻转台抓取工件，放到输送线上输送到指定位置。光电传感器检测到工件到位，机器人从输送线抓取待加工工件放入机床对工件另一端进行粗加工→精加工。加工完毕后，机器人抓取工件放到输送线指定位置，光电传感器检测到工件到位，启动输送线传输到指定位置，机器人从输送线抓取待加工工件放入机床进行下道工序加工，所有工序完成后，启动机器人搬运产品到指定位置。

### 3. 信息提示功能

信息提示功能包括任务提示和消息提示。

(1) 任务提示：提供引导性任务提示信息，指导用户逐步进行实训操作，如图 6-7 所示。

(2) 消息提示：在对应的实训操作过程中，消息提示框有相应提示，如图 6-8 所示。

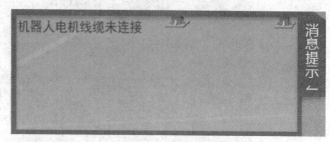

图 6-7　任务提示　　　　　　　　　　　　　图 6-8　消息提示

### 4. 示教器操作使用

埃夫特机器人示教器如图 6-9 所示。现对各按钮功能及使用说明如下：

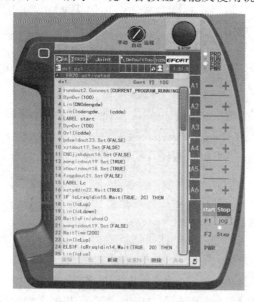

图 6-9　埃夫特机器人示教器

(1) ●【电源】：按下"电源"按钮，能够接通示教器电源；

(2) 　【手动/自动/远程】：点击"手动/自动/远程"按钮，能够切换示教器操控模式为"手动"、"自动"或"远程"；

(3) ５【返回首页】：单击"返回首页"按钮，能够回到示教器面板首页；

(4) □【菜单】：单击"菜单"按钮，能够打开示教器菜单；

(5) 　【项目】：单击"项目"按钮，示教器面板弹出项目选项 项目 ，再单击项目选项，即可进入查看项目；

(6) 　【位置】：单击"位置"按钮，示教器面板弹出位置选项 位置 ，再单击位置选项，即可进入"位置"；

(7) 　【坐标系】：可切换机器人坐标系为"关节坐标"或"世界坐标"；

(8) 关节坐标【关节坐标】：单击"关节坐标"按钮，能够切换机器人坐标系为关节坐标；

(9) 世界坐标【世界坐标】：单击"世界坐标"按钮，能够切换机器人坐标系为世界坐标；

(10) **【jog】**：单击 "jog" 按钮，能够快速切换机器人坐标系为 "关节坐标"或 "世界坐标"；

(11) 可使用 "" 在机器人坐标系为 "关节坐标" 时操作机器人一轴，在机器人坐标系为 "世界坐标" 时操作机器人沿 X 方向运动；

(12) 可使用 "" 在机器人坐标系为 "关节坐标" 时操作机器人二轴，在机器人坐标系为 "世界坐标" 时操作机器人沿 Y 方向运动；

(13) 可使用 "" 在机器人坐标系为 "关节坐标" 时操作机器人三轴，在机器人坐标系为 "世界坐标" 时操作机器人沿 Z 方向运动；

(14) 可使用 "" 在机器人坐标系为 "关节坐标" 时操作机器人四轴；

(15) 可使用 "" 在机器人坐标系为 "关节坐标" 时操作机器人五轴；

(16) 可使用 "" 在机器人坐标系为 "关节坐标" 时操作机器人六轴；

(17) **【加载】**：单击 "加载" 按钮，能够加载所选程序；

(18) **【编辑】**：单击 "编辑" 按钮，能够对所选位姿点进行编辑；

(19) **【新建】**：能使用 "新建" 功能添加程序内容；

(20) **【删除】**：能够删除所选程序内容；

(21) **【示教】**：在程序中选择好示教点，可使用 "获取示教点" 进行赋值；

(22) **【取消】**：使用 "取消" 按钮，能够取消当前编辑；

(23) **【确认】**：使用 "确认" 按钮，能够确认当前编辑；

(24) **【start】**：按下示教器上的 "start" 按钮，机器人开始运行；

(25) **【stop】**：按下示教器上的 "stop" 按钮，机器人的运行立即停止。

### 5．程序修改编辑

程序修改编辑的方法如下：

(1) 在示教器项目中单击 "文件" 按钮 ，展开文件列表，如图 6-10 所示。

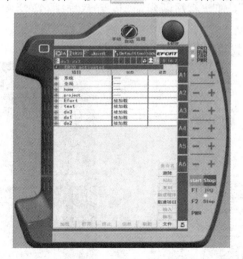

图 6-10　展开文件列表

(2) 单击 "新建项目" 按钮 弹出项目新建窗口，如图 6-11 所示。输入 "项目名称"，单击 按钮确认，如图 6-12 所示。

图 6-11　新建项目

图 6-12　输入项目名称

(3) 单击 　✓　 按钮新建项目，如图 6-13 所示。

(4) 选择项目，单击"文件"按钮 　文件　 展开文件列表，如图 6-14 所示。

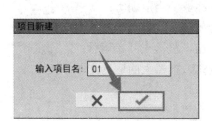

图 6-13　完成新建项目

图 6-14　展开文件列表

(5) 单击"程序新建"，弹出程序新建窗口，输入程序名称，单击 　✓　 确认程序名称，如图 6-15 所示。

(6) 选择程序单击加载按钮，如图 6-16 所示。

图 6-15　输入程序名称

图 6-16　程序单击加载

(7) 在程序界面中，单击"新建"按钮，添加程序指令，如图6-17所示。

(8) 选择好程序指令后单击"确定"按钮，程序修改完成，如图6-18所示。

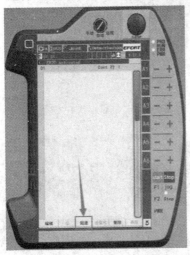

图 6-17 "新建"按钮

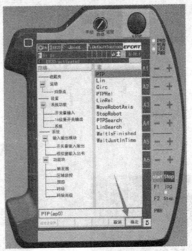

图 6-18 添加指令

## 6.4 背景实验案例操作使用流程

### 1. 开关机

单击场景中机器人的电控柜模型，如图6-19所示。单击打开电控柜模型上的"电源开关"，按下"急停"按钮，单击"开伺服"按钮，单击打开"使能开关"、"权限开关"，如图6-20所示。完成操作后"实训界面"左上角的任务列表对应号数的机器人状态发生改变，如图6-21所示。3个机器人电控柜逐一打开并完成操作后，"实训界面"左上角的任务列表弹出"进入下一步"按钮，如图6-22所示。单击"下一步"按钮进入任务二。

图 6-19 电控柜模型

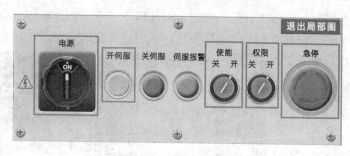

图 6-20　开机

图 6-21　任务列表

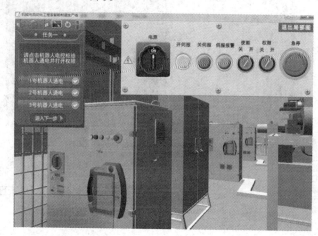

图 6-22　实训界面

## 2．程序加载与编辑

在"实训界面"左上角的任务列表中，单击选择对应号数的机器人，可切换对应号数的机器人示教器，如图 6-23 所示。

图 6-23　选择对应号数的机器人

1) 1 号机器人示教

在"实训界面"左上角的任务列表中单击选择"1 号机器人"，对"1 号机器人"的示教器进行操作，操作步骤如下：

(1) 单击"电源"按钮  开启示教器,如图 6-24 所示。

(2) 单击示教器左上角的"菜单"按钮,打开示教器菜单,如图 6-25 所示。

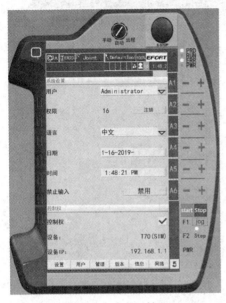
图 6-24 开启示教器

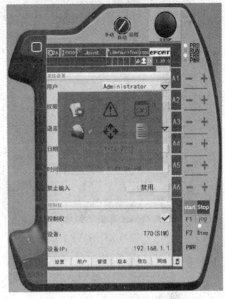
图 6-25 打开示教器菜单

(3) 单击示教器菜单中的 ,弹出"项目"按钮 ,单击"项目"按钮进入"项目界面",如图 6-26 所示。

(4) 在"项目界面"中打开项目"dx1",选择项目"dx1"下的程序"dx1",如图 6-27 所示。

图 6-26 项目界面

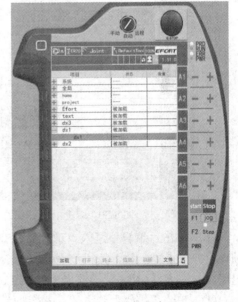
图 6-27 选择程序

(5) 单击"加载"按钮 加载 进入"程序界面",如图 6-28 所示。

(6) 单击选择"Lin(CNCdengdw)",如图 6-29 所示。

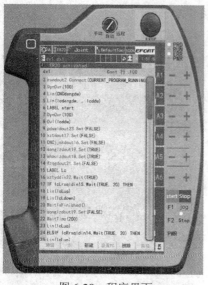

图 6-28 程序界面

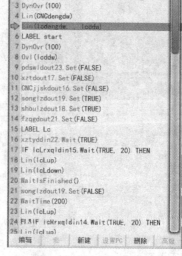

图 6-29 选择相应指令

(7) 单击"编辑"进入"示教界面",如图 6-30 所示。

(8) 单击"示教"按钮 示教 进行示教,提示"示教成功"后单击"确认"按钮 确认 退出至"程序界面"。

(9) 单击选择"Lin(Lcdengdw,Lcddw)",如图 6-31 所示。

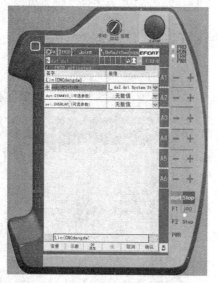

图 6-30 编辑示教

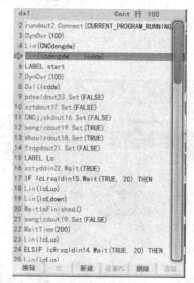

图 6-31 选择相应指令

(10) 单击"编辑"进入"示教界面",单击"预设"按钮 预设 机器人到达第 2 个预设点;单击"示教"按钮 示教 进行示教,提示"示教成功"后单击"确认"按钮 确认 退出至"程序界面"。单击选择"Lin(lcLup)",如图 6-32 所示。

(11) 单击"编辑"进入"示教界面",单击"预设"按钮 预设 机器人到达第 3 个预设点;单击"示教"按钮 示教 进行示教,提示"示教成功"后单击"确认"按钮 确认 退出至"程序界面"。单击选择"Lin(lcLdown)",如图 6-33 所示。

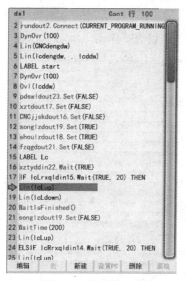

图 6-32　选择相应指令

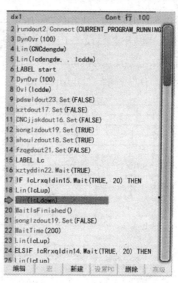

图 6-33　选择相应指令

单击"编辑"进入"示教界面"，单击"预设"按钮 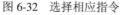 机器人到达第 4 个预设点；单击"示教"按钮 示教 进行示教，提示"示教成功"后单击"确认"按钮 确认 退出至"程序界面"。

(12) 单击选择"Lin(CNCinsideup)"，如图 6-34 所示。

(13) 单击"编辑"进入"示教界面"，单击"预设"按钮 预设 ，再次单击"预设"按钮，机器人到达第 5 个预设点；单击"示教"按钮 示教 进行示教，提示"示教成功"后单击"确认"按钮 确认 退出至"程序界面"。

(14) 单击选择"Lin(CNCinsidedown)"，如图 6-35 所示。

图 6-34　选择相应指令

图 6-35　选择相应指令

(15) 单击"编辑"进入"示教界面"，单击"预设"按钮 预设 机器人到达第 6 个预设点；单击"示教"按钮 示教 进行示教，提示"示教成功"后单击"确认"按钮 确认 退出至"程序界面"。

（16）单击选择"Lin(CNCinsidedownfeach)"，如图 6-36 所示。单击"编辑"进入"示教界面"，单击"预设"按钮 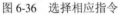　机器人到达第 7 个预设点；单击"示教"按钮 示教 进行示教，提示"示教成功"后单击"确认"按钮 确认 退出至"程序界面"。

（17）单击选择"(fztdropup, , lcddw)"，如图 6-37 所示。

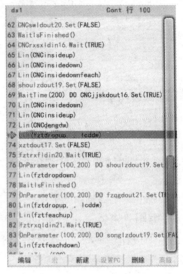

图 6-36　选择相应指令　　　　　　　　图 6-37　选择相应指令

（18）单击"编辑"进入"示教界面"，单击"预设"按钮 预设 ，再次单击"预设"按钮，机器人到达第 8 个预设点；单击"示教"按钮 示教 进行示教，提示"示教成功"后单击"确认"按钮 确认 退出至"程序界面"。

（19）单击选择"(fztdropdown)"，如图 6-38 所示。

（20）单击"编辑"进入"示教界面"，单击"预设"按钮 预设 机器人到达第 9 个预设点；单击"示教"按钮 示教 进行示教，提示"示教成功"后单击"确认"按钮 确认 退出至"程序界面"。

（21）单击选择"Lin(fztfeachup)"，如图 6-39 所示。

图 6-38　选择相应指令　　　　　　　　图 6-39　选择相应指令

(22) 单击"编辑"进入"示教界面"，单击"预设"按钮 预设 机器人到达第 10 个预设点。单击"示教"按钮 示教 进行示教，提示"示教成功"后单击"确认"按钮 确认 退出至"程序界面"。

(23) 单击选择"Lin(fztfeachdown)"，如图 6-40 所示。

(24) 单击选择"Lin(fztfeachup)"，如图 6-41 所示。

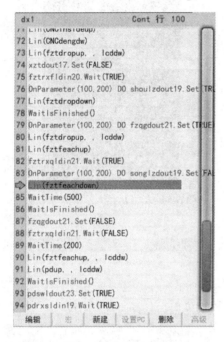

图 6-40 选择相应指令

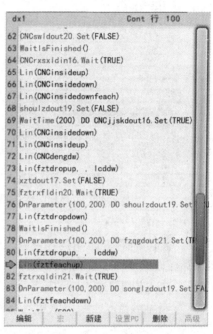

图 6-41 选择相应指令

(25) 单击"编辑"进入"示教界面"，单击"预设"按钮 预设 机器人到达第 10 个预设点，单击"示教"按钮 示教 进行示教，提示"示教成功"后单击"确认"按钮 确认 退出至"程序界面"。

(26) 单击选择"Lin(pdup,，lcddw)"，如图 6-42 所示。

(27) 单击"编辑"进入"示教界面"，单击"预设"按钮 预设 机器人到达第 11 个预设点。单击"示教"按钮 示教 进行示教，提示"示教成功"后单击"确认"按钮 确认 退出至"程序界面"。

(28) 单击选择"Lin(pddown)"，如图 6-43 所示。

(29) 单击"编辑"进入"示教界面"，单击"预设"按钮 预设 机器人到达第 11 个预设点。单击"示教"按钮 示教 进行示教，提示"示教成功"后单击"确认"按钮 确认 退出至"程序界面"。

至此，完成了对 1 号机器人的示教，如图 6-44 所示。

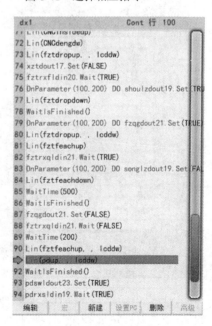

图 6-42 选择相应指令

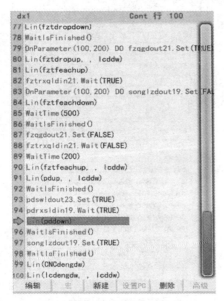

```
dx1                Cont 行 100
77 Lin(fztdropdown)
78 WaitIsFinished()
79 OnParameter (100,200) DO fzqgdout21.Set(TRUE)
80 Lin(fztdropup, , lcddw)
81 Lin(fztfeachup)
82 fztrxqldin21.Wait(TRUE)
83 OnParameter (100,200) DO songlzdout19.Set(FAL)
84 Lin(fztfeachdown)
85 WaitTime(500)
86 WaitIsFinished()
87 fzqgdout21.Set(FALSE)
88 fztrxqldin21.Wait(FALSE)
89 WaitTime(200)
90 Lin(fztfeachup, , lcddw)
91 Lin(pdup, , lcddw)
92 WaitIsFinished()
93 pdswldout23.Set(TRUE)
94 pdrxsldin19.Wait(TRUE)
95 Lin(pddown)
96 WaitIsFinished()
97 songlzdout19.Set(TRUE)
98 WaitIsFinished()
99 Lin(CNCdengdw)
100 Lin(lcdengdw, , lcddw)
   编辑   宏   新建  设置PC  删除   高级
```

图 6-43　选择相应指令

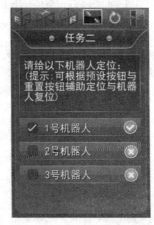

图 6-44　1 号机器人示教完成界面

2) 2 号机器人示教

在"实训界面"左上角的任务列表中单击选择"2 号机器人",对"2 号机器人"的示教器进行操作,操作步骤如下:

(1) 单击"电源"按钮●开启示教器,如图 6-45 所示。

(2) 单击示教器左上角"菜单"按钮,打开示教器菜单,如图 6-46 所示。

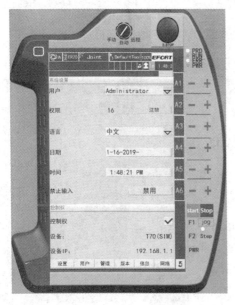

图 6-45　开启 2 号机器人示教器

图 6-46　打开示教器菜单

(3) 单击示教器菜单中的 ,弹出"项目"按钮 ,单击"项目"按钮进入"项目界面"。在"项目界面"中打开项目"dx2",选择项目"dx2"下的程序"dx2",如图 6-47 所示。

(4) 单击"加载"按钮 加载 ,进入"程序界面",如图 6-48 所示。

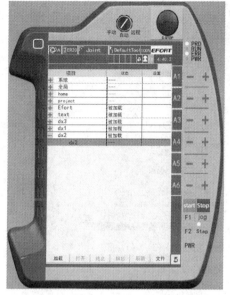

图 6-47　项目界面

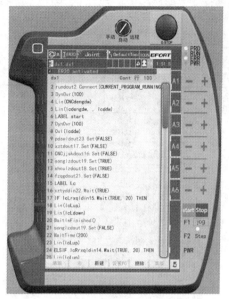

图 6-48　程序界面

(5) 单击选择 "Lin(CNCdengdw)"，如图 6-49 所示。

(6) 单击 "编辑" 进入 "示教界面"，如图 6-50 所示。

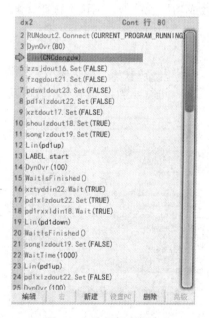

图 6-49　选择相应指令

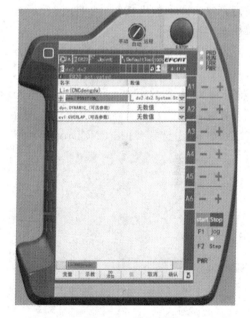

图 6-50　编辑示教

(7) 单击 "示教" 按钮  进行示教，提示 "示教成功" 后单击 "确认" 按钮 确认 退出至 "程序界面"。

(8) 单击选择 "Lin(pd1up)" 如图 6-51 所示。

(9) 单击 "编辑" 进入 "示教界面"，单击 "预设" 按钮 预设 机器人到达第 2 个预设点，单击 "示教" 按钮 示教 进行示教，提示 "示教成功" 后单击 "确认" 按钮 确认 退出至 "程序界面"。

(10) 单击选择"Lin(pd1down)"，如图 6-52 所示。

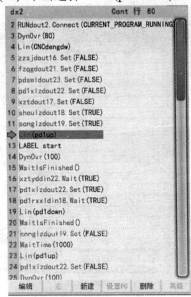

图 6-51　选择相应指令

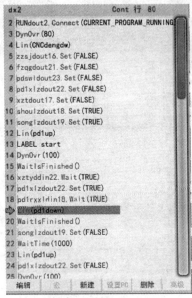

图 6-52　选择相应指令

(11) 单击"编辑"进入"示教界面"，单击"预设"按钮 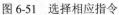机器人到达第 3 个预设点，单击"示教"按钮 示教 进行示教，提示"示教成功"后单击"确认"按钮 确认 退出至"程序界面"。

(12) 单击选择"Lin(CNCinsideup)"，如图 6-53 所示。

(13) 单击"编辑"进入"示教界面"，单击"预设"按钮 预设 ，再次单击"预设"按钮，机器人到达第 4 个预设点，单击"示教"按钮 示教 进行示教，提示"示教成功"后单击"确认"按钮 确认 退出至"程序界面"。

(14) 单击选择"Lin(CNCDropdown)"，如图 6-54 所示。

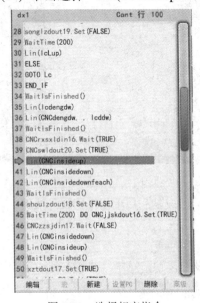

图 6-53　选择相应指令

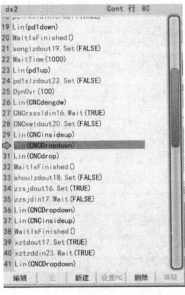

图 6-54　选择相应指令

（15）单击"编辑"进入"示教界面"，单击"预设"按钮 （预设按钮）机器人到达第 5 个预设点，单击"示教"按钮 示教 进行示教，提示"示教成功"后单击"确认"按钮 确认 退出至"程序界面"。

（16）单击选择"Lin(CNCdrop)"，如图 6-55 所示。

（17）单击"编辑"进入"示教界面"，单击"预设"按钮 机器人到达第 6 个预设点，单击"示教"按钮 示教 进行示教，提示"示教成功"后单击"确认"按钮 确认 退出至"程序界面"。

（18）单击选择"Lin(pd2up)"，如图 6-56 所示。

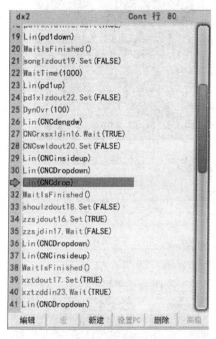

图 6-55　选择相应指令

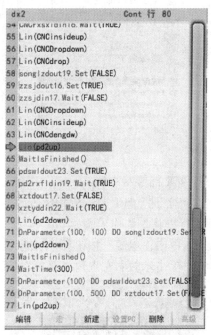

图 6-56　选择相应指令

（19）单击"编辑"进入"示教界面"，单击"预设"按钮，再次单击"预设"按钮，机器人到达第 7 个预设点，单击"示教"按钮 示教 进行示教，提示"示教成功"后单击"确认"按钮 确认 退出至"程序界面"。

（20）单击选择"(Lin(pd2down))"，如图 6-57 所示。

（21）单击"编辑"进入"示教界面"，单击"预设"按钮 机器人到达第 8 个预设点，单击"示教"按钮 示教 进行示教，提示"示教成功"后单击"确认"按钮 确认 退出至"程序界面"。

（22）单击选择"Lin(fztfeachup)"，如图 6-58 所示。

至此，2 号机器人示教完成，如图 6-59 所示。

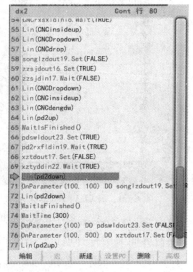

图 6-57　选择相应指令

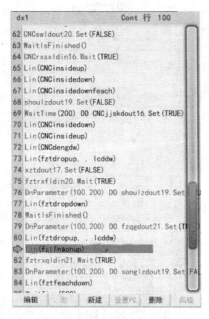

图 6-58　选择相应指令

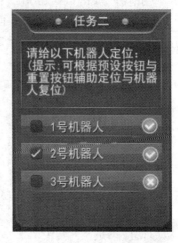

图 6-59　2 号机器人示教完成界面

3) 3 号机器人示教

在"实训界面"左上角的任务列表中单击选择"3 号机器人",对"3 号机器人"的示教器进行操作,操作步骤如下:

(1) 单击"电源"按钮 ● 开启示教器,如图 6-60 所示。

(2) 单击示教器左上角"菜单"按钮,打开示教器菜单,如图 6-61 所示。

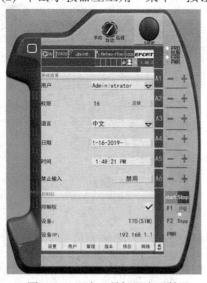

图 6-60　开启 3 号机器人示教器

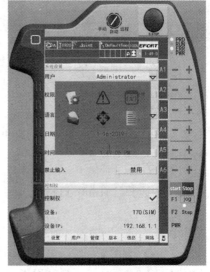

图 6-61　打开示教器菜单

(3) 单击示教器菜单中的 ，弹出"项目"按钮 ，单击"项目"按钮进入"项目界面"。在"项目界面"中打开项目"dx3",选择项目"dx3"下的程序"dx3",如图 6-62 所示。

(4) 单击"加载"按钮 加载 ，进入"程序界面",如图 6-63 所示。

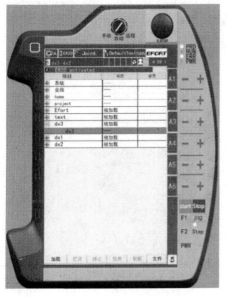

图 6-62  项目界面

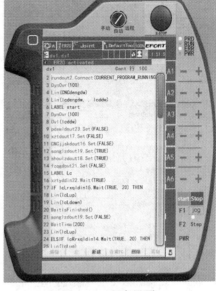

图 6-63  程序界面

(5) 单击选择"Lin(CNCdengdw)",如图 6-64 所示。

(6) 单击"编辑"进入"示教界面",如图 6-65 所示。

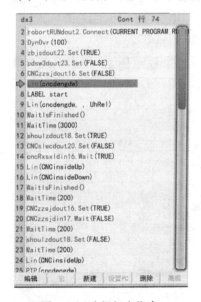

图 6-64  选择相应指令

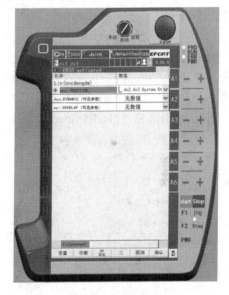

图 6-65  编辑示教

(7) 单击"示教"按钮 示教 进行示教,提示"示教成功"后单击"确认"按钮 确认 退出至"程序界面"。

(8) 单击选择"Lin(CNCinsideUp)",如图 6-66 所示。

(9) 单击"编辑"进入"示教界面",单击"预设"按钮 预设 机器人到达第 2 个预设点,单击"示教"按钮 示教 进行示教,提示"示教成功"后单击"确认"按钮 确认 退出至"程序界面"。

(10) 单击选择"Lin(CNCinsideDown)",如图 6-67 所示。

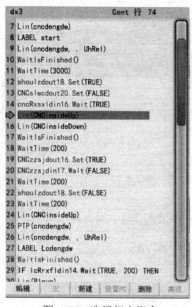

图 6-66　选择相应指令

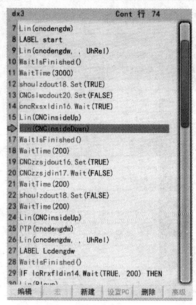

图 6-67　选择相应指令

(11) 单击"编辑"进入"示教界面"，单击"预设"按钮  机器人到达第 3 个预设点，单击"示教"按钮 示教 进行示教，提示"示教成功"后单击"确认"按钮 确认 退出至"程序界面"。

(12) 单击选择"Lin(Rlcup)"，如图 6-68 所示。

(13) 单击"编辑"进入"示教界面"，单击"预设"按钮 预设，再次单击"预设"按钮，机器人到达第 4 个预设点，单击"示教"按钮 示教 进行示教，提示"示教成功"后单击"确认"按钮 确认 退出至"程序界面"。

(14) 单击选择"Lin(Rlcdown)"，如图 6-69 所示。

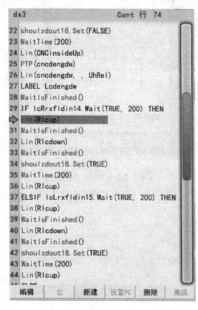

图 6-68　选择相应指令

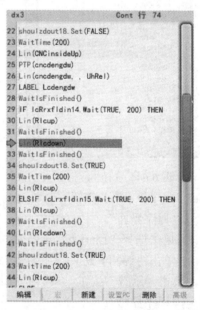

图 6-69　选择相应指令

（15）单击"编辑"进入"示教界面"，单击"预设"按钮 [预设 ◉] 机器人到达第 5 个预设点，单击"示教"按钮 [示教] 进行示教，提示"示教成功"后单击"确认"按钮 [确认] 退出至"程序界面"。

（16）单击选择"Lin(pdup)"，如图 6-70 所示。

（17）单击"编辑"进入"示教界面"，单击"预设"按钮 [预设 ◉]，再次单击"预设"按钮，机器人到达第 6 个预设点，单击"示教"按钮 [示教] 进行示教，提示"示教成功"后单击"确认"按钮 [确认] 退出至"程序界面"。

（18）单击选择"Lin(pd2up)"，如图 6-71 所示。

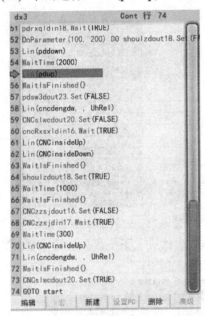

图 6-70　选择相应指令

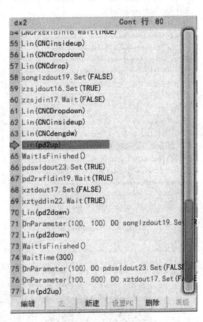

图 6-71　选择相应指令

（19）单击"编辑"进入"示教界面"，单击"预设"按钮 [预设 ◉]，再次单击"预设"按钮，机器人到达第 7 个预设点，单击"示教"按钮 [示教] 进行示教，提示"示教成功"后单击"确认"按钮 [确认] 退出至"程序界面"。

（20）单击选择"Lin(pddown)"，如图 6-72 所示。

（21）单击"编辑"进入"示教界面"，单击"预设"按钮 [预设 ◉] 机器人到达第 8 个预设点，单击"示教"按钮 [示教] 进行示教，提示"示教成功"后单击"确认"按钮 [确认] 退出至"程序界面"。

（22）单击选择"Lin(fztfeachup)"，如图 6-73 所示。

（23）单击"编辑"进入"示教界面"，单击"预设"按钮 [预设 ◉]，再次单击"预设"按钮，机器人到达第 9 个预设点，单击"示教"按钮 [示教] 进行示教，提示"示教成功"后单击"确认"按钮 [确认] 退

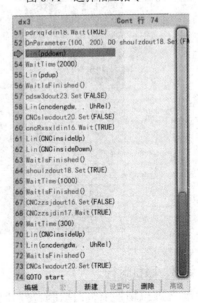

图 6-72　选择相应指令

出至"程序界面"。

至此，3号机器人示教完成，如图 6-74 所示。

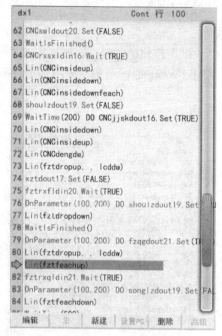

图 6-73　选择相应指令

图 6-74　3号机器人示教完成界面

三个机器人都完成示教后，"实训界面"左上角弹出"进入下一步"按钮，单击"进入下一步"按钮进入任务三，如图 6-75 所示。

图 6-75　任务三界面

### 3. 联机运行

在虚拟场景中单击控制台打开"控制界面"，如图 6-76 所示。

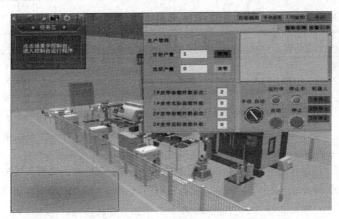

图 6-76　控制界面

在控制界面中将"手动模式"切换为"自动模式",逐一单击"1 序停止"、"2 序停止"、"3 序停止",将三台机器人启动。单击"启动"按钮,料仓开始供料,机器人自动运行,如图 6-77 所示。

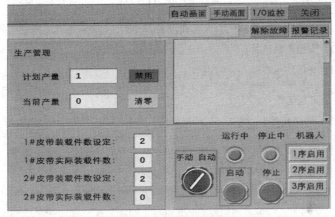

图 6-77　自动运行界面

# 6.5　智能制造生产线仿真加工技能训练

### 1.训练任务

为了加深学生对知识的理解,进一步提高学生分析和操作工业机器人的能力,在现有设备不足以及学生不够熟练的情况下,要求学生在虚拟仿真系统条件下对工业机器人进行模仿操作与编程。通过这种离线的模拟仿真,减少大量在实际工业机器人上操练的时间浪费,减少人为故障率,避免安全事故的发生及与机床碰撞的可能性,从而大大提高工业机器人的使用效率,延长工业机器人的使用寿命。

### 2.训练内容

在虚拟仿真加工环境下,完成工业机器人系统的开关机操作,独立完成程序的编辑与调试工作。可参考表 6-1 要求进一步分析工业机器人的仿真系统。

## 表 6-1  工业机器人仿真系统编程与加工实训报告书

| 训练内容 | 工业机器人的仿真编程与加工 | | | | |
|---|---|---|---|---|---|
| 重点难点 | 工业机器人程序的编写与调试 | | | | |
| 训练目标 | 主要知识能力目标 | (1) 了解并掌握工业机器人仿真系统的界面组成;<br>(2) 掌握工业机器人仿真环境下编辑程序的能力;<br>(3) 掌握工业机器人仿真环境下调试程序的能力 | | | |
| | 相关能力指标 | (1) 养成独立工作的习惯,通过查阅资料拓展知识的途径;<br>(2) 能够阅读工业机器人相关技术手册与说明书;<br>(3) 培养学生良好的职业素质及团队协作精神 | | | |
| 参考资料学习资源 | 教材、图书馆相关资料、工业机器人相关技术手册与说明书、工业机器人课程相关网站、Internet 检索等 | | | | |
| 学生准备 | 了解所选工业机器人仿真系统,准备好教材、笔、笔记本、练习纸等 | | | | |
| 教师准备 | (1) 熟悉教学标准和机器人实训设备仿真系统说明书;<br>(2) 设计教学过程;<br>(3) 准备演示实验和讲授内容 | | | | |
| 工作步骤 | **1. 明确任务**<br>教师提出任务,学生根据任务借助于资料、材料做一个预习准备 | | | | |
| | **2. 分析过程** | (1) 简述工业机器人仿真系统组成部分及作用;<br>(2) 示范工业机器人仿真系统开关机的步骤;<br>(3) 示范工业机器人仿真系统编程的步骤;<br>(4) 示范工业机器人仿真系统调试的步骤 | | | |
| | **3. 检查** | | | | |
| | 检查项目 | 检查结果及改进措施 | 应得分 | 实得分(自评) | 实得分(小组) | 实得分(教师) |
| | (1) 练习结果正确性 | | 20 | | | |
| | (2) 知识点的掌握情况 | | 40 | | | |
| | (3) 能力点控制检查 | | 20 | | | |
| | (4) 课外任务完成情况 | | 20 | | | |
| 综合评价 | 自己评价:    小组评价:    教师评价: | | | | |

说明：

(1) 自己评价：在整个过程中，学生依据拟订的评价标准，检查是否按要求完成了工作任务；

(2) 小组评价：由小组评价、教师参与，与老师进行专业对话，评价学生的工作情况，给出建议。

## 思考与练习题

1. 简述工业机器人上下料的基本过程。
2. 简述联机运行智能制造生产线的整个过程。

# 参 考 文 献

[1]　张培艳. 工业机器人操作与应用实践教程. 上海：上海交通大学出版社，2009.

[2]　兰虎. 工业机器人技术及应用. 北京：机械工业出版社，2014.

[3]　叶晖. 工业机器人实操与应用技巧. 北京：机械工业出版社，2010.

[4]　许志才，胡昌军. 工业机器人编程与操作. 西安：西北工业大学出版社，2016

[5]　郝建豹，尹玲，杨宇. 工业机器人技术及应用. 哈尔滨：哈尔滨工业大学出版社，2017.

[6]　ER20C-C10 型工业机器人编程手册，2018.

[7]　张明文. 工业机器人技术基础及应用. 哈尔滨：哈尔滨工业大学出版社，2017.

[8]　张明文. 工业机器人入门实用教程. 武汉：华中科技大学出版社，2018.

[9]　夏智武. 工业机器人技术基础. 北京：高等教育出版社，2018.

[10]　邵欣，李云龙，檀盼龙. PLC 与工业机器人应用. 北京：北京航空航天大学出版社，2017.